軽合金材料

工学博士 里 達雄 著

コロナ社

まえがき

　近年，社会の急速な発展に伴い，さまざまなニーズが科学技術や産業技術に求められるようになってきた。中でも，人類の生活空間としての地球環境問題や省資源・省エネルギー問題，また，持続可能社会をいかに実現するかなどに関心が高まり，多様なニーズが日々発信されている。安心で安全な社会を築いていくために科学技術や産業技術に課せられる役割はますます大きくなっている。このような社会情況にあって，より性能に優れる高い信頼性の軽合金材料が広く求められている。例えば，自動車，高速鉄道車両，土木・建築，情報機器，航空宇宙，さらには，医療・福祉や日用品分野などにおいて，軽量で，高強度・高靭性，高機能の軽合金材料が不可欠のものとして，世界各国で精力的に研究・開発が行われている。現在，広く使われている代表的軽金属材料として，アルミニウム，マグネシウム，チタンがある。これらの金属はいずれもが鉄や銅に比べて人類とかかわってきた歴史はきわめて浅く，成長途上にある若い金属といわなければならない。しかしながら，近年の軽金属材料研究の進展は目覚ましく，また，軽金属材料の用途も構造材料分野をはじめ機能材料分野，さらには医療・福祉分野などに広がっており，現代社会を支える不可欠の材料として活用されている。

　材料はいうまでもなく，使われてはじめて「材料」としての意義がある。そのための製造技術，組織・構造解析技術および特性評価技術が三位一体となって発展することがきわめて重要である。なぜなら，これらの三要素は相互に深くかかわっているからである。さらに近年はこれらの三要素に加え，リサイクル性に優れる材料であることも重要な要素となっている。もちろん，材料として使われるためには，どこでも入手が可能であり，かつ，コストパフォーマンスに優れることも重要な点である。

まえがき

軽金属材料には，アルミニウム，マグネシウム，チタン，ベリリウム，リチウムなどがあるが，本書では，工業的に広く使用されている代表的な軽金属として，アルミニウム，マグネシウムおよびチタンを取り上げている。これらの軽金属あるいは軽合金の性質としては，鉄鋼材料や銅合金材料と多くの共通点があるが，一方では軽合金材料としての特徴を多くもっている。本書ではこれらについて，全体的に俯瞰できるように構成に工夫をこらしている。特に，本書の構成として，軽合金材料の特徴・用途例，製造プロセス，合金の種類，組織・構造，性質・特性およびこれらにかかわる金属材料としての基礎現象について記述してある。また，代表的な実用合金材料については，諸性質や材料選択の指針についてもふれている。近年，さまざまな軽金属材料の研究・開発が進められ，今後，大きな飛躍が期待できる材料も多くある。これらの中で，実用化が始まっているもの，あるいはきわめて近い将来に実用化が期待できる材料が多くあり，これらを軽合金先進材料として取り上げた。本書は，基礎的事項を十分に念頭に置いて記述してあり，材料を学ぶ大学低学年から高学年へ，さらには大学院での勉強に十分に役立つように工夫した。また，製造現場の方々にも軽合金材料をより俯瞰的に知るうえで十分に役立つように工夫した。

本書が多くの方々に軽合金材料への興味を喚起し，また，軽合金材料を新たに活用するきっかけを提供することができれば，著者の大きな喜びとするところである。

最後に，貴重なデータや写真などを快くご提供していただいた方々，ならびに多くの資料などをご提供いただいた方々に深甚なる謝意を表します。本書の執筆に当たってはコロナ社にご助言やご協力をいただきました。ここに深く感謝申し上げる次第です。

2011 年 6 月

里　　達雄

（大岡山にて）

目　　　次

1. 軽金属および軽合金の特徴

1.1 はじめに ……………………………………………………………………… *1*
1.2 軽合金の性質 ………………………………………………………………… *3*
1.3 時代のニーズに応える軽合金材料 ………………………………………… *5*
1.4 リサイクル …………………………………………………………………… *9*
1.5 本書での扱いの特徴 ………………………………………………………… *11*

2. アルミニウムおよびその合金

2.1 アルミニウムとは …………………………………………………………… *12*
2.2 アルミニウムの用途例および需要 ………………………………………… *13*
2.3 アルミニウムの製造 ………………………………………………………… *18*
　2.3.1 製錬 ……………………………………………………………………… *18*
　2.3.2 精製 ……………………………………………………………………… *20*
2.4 アルミニウム合金の分類 …………………………………………………… *20*
　2.4.1 合金元素 ………………………………………………………………… *20*
　2.4.2 展伸用合金および鋳物用・ダイカスト用合金 ……………………… *21*
2.5 アルミニウムの調質 ………………………………………………………… *24*
2.6 代表的製造プロセスと関連現象，およびミクロ組織の特徴 …………… *26*
　2.6.1 素形材・製品製造プロセス …………………………………………… *26*
　2.6.2 展伸材製造プロセス …………………………………………………… *27*

    2.6.3 鋳物およびダイカスト製造プロセス······33
    2.6.4 製造工程における基礎現象およびミクロ組織······40
2.7 アルミニウム合金の凝固······65
    2.7.1 凝固現象—液相からの固相の核生成・成長······65
    2.7.2 凝 固 組 織······68
    2.7.3 凝固における溶質元素の分布······72
    2.7.4 組 成 的 過 冷 却······75
    2.7.5 デンドライト組織の形成······76
    2.7.6 改 良 処 理······77
2.8 アルミニウム合金の強化法······78
    2.8.1 合金の性質と混合則······78
    2.8.2 加 工 硬 化 特 性······79
    2.8.3 固 溶 硬 化 特 性······81
    2.8.4 結晶粒微細化（ホール・ペッチの関係）······82
    2.8.5 析 出 硬 化······83
2.9 代表的実用合金および諸特性······86
    2.9.1 展伸用アルミニウム合金······86
    2.9.2 鋳物用・ダイカスト用アルミニウム合金······88
2.10 工業材料としての特性および選定指針······93
    2.10.1 展 伸 用 合 金······93
    2.10.2 鋳物用・ダイカスト用合金······96

3. マグネシウムおよびその合金

3.1 マグネシウムとは······100
3.2 マグネシウムの用途例および需要······103
3.3 マグネシウムの製造······106
3.4 マグネシウム合金の分類······108

3.4.1　展伸用合金 ··· *108*
　3.4.2　鋳物用・ダイカスト用合金 ··· *111*
3.5　マグネシウムの調質 ·· *112*
3.6　代表的製造プロセスと関連現象，およびミクロ組織の特徴 ··············· *113*
3.7　製造工程における基礎現象およびミクロ組織 ································ *115*
　3.7.1　Mg-Al，Mg-Al-Zn 合金状態図 ·· *116*
　3.7.2　回復・再結晶 ··· *118*
　3.7.3　熱処理および時効挙動 ··· *121*
3.8　代表的実用合金および諸特性 ·· *134*
　3.8.1　展伸用合金 ··· *135*
　3.8.2　鋳物用・ダイカスト用合金 ··· *137*
3.9　工業材料としての特性（実用合金） ·· *138*
　3.9.1　高温強度 ··· *140*
　3.9.2　疲労強度 ··· *142*
　3.9.3　結晶粒径の影響 ·· *143*
　3.9.4　減衰能 ·· *143*
　3.9.5　溶接性 ·· *144*
　3.9.6　耐食性 ·· *145*
3.10　マグネシウムの安全対策 ·· *146*

4.　チタンおよびその合金

4.1　チタンとは ··· *147*
4.2　チタンの用途例および需要 ··· *149*
4.3　チタンの製造 ·· *152*
　4.3.1　スポンジチタン（クロール法） ··· *152*
　4.3.2　チタンインゴット ··· *154*
4.4　チタン合金の分類 ·· *155*

4.4.1　工業用純チタン（CPチタン）······156
　4.4.2　耐食チタン合金······156
　4.4.3　チタン合金······156
4.5　チタンおよびチタン合金の調質・熱処理の基礎······159
　4.5.1　焼なまし処理および溶体化処理······159
　4.5.2　時効処理······160
4.6　代表的製造プロセスとミクロ組織の特徴······160
　4.6.1　展伸材の製造······160
　4.6.2　精密鋳造の工程······162
4.7　代表的実用合金および諸特性······163
　4.7.1　工業用純チタン（CPチタン）······163
　4.7.2　α　合金······164
　4.7.3　$\alpha+\beta$　合金······164
　4.7.4　β　合金······166
4.8　工業材料の諸特性······167
　4.8.1　チタンおよびチタン合金······167
　4.8.2　超塑性材料······168
　4.8.3　粉末冶金合金······168
　4.8.4　チタンの陽極酸化······169
　4.8.5　耐食性······170
4.9　生体用および歯科用チタン合金······170

5.　軽合金先進材料

5.1　複合材料······172
5.2　粉末冶金合金······178
5.3　メカニカルアロイング合金（MA合金）······184
5.4　液体急冷合金（液体急冷プロセス）······185

5.5 ナノ結晶材料……………………………………………………………………… *188*
　5.5.1 ナノ結晶分散アルミニウム合金………………………………………… *188*
　5.5.2 高強度ナノ結晶マグネシウム合金………………………………………… *190*
　5.5.3 ナノクラスタ制御アルミニウム合金……………………………………… *191*
5.6 強ひずみ加工法………………………………………………………………… *194*
5.7 ポーラス金属…………………………………………………………………… *196*
5.8 ナノマルチ組織合金…………………………………………………………… *198*

付　　　録……………………………………………………………… *199*
引用・参考文献………………………………………………………… *203*
索　　　引……………………………………………………………… *210*

1 軽金属および軽合金の特徴

1.1 はじめに

　金属材料は紀元前より深く人類の生活にかかわり，さまざまな日用品や装飾品，武具などに活用されてきた。特に，銅や鉄は古い歴史をもち，大きな技術的発展を経て，現在も広く人類社会を支えている有用な金属材料である。一方，科学の発展に伴い，さまざまな金属が発見され，周期表には80種類以上もの金属元素の存在が示されている。これらの多くは新たな金属材料として現代の科学技術を支えている。中でも，近年の省資源・省エネルギーの必要性の観点から，軽い金属材料の活用が社会から広く求められるようになってきた。金属元素を密度（比重）の観点から並べると，**表1.1**に示すようになる。なお，表1.1には半金属と呼ばれるホウ素（B）やケイ素（Si）も含めている。

　鉄（Fe）や銅（Cu）に比べて，例えばアルミニウム（Al）は密度がそれらの約1/3ときわめて軽い。表1.1において，チタン（密度$4.54\,\mathrm{g/cm^3}$）を含め，これよりも密度の小さい金属を軽金属と呼んでいる。軽金属の中で，特に工業材料として広く使われているものはアルミニウム（Al），マグネシウム（Mg）およびチタン（Ti）である。この他にも，最近はリチウムイオン電池の素材としてリチウム（Li）が使われている。本書では，アルミニウム，マグネシウムおよびチタンを代表的な軽金属と捉え，軽金属およびこれらの合金，すなわち軽合金を対象に軽合金材料として取り上げる。軽合金を構成する重要な合金元素には種々のものがあるが，代表的な元素としてSi, Cr（クロム），Mn

1. 軽金属および軽合金の特徴

表1.1 代表的金属元素の密度
（ただし，SiとBを含む）

元　素	密　度〔g/cm^3〕
Li	0.534
Mg	1.738
Be	1.847 7
Si	2.329 6
B	2.34
Al	2.698 8
Ti	4.54
Zn	7.134
Cr	7.19
Mn	7.44
Fe	7.874
Cu	8.96
Ni	8.902
Ag	10.450
Pb	11.35
Au	19.32

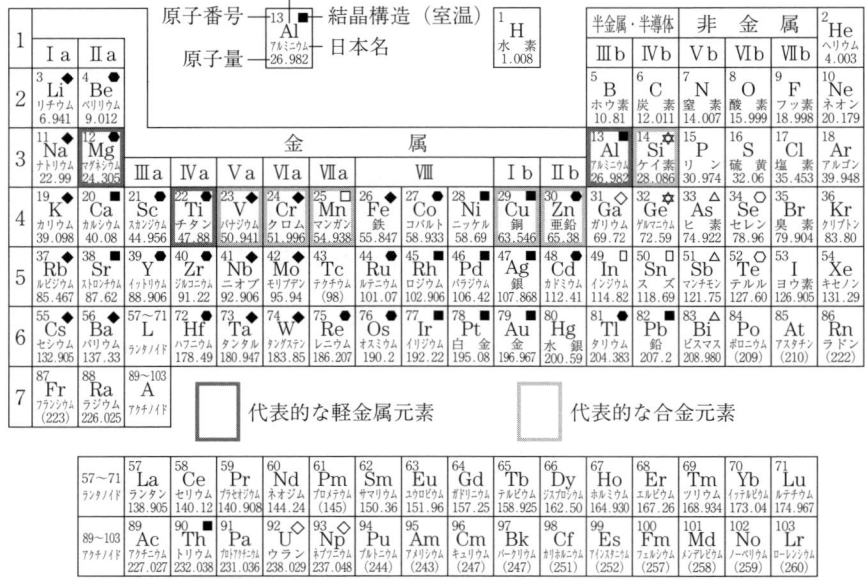

図1.1 代表的な軽金属元素（Al，Mg，Ti）および軽金属への合金元素

（マンガン），Cu，Zn（亜鉛）などがある。**図 1.1** に周期表と軽金属，および代表的な合金元素とをあわせて示す。各章で後述するように，アルミニウムにとっては，Mg，Si，Mn，Cu，Zn は重要な合金元素であり，また Cr や Ti は組織制御に不可欠な元素である。マグネシウムにとっては，Al，Zn，Mn は重要な合金元素であり，Si や Cu も有効に活用されている。一方，チタンにとっては，Al や V（バナジウム）はきわめて有用な合金元素として活用されている。このように，軽合金材料として，アルミニウム，マグネシウム，チタンは相互に深く結び付き，有用な材料として社会に貢献している。

1.2 軽合金の性質

　軽金属あるいは軽合金は軽量であること，すなわち，密度が小さいことの他にさまざまな性質をもっている。**表 1.2** に各種工業材料の諸特性を示す。鉄や銅以外に非金属材料も一部参考に示す。チタンは融点が高く，アルミニウムとマグネシウムは融点が近いこと，また，アルミニウムは導電率や熱伝導率が高いこと，チタンは熱膨張率が小さいことなどがこの表からわかる。表 1.2 には示していないが，結晶構造はアルミニウムが面心立方晶（FCC），マグネシウムが最密六方晶（HCP）であり，チタンは 885℃ で同素変態し，この温度以下では最密六方晶（HCP），以上では体心立方晶（BCC）である。

　構造材料として利用する場合，軽くて強い材料が特に有用となる。これを表す因子に比強度がある。比強度とは材料の引張強さを密度で除した値である。**図 1.2** に自動車用材料の比強度の例を示す。比強度で比較するとアルミニウム合金やマグネシウム合金は鉄鋼材料やプラスチック系複合材料よりも優れ，また，チタン合金は飛び抜けて比強度が高いことがわかる。なお，近年，鉄鋼材料でもハイテンと呼ばれる高強度鋼が開発され，自動車用材料として期待されている。

　また，工業材料として考えるうえで，資源的に豊富であるか否かは重要な点である。地殻での各元素の存在割合を表すものにクラーク数（Clarke number）

1. 軽金属および軽合金の特徴

表1.2 アルミニウム、マグネシウム、チタンと他の工業材料との比較[1]

材料	引張強さ[N/mm²]	耐力[N/mm²]	伸び[%]	せん断強さ[N/mm²]	縦弾性係数[kN/mm²]	比重	溶融点[℃]	導電率[IACS%]	熱伝導度(20℃)[W/m·℃]	線膨張係数(20℃)[10⁻⁶/℃]
ベークライト板	65	—	2	69	6.9	1.33	(軟化点)160	—	0.3	25.2
ポリエチレン	12〜31	—	20〜100	11.6	0.55〜1.03	0.92〜0.96	(軟化点)42	—	0.46〜0.54	10〜18
ポリ塩化ビニール	35〜62	—	2〜4	—	2.11〜4.12	1.38〜1.45	(軟化点)60〜80	—	0.1〜0.5	50〜185
木材(硬質)	69	—	1.5	9.8	10.98	0.67	—	—	0.2	6.3
マグネシウム 鍛造品	302	220	14	140	44.6	1.80	510〜621	13	80	25.9
マグネシウム 鋳造品	268	96	10	137	44.6	1.82	404〜599	12	70	26.7
亜鉛ダイカスト	275	178	5	213	—	6.64	—	27	110	27.4
黄銅(35%Zn) 硬・熱間圧延材	343	309	6	192	117	8.90	1065〜1082	100	390	16.8
黄銅(35%Zn) 軟質	233	69	45	158	117	8.90	1065〜1082	100	390	16.8
青銅(5%Sn) 硬質	522	309	7	295	103	8.46	904〜935	26	120	18.4
青銅(5%Sn) 軟質	309	86	50	227	103	8.46	904〜935	26	120	18.4
モネル(Ni70-Cu30) 硬質	556	515	10	—	110	8.86	954〜1049	18	80	17.8
モネル(Ni70-Cu30) 軟質	323	515	64	—	110	8.86	954〜1049	18	80	17.8
鉄 鋳物	755	686	8	597	178	8.80	1299〜1349	3.6	30	14.0
鉄 板物	549	240	40	316	178	8.80	1299〜1349	3.6	30	14.0
鋼 鋳物	206	172	0.5	302	96	7.10	1093〜1316	2	50	10.1
鋼 熱間圧延材	350	213	21	288	192	7.65	約1530	16	70	11.7
ステンレス鋼 軟	515	288	24	412	206	7.86	1466〜1510	11	50	11.7
ステンレス鋼 硬	412	261	30	309	192	7.85	1466〜1510	12	60	11.7
工業用純チタニウム 軟	618	275	55	460	199	7.90	1427〜1471	2.4	20	17.3
工業用純チタニウム 硬	1059	858	15	769	199	7.90	1427〜1471	2.1	20	17.3
純チタニウム	392	275	42	245	106.4	4.5	1660	3.1	17	8.9
アルミニウム 1200-H18	166	152	5	89	68.0	2.71	646〜657	57	220	23.6
アルミニウム 7075-T6	566	496	11	338	70.7	2.80	476〜638	33	130	23.6

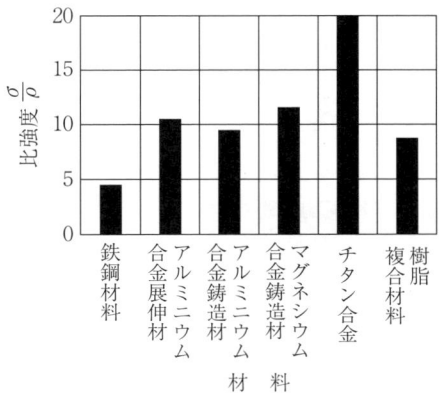

σ：引張強さ〔kgf/mm^2〕
ρ：密度〔g/cm^3〕
近年，鉄鋼材料において高強度のハイテンが開発されている

図1.2 各種自動車用材料の比強度の比較

があり，これを**表1.3**に示す。クラーク数によれば，Alは3番目，Mgは8番目，チタンは10番目であり，資源的にきわめて恵まれていることがわかる。また，アルミニウム合金に広く添加されるSiも豊富に存在する元素である。

表1.3 各種元素のクラーク数

順 位	元素名	質量比	順 位	元素名	質量比
1	酸 素	49.5	9	水 素	0.87
2	ケイ素	25.8	10	チタン	0.46
3	アルミニウム	7.56	11	塩 素	0.19
4	鉄	4.70	12	マンガン	0.09
5	カルシウム	3.39	13	リ ン	0.08
6	ナトリウム	2.63	14	炭 素	0.08
7	カリウム	2.40	15	イオウ	0.06
8	マグネシウム	1.93	16	窒 素	0.03

1.3　時代のニーズに応える軽合金材料

　軽合金材料はさまざまなニーズに合致し，広く活用されている。特に，構造材料として考えると，自動車用，高速鉄道車両用，航空宇宙用などにはきわめて有用である。**図1.3**に軽合金材料の代表的な用途例を示す。例えば，自動車の場合には，軽量化により燃費効率が増大する。**図1.4**に自動車重量の燃費効率に及ぼす軽量化の効果を示す。重量を10％軽くすると，約10％の燃費効率

6　1. 軽金属および軽合金の特徴

自動車

ジェットエンジン

新幹線

航空機　　　　スペースシャトル　　　H-ⅡAロケット

図1.3　軽合金材料の代表的な用途例（本田技研工業株式会社，東海旅客鉄道株式会社，株式会社IHI，三菱重工業株式会社 提供）

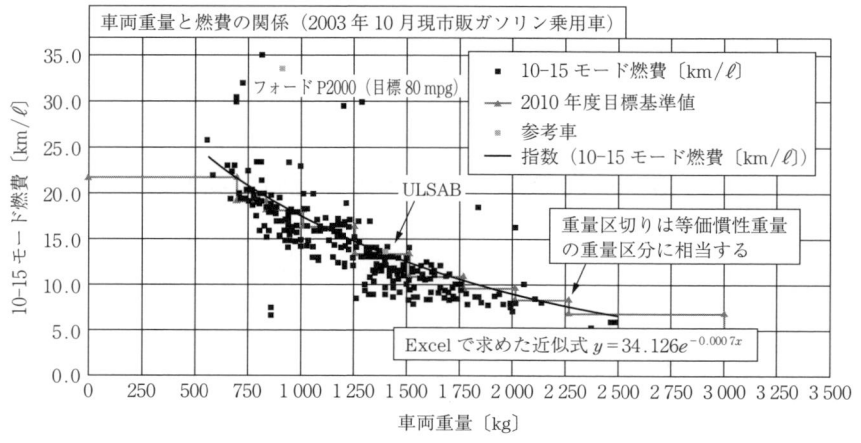

図1.4　車両重量と燃費の関係（日本アルミニウム協会）

が増大する。また，排出ガスを減らすうえでも効果が大きい（**図1.5**）。このため，オールアルミニウム車と呼ばれる自動車が最近増えており，今後さらに増えることが予測されている。また，高速鉄道車両に関しても最新の新幹線には多くのアルミニウム合金が使われ，高速運転性，騒音低減，省エネルギーに貢献している。マグネシウム合金は軽量性や耐デント性（耐くぼみ性）の観点から携帯電子機器や自動車，航空機部品に利用されている。チタンは強度と耐食性に特に優れることから各種化学工業反応容器などに広く用いられ，また，チタン合金は航空機部材・ジェットエンジン部材に不可欠な材料として多く用いられている。チタンは生体適合性にも優れることから，医療用生体材料としても用いられている。このように軽合金材料はさまざまな社会のニーズに応え，活用されている。

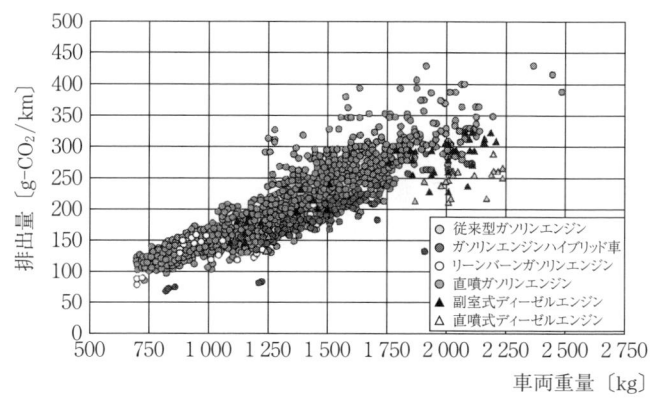

図1.5 乗用車車両別の車両重量とCO_2排出量の関係[2]

図1.6に鉄鋼，銅，アルミニウム，マグネシウムおよびプラスチックの世界での生産量の推移を示す。アルミニウムとマグネシウムはおおむね20世紀になって登場し，発展した材料である。特に，近年は中国の急速な工業的，経済的発展に伴い，軽合金材料の生産および需要が大きく伸びている。特に，中国はマグネシウムの一大生産国になっており，また，チタンに関しても生産能力が増大している。

1. 軽金属および軽合金の特徴

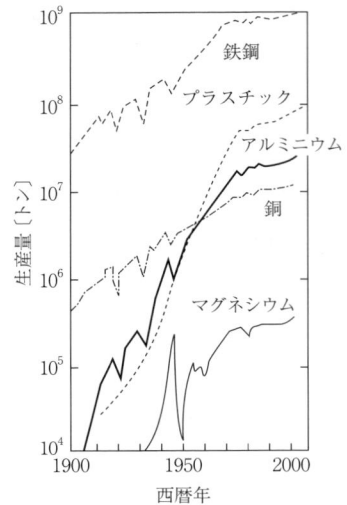

図 1.6 アルミニウム，マグネシウム，銅，鉄鋼およびプラスチックの世界の生産量の推移 [3]

アルミニウムの場合，ほとんどの国において，五つの主要分野に使われている。すなわち，建築・土木，包装・容器，輸送，電気機器，機械部品である。自動車については欧米をはじめとして使用が順調に増大している。アメリカでは1970年代，8 kg/1台（1971年）が2000年代には130 kg/1台（2004年）に増大し，ヨーロッパでは150 kg/1台（2005年）であり，今後は200 kg/1台に増大することが予測されている。

マグネシウムの場合，1990年代までは世界の生産が毎年約25万トンと横ばい状態であった。用途としても，大部分はアルミニウム合金への合金元素として使用され，また，鉄鋼の脱硫材や球状黒鉛鋳鉄に使用されていた。マグネシウム合金としての用途もほとんどが航空機や輸送関係のダイカストに使用されていた。最近のマグネシウムの生産量の増加は著しく，特に，ダイカストとして過去10年間に16%以上の伸びになっている。今後，マグネシウムは中国での需要の伸びがさらに増大する勢いにある。

チタンは1940年代までは量的にはあまり多くは生産されていなかったが，その後，軍事用の研究開発をきっかけに優れた合金が開発され，航空機の重要部品を中心に使用が増大している。さらに，チタンは耐食性に優れることから

現代の化学工業や発電産業に広く使用されている。現在，アメリカ，ロシア，日本での生産が中心であるが，今後，中国の生産が大幅に増大するものと予測される。

1.4 リサイクル

近年，資源枯渇や省エネルギーなどの観点から，金属資源のリサイクルが重要な課題となっている。欧米および日本などではリサイクル促進のための法令が制定されている。EU では 2006 年から自動車の部材再利用率を 85% にすることが義務づけられている。日本では，1993 年に環境基本法が制定され，循環型社会形成推進基本法の下，各種のリサイクル法が制定されている。軽合金に関しては，素材の初期コストが相対的に高く，リサイクルの有効性はきわめて大きい（図 1.7）。図 1.8 に国内のアルミニウム地金（じがね）の割合を示す。現在，日本で使用される全地金の 1/3 は国内でつくられた再生地金（二次地金）が占めている。特に，日本でのアルミニウム缶のリサイクル率は 90% を超えて

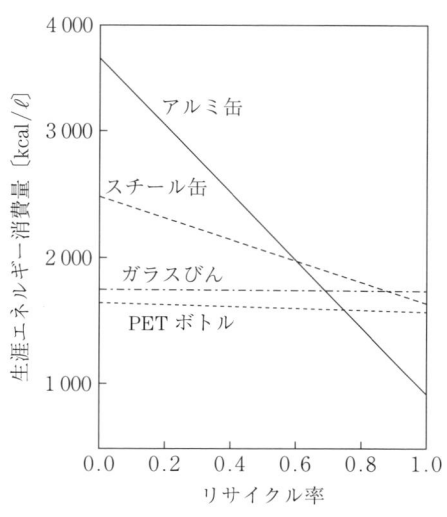

図 1.7 各種容器のリサイクル率と生涯エネルギー消費量の関係（日本アルミニウム協会）

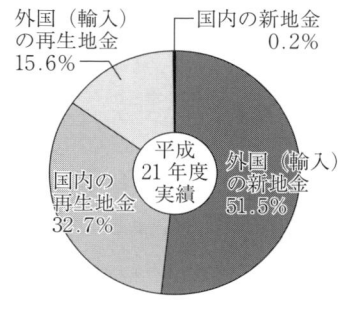

図 1.8 国内のアルミニウム地金の割合（日本アルミニウム協会）

おり，その約60％は再び飲料缶として再利用されている（**図1.9**）。アルミニウムの場合，再生に必要なエネルギーは初期エネルギーの3％程度であり，リサイクル率の増大がコスト低減に大きく寄与する。アルミニウムでは，再生地金は鋳造品に使われることが多く，今後は展伸材へのリサイクルを増やすことが課題であり，そのための技術的課題の克服が必要となる。特に，自動車のアルミニウム部材のスクラップが増大することが考えられるため，リサイクルのための社会システムおよび技術的進展が求められる。欧米においても，アルミニウムのリサイクル率を高める取組みが行われている。

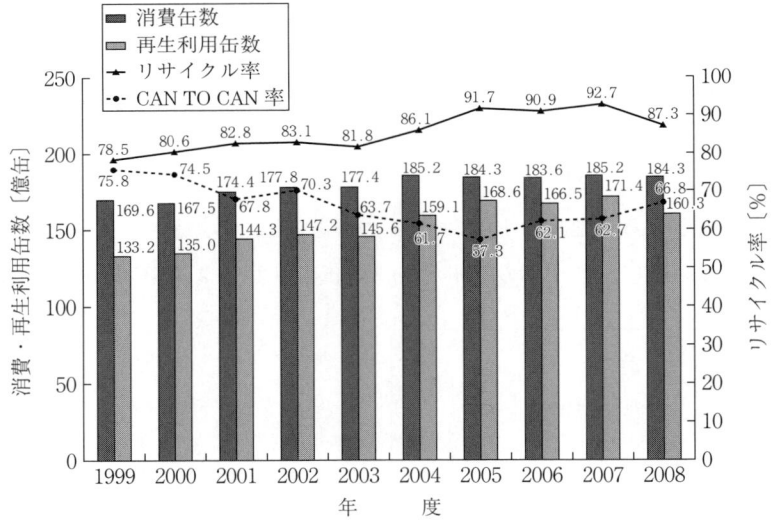

図1.9　国内のアルミ缶の消費・再生利用数とリサイクル率
（日本アルミニウム協会）

マグネシウムの場合，多くがアルミニウム合金の添加元素として使われており，これについては上記のようにリサイクルが進んでいる。一方，マグネシウム合金そのものについては，活性な金属であり，酸化防止や不純物元素の制御などの課題があるものの，リサイクルの有効性は大きく，技術的課題の克服が進められている。マグネシウムは蒸気圧が高く，沸点も比較的低いことから，スクラップの蒸留精製は有効である。

チタンについては，リサイクルはまだ十分な状況には至っていない。チタンやチタン合金のスクラップの再溶解技術について今後の進展が求められる。

1.5 本書での扱いの特徴

本書では，軽合金材料として，アルミニウム，マグネシウムおよびチタンとこれらの合金を取り上げ，「製錬・製造プロセス」，「組織・構造」，「材料特性」の観点から相互の密接な関係に主眼を置き，これらを基に軽合金材料の広がる「用途」が俯瞰できるように配置している。図 1.10 に，これらの関係を図示する。「製錬・製造プロセス」では，原料からの製錬，展伸材・鋳造材の溶解・鋳造・成形・加工・熱処理などを内容とし，「組織・構造」では，製造プロセスと関連づけたマクロ組織・ミクロ組織・ナノ組織の形成や特徴を説明し，また，「材料特性」では，組織・構造と関連づけた機械的性質，物理的・化学的性質について記述する。さらに，これらを踏まえて軽合金材料のさまざまな用途についても記述する。また，さらに最近の軽合金先進材料について代表的なものを取り上げ，説明する。

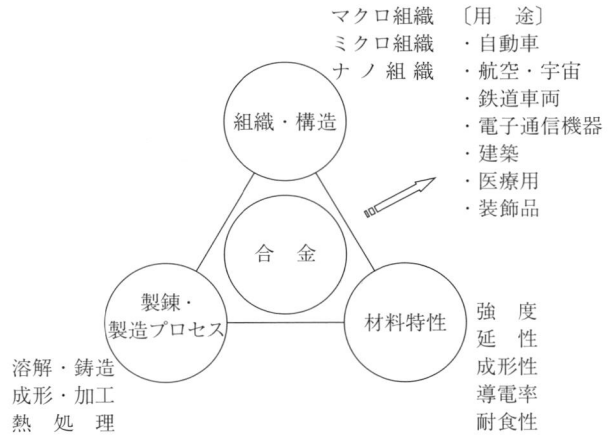

図 1.10　軽合金材料の製錬・製造プロセス，組織・構造，材料特性と用途

2 アルミニウムおよびその合金

2.1 アルミニウムとは

　アルミニウムは鉄や銅に比べると，きわめて若い金属である。1782年にフランスの化学者ラボワジェ（Lavoisier）が明礬石にアルミーネの名称を与え，1807年にイギリスのデービー（Davy）が初めて金属アルミニウムの存在を確認した。工業的にアルミニウムが製造され始めたのは1886年であり，いまから130年弱前にすぎない。1886年に，アメリカのホール（Hall）とフランスのエルー（Héroult）が独自に現在の電解製錬法（ホール・エルー法）を発明した。それ以降，多くの技術が登場し，アルミニウム生産は伸びた。中でも，アルミニウム合金の高強度化にジュラルミンの発明は大きく貢献した。わが国でも陽極酸化処理（アルマイト）の発明および超々ジュラルミン（ESD合金）開発など，アルミニウムの発展に大きく貢献している。

　アルミニウムの物理的性質の例を**表2.1**に示す。密度が約$2.7\,\mathrm{g/cm^3}$で，面心立方格子（FCC）の最密結晶構造をもち，また，融点は933.2 K（660.2℃）となっている。アルミニウムの熱伝導率や導電率は高い。アルミニウムの特徴的な性質として，以下のことが挙げられる．

(1) 軽い（密度が Al：$2.7\,\mathrm{g/cm^3}$, Fe：$7.9\,\mathrm{g/cm^3}$, Cu：$8.9\,\mathrm{g/cm^3}$）。
(2) 強い（比強度が大，特に熱処理による強度増大が効果的）。
(3) 耐食性がよい。
(4) 加工性がよく，また鋳造性に優れる。

表 2.1 アルミニウム（高純度）の物理的性質[1]

性　　質	高純度アルミニウム (99.996%)
原子番号	13
原子量	26.98
結晶構造（FCC），格子定数（293 K）	0.404 94 nm
密　度（293 K）	$2.698 \times 10^3 \, kg/m^3$
融　点	933.2 K
沸　点	2 750 K
溶融潜熱（融解熱）	$396 \times 10^3 \, J/kg \, (= 8.40 \times 10^3 \, J/mol)$
比　熱（293 K）	$916 \, J/(kg \cdot K)$
線膨張係数（293〜373 K）	$24.6 \times 10^{-6} \, K^{-1}$
（293〜573 K）	$25.4 \times 10^{-6} \, K^{-1}$
熱伝導率（293〜673 K）	$238 \, W/(m \cdot K)$
導電率	64.9%IACS
電気抵抗率（293 K）	$2.69 \times 10^{-8} \, \Omega \cdot m$
抵抗の温度係数	$4.2 \times 10^{-3} \, K^{-1}$
体積磁化率	$9.90 \times 10^{-5} \, H/m$

(5)　電気，熱をよく通す。

(6)　非磁性である。

(7)　表面が美しい（鏡面となる，アルマイト処理が可能）。

(8)　リサイクル性に優れる。

2.2　アルミニウムの用途例および需要

アルミニウムやアルミニウム合金は多岐にわたって利用されている。最近の用途例として，自動車用の部品やボディシート材などが増えている。**図 2.1** にアルミニウム車の外板材・内板材の使用例および車体構造を示す。また，重要部品であるエンジンにもアルミニウムが優先的に活用されている（**図 2.2**）。さらに，構造材料として新幹線をはじめとする高速鉄道車両，リニアモーターカー，航空機，スペースシャトル燃料タンク，ビルのカーテンウォールなど，軽量性，耐食性，高比強度，美麗などの点から広く利用されている（**図 2.3**）。

つぎに，身の回りの応用例としては食料品用，アタッシュケースおよび飲料

14　2. アルミニウムおよびその合金

（a）外板材・内板材の使用例

（b）車体構造

図2.1　アルミニウム車の外板材・内板材の使用例および車体構造
　　　（本田技研工業株式会社　提供）

図2.2　アルミニウムを多用した自動車用エンジン（いすゞ自動車株式会社　提供）

2.2 アルミニウムの用途例および需要

（a）リニアモーターカー

（b）新幹線（N 700）

（c）ビルのカーテンウォール

図 2.3 アルミニウム材料のさまざまな適用例（図（a），（b）は東海旅客鉄道株式会社 提供）

用アルミニウム缶などとして広く使用されている（**図 2.4**）。さらに，コンピュータのメモリディスク基板材料として広く使用されている（**図 2.5**）。**図 2.6** に，世界の新地金生産量と日本の総需要の変化を示す。世界の新地金生産量の増加率に呼応して日本の総需要が増加している。最近では年間 400 万トンを超える需要がある。新地金生産量および消費量の国別割合を**図 2.7** に示す。生産量は中国が多く，ロシア，カナダ，アメリカが次いでいる。一方，消費量に関してはアメリカが多く，中国，そして日本となっている。続いてドイツも多くなっている。アルミニウムの一人当りの使用量としては，日本は世界一である。世界の主要国のアルミニウム需要構成および日本の用途別需要の変化を**図 2.8** に示す。

16　2. アルミニウムおよびその合金

（a）飲料缶

（b）アタッシュケース

（c）食料品包装

図 2.4　アルミニウム材料の身の回りの製品への応用例
　　　　（日本アルミニウム協会　提供）

（a）アルミニウムメモリディスク

（b）ハードディスク構成

図 2.5　アルミニウムの機能材料への適用例（東洋鋼鈑株式会社　提供）

2.2 アルミニウムの用途例および需要　17

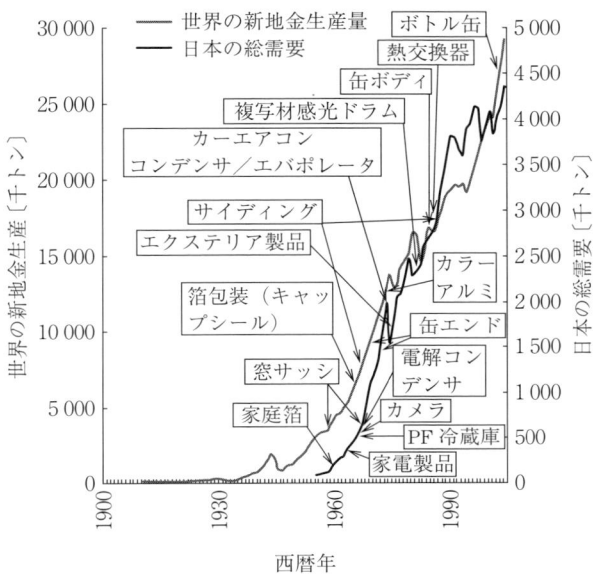

図 2.6 世界の新地金生産量と日本の総需要（日本アルミニウム協会）

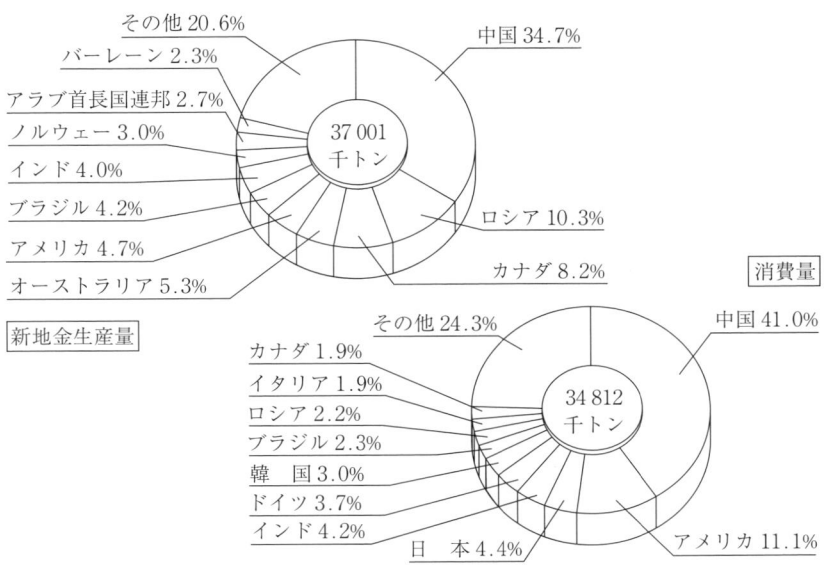

図 2.7 世界の新地金生産量および消費量の 2009 年国別割合（日本アルミニウム協会）

18   2. アルミニウムおよびその合金

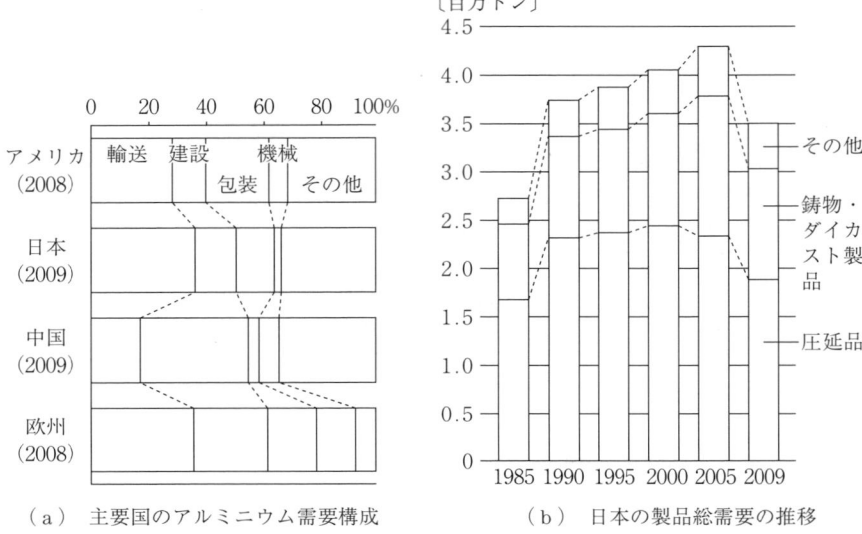

（a） 主要国のアルミニウム需要構成　　　（b）　日本の製品総需要の推移

図 2.8　主要国のアルミニウム需要構成および日本の製品総需要の推移
　　　（日本アルミニウム協会）

2.3　アルミニウムの製造

2.3.1　製　　　錬

　アルミニウムの製造は大きく二段階に分けられる。第一段階は原鉱石のボーキサイトからアルミナをつくるプロセスであり，第二段階はアルミナからアルミニウムを製造するプロセスである。

　〔1〕　バイヤー法　　第一段階は図 2.9 に示すように，ボーキサイト（主成分 Al_2O_3）を粉砕して水酸化ナトリウム NaOH 溶液に溶解させ，アルミン酸ナトリウム溶液 $Na[Al(OH)_4]$ とする。つぎに，このアルミン酸ナトリウム溶液を水で希釈し，水酸化アルミニウム $Al(OH)_3$ の結晶を析出させる。続いて，水酸化アルミニウム結晶を加熱することにより水分を蒸発させ，アルミナ Al_2O_3 を得る。このように，ボーキサイトから水酸化アルミニウム（$Al(OH)_3$）をつくり，続いて，1 100℃程度で焙焼してアルミナ（Al_2O_3）を得る方法をバイヤー

① 溶解・希釈
$Al_2O_3 + 2NaOH + 3H_2O \rightarrow 2Na[Al(OH)_4]$
$Na[Al(OH)_4] \rightarrow Al(OH)_3 + NaOH$

② 加熱（焼成） 1 100℃
$2Al(OH)_3 \rightarrow Al_2O_3 + 3H_2O$

図 2.9 ボーキサイトからアルミナをつくる（バイヤー法）[2]

法（Bayer process）と呼んでいる。

〔2〕 **ホール・エルー法** 第二段階は，アルミナに氷晶石 Na_3AlF_6 を入れ，約1 000℃に加熱して融解する。これを炭素電極を用いて電気分解し，アルミナを還元すると融解したアルミニウムが陰極となっている電気炉の底にたまる。この融解したアルミニウムを取り出して保持炉に移し，用途に合わせてインゴット，スラブおよびビレットなどに鋳造する。このように，電解製錬によりアルミナからアルミニウムを製造する。この方法は，現在，工業的に行われており，1886年にホール（アメリカ）とエルー（フランス）が個別に発明したもので，ホール・エルー法（Hall-Héroult process）と呼ばれる（**図 2.10**）。代表的な電解炉の概略を**図 2.11**に示す。アルミナの電解製錬そのもの

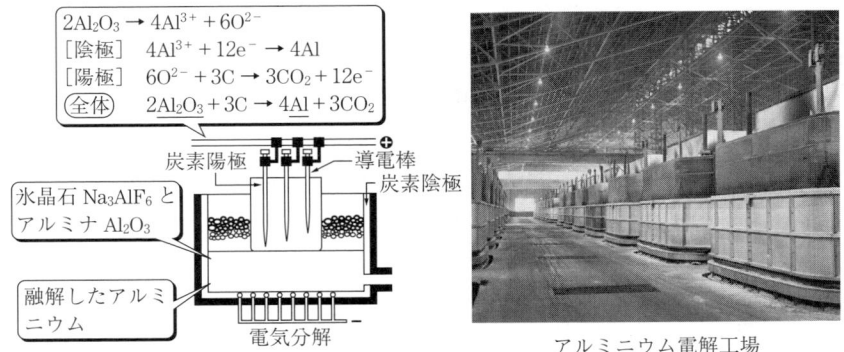

アルミニウム電解工場

図 2.10 アルミナからアルミニウムをつくる（ホール・エルー法）[2]

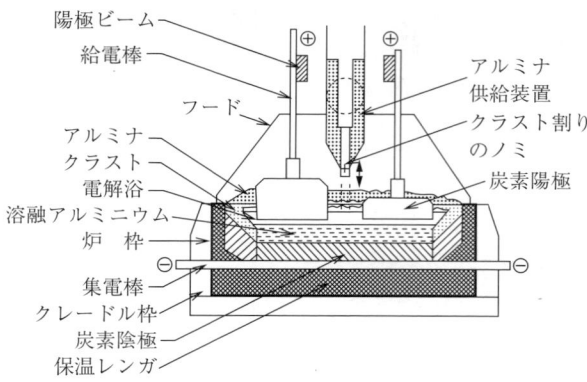

図 2.11 代表的な電解炉
（プリベーク式アルミニウム電解炉）[3]

には多くの電力を必要とするのが特徴である。

2.3.2 精　　　製

電解製錬により得られたアルミニウム中には鉄やケイ素などの不純物元素が多く含まれる。これらの不純物元素を除去し，高純度アルミニウム（99.95%以上）とするのが精製である。この精製法には，溶融塩電解による三層式電解精製法や凝固時の偏析現象を利用した偏析法などがある。三層式電解精製法は，製錬したアルミニウムを融点の低いフッ化物と塩化物の混合浴中で再度電解する方法で，99.99%の高純度が得られる。一方，偏析法は溶融アルミニウム中で最初に凝固して生成する固体アルミニウム（初晶アルミニウム）は液体アルミニウムより純度が高いことを利用するものであり，分別結晶法と一方向凝固法がある。精製効率は分別結晶法のほうが高い。

2.4　アルミニウム合金の分類

2.4.1　合　金　元　素

アルミニウムは純アルミニウムとしても多く利用されているが，特性を改善し，さまざまなニーズに応えるために合金化される。基本的には各種金属元素が合金元素として添加される。合金元素が添加されるねらいは多岐にわたる

が，特性と結び付く典型的な例を図2.12に示す．例えば，強度を増大させるための析出強化増大を狙うには，Cu + Mg（2000系合金，AC1, 2, 5, 8種，AC4B），Mg + Si（6000系合金，AC4, 8, 9種），Zn + Mg（7000系合金），Li + Cu + Mg（2000系合金，8000系合金）などの合金元素添加があり，固溶強化には，Mn（3000系合金），Mg（5000系合金，AC7種，ADC5, 6種），Cu（2000系合金，AC1, 5種）の添加がある．一方，鋳造性の向上のためにはSiの添加があり，さらに，凝固組織微細化のため，Ti-B, Na, Sr, Sbなどが微量添加される．Siは耐摩耗性向上のためにも添加される．

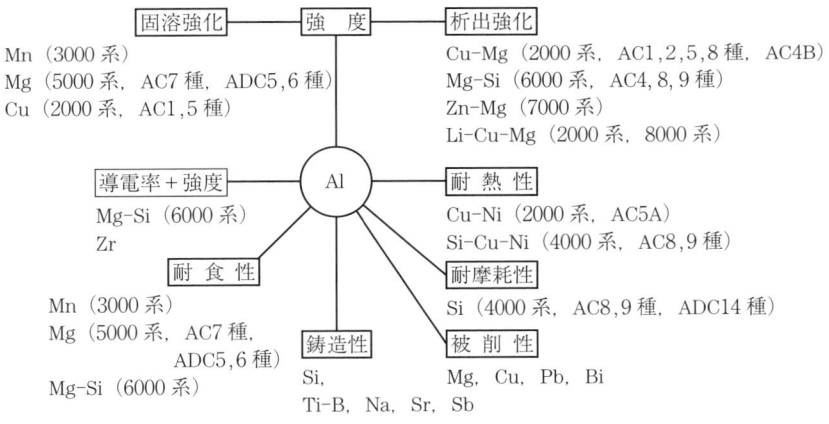

図2.12 アルミニウムの合金化と各種特性の関係

2.4.2 展伸用合金および鋳物用・ダイカスト用合金

アルミニウム合金は大別すると展伸用合金（加工に使用する）と鋳物用・ダイカスト用合金に分けられ，それぞれはさらに熱処理型合金と非熱処理型合金とに分けられる．図2.13にJIS規格を基に分類した合金系と呼称を示す．ここで，熱処理型と非熱処理型の違いは時効硬化性を有するかどうかで分けられる．さらに，表2.2および表2.3に展伸用合金と鋳物用・ダイカスト用合金の標準化学組成を示す．これらの化学組成を見ると，主要な合金元素としてMgやSiが有効に活用され，また，Cu, Zn, Mnが広く用いられていることがわ

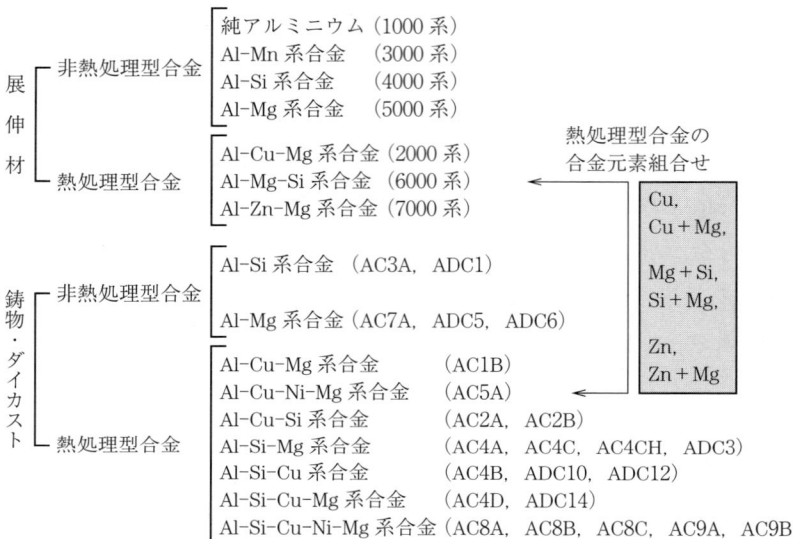

図 2.13 アルミニウムおよびその合金の分類（JIS 規格を基に分類）

表 2.2 代表的なアルミニウム展伸材の標準化学組成

合　金　名	合金番号	組　　成〔質量%〕
1000 系アルミニウム	1080 1060 1050 1100 1200	Al 99.80 以上 Al 99.60 以上 Al 99.50 以上 Al 99.00 以上，Cu 0.1 Al 99.00 以上，Cu 0.05 以下
2000 系 Al-Cu-Mg 合金	2014 2017 2024	Cu 4.4, Mg 0.5, Mn 0.8, Si 0.8 Cu 4.0, Mg 0.6, Mn 0.7, Si 0.5 Cu 4.4, Mg 1.5, Mn 0.6
3000 系 Al-Mn 合金	3003 3004	Mn 1.2, Cu 0.1 Mn 1.2, Mg 1.0
4000 系 Al-Si 合金	4032 4043	Si 12.0, Cu 0.9, Mg 1.0, Ni 0.9 Si 5.0
5000 系 Al-Mg 合金	5005 5052 5083 5086	Mg 0.8 Mg 2.5, Cr 0.25 Mg 4.5, Mn 0.7, Cr 0.1 Mg 4.0, Mn 0.5, Cr 0.1
6000 系 Al-Mg-Si 合金	6061 6063	Mg 1.0, Si 0.6, Cu 0.25, Cr 0.25 Mg 0.7, Si 0.4
7000 系 Al-Zn-Mg-Cu 合金	7075 7204	Zn 5.6, Mg 2.5, Cu 1.6, Cr 0.25 Zn 4.5, Mg 1.5, Mn 0.5

2.4 アルミニウム合金の分類

表 2.3 代表的なアルミニウム鋳物・ダイカスト合金の標準化学組成

	JIS記号	合 金 系	標 準 組 成〔質量%〕
アルミニウム合金鋳物	AC1B	Al-Cu-Mg	Cu 4.5, Mg 0.25
	AC2A	Al-Cu-Si	Cu 4.0, Si 5.0
	AC2B	Al-Cu-Si	Cu 3.0, Si 6.0
	AC3A	Al-Si	Si 12
	AC4A	Al-Si-Mg	Si 9.0, Mg 0.45, Mn 0.4
	AC4B	Al-Si-Cu	Si 8.5, Cu 3.0
	AC4C	Al-Si-Mg	Si 7.0, Mg 0.35, Fe 0.55 以下
	AC4CH	Al-Si-Mg	Si 7.0, Mg 0.30, Fe 0.20 以下
	AC4D	Al-Si-Cu-Mg	Si 5.0, Cu 1.3, Mg 0.5
	AC5A	Al-Cu-Ni-Mg	Cu 4.0, Ni 2.0, Mg 1.5
	AC7A	Al-Mg	Mg 4.5, Mn 0.6 以下
	AC8A	Al-Si-Cu-Ni-Mg	Si 12, Cu 1.0, Ni 1.0, Mg 1.0
	AC8B	Al-Si-Cu-Ni-Mg	Si 9.5, Cu 3.0, Ni 0.1〜1.0, Mg 1.0
	AC8C	Al-Si-Cu-Mg	Si 9.5, Cu 3.0, Mg 1.0
	AC9A	Al-Si-Cu-Ni-Mg	Si 23, Cu 1.0, Ni 1.0, Mg 1.0
	AC9B	Al-Si-Cu-Ni-Mg	Si 19, Cu 1.0, Ni 1.0, Mg 1.0
アルミニウムダイカスト合金	ADC1	Al-Si	Si 12
	ADC3	Al-Si-Mg	Si 9.5, Mg 0.5
	ADC5	Al-Mg	Mg 6.0
	ADC6	Al-Mg	Mg 3.0, Mn 0.5
	ADC10	Al-Si-Cu	Si 8.5, Cu 3.0
	ADC12	Al-Si-Cu	Si 11, Cu 2.5
	ADC14	Al-Si-Cu-Mg	Si 17, Cu 4.0, Mg 0.55

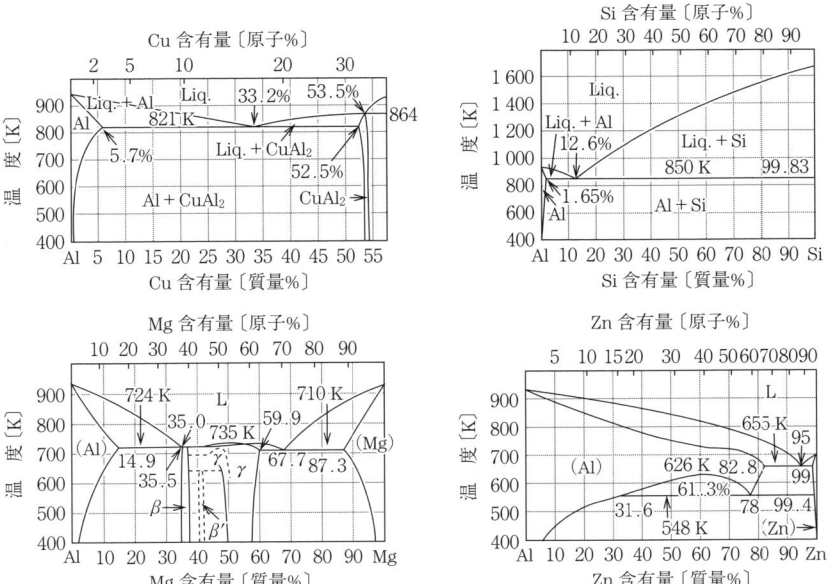

図 2.14 Al-Cu, Al-Si, Al-Mg, Al-Zn 合金の平衡状態図

かる。ここで代表的なアルミニウム合金の二元系状態図を**図 2.14** に示す。

2.5 アルミニウムの調質

実用合金材料において，合金成分は重要であるが，同時に加工や熱処理なども材質を改善するうえで重要である。材質を変える目的で行う加工や熱処理は調質と呼ばれる。**表 2.4** に各種調質記号とその内容を示す。展伸材の場合には，加工硬化処理と焼なまし処理があり，また，各種の熱処理がある。**図 2.15** にアルミニウム合金展伸材の製造工程における熱処理について，処理工程と調質記号を対応させて示す。鋳塊の均質化処理に続く熱間加工の後に，冷間加工と焼なまし処理あるいは時効処理とが行われ，各調質記号が示されている。これらの処理と材質については 2.10 節で述べる。アルミニウム合金の熱処理温度の選定範囲を Al-Cu 合金を例に**図 2.16** に示す。溶体化処理温度はできるだけ高い温度が望ましい一方で，共晶融解を避ける，膨れや表面のあれを防ぐ，粗大化を抑える，などの点から図 2.16 に示すように共晶温度よりやや低い温度で行われる。焼なまし温度は合金の再結晶温度を基に決められる。通

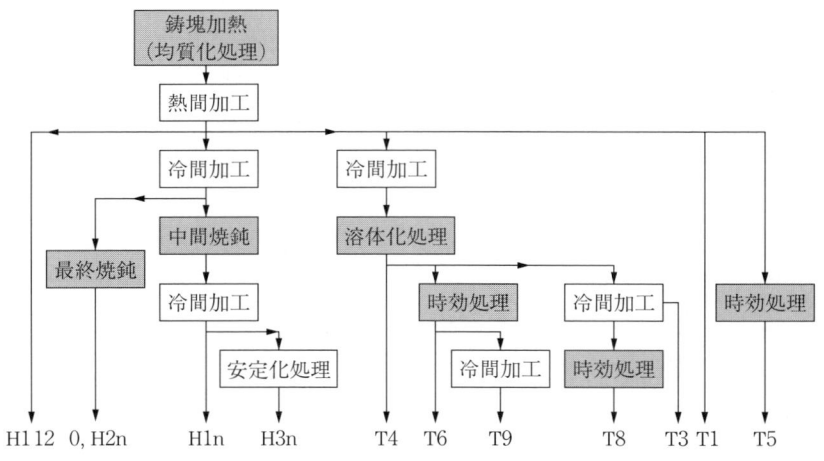

図 2.15 アルミニウム展伸材の製造工程における種々の熱処理

2.5 アルミニウムの調質

表2.4 アルミニウム合金の各種調質記号と調質内容[4]

(a) 基本記号，定義および意味

基本記号	定　　義	意　　味
F	製造のままのもの	加工硬化または熱処理について特別の調整をしない製造工程から得られたままのもの
O	焼なましたもの	展伸材については，最も軟らかい状態を得るように焼なましたもの。鋳物については，伸びの増加または寸法安定化のために焼なましたもの
H	加工硬化したもの	適度の軟らかさにするための追加熱処理の有無にかかわらず，加工硬化によって強さを増加したもの
W	溶体化処理したもの	溶体化処理後常温で自然時効する合金だけに適用する不安定な質別
T	熱処理によってF，O，H以外の安定な質別にしたもの	安定な質別にするため，追加加工硬化の有無にかかわらず，熱処理したもの

(b) HXの細分記号およびその意味

記号	意　　味
H1	加工硬化だけのもの： 所定の機械的性質を得るために追加熱処理を行わずに加工硬化だけしたもの
H2	加工硬化後適度に軟化熱処理したもの： 所定の値以上に加工硬化した後に適度の熱処理によって所定の強さまで低下したもの。常温で時効軟化する合金については，この質別はH3質別とほぼ同等の強さをもつもの。その他の合金については，この質別はH1質別とはほぼ同等の強さをもつが，伸びはいく分高い値を示すもの
H3	加工硬化後安定化処理したもの： 加工硬化した製品を低温加熱によって安定化処理したもの。また，その結果，強さはいく分低下し，伸びは増加するもの。 この安定化処理は，常温で徐々に時効軟化するマグネシウムを含むアルミニウム合金だけに適用する。
H4	加工硬化後塗装したもの： 加工硬化した製品が塗装の加熱によって部分焼なましされたもの

(c) TXの細分記号およびその意味

記号	意　　味
T1	高温加工から冷却後自然時効させたもの： 押出材のように高温の製造工程から冷却後積極的に冷間加工を行わず，十分に安定な状態まで自然時効させたもの。したがって，矯正してもその冷間加工の効果が小さいもの
T2	高温加工から冷却後冷間加工を行い，さらに自然時効させたもの： 押出材のように高温の製造工程から冷却後強さを増加させるため冷間加工を行い，さらに十分に安定な状態まで自然時効させたもの
T3	溶体化処理後冷間加工を行い，さらに自然時効させたもの： 溶体化処理後強さを増加させるため冷間加工を行い，さらに十分に安定な状態まで自然時効させたもの
T4	溶体化処理後自然時効させたもの： 溶体化処理後冷間加工を行わず，十分に安定な状態まで自然時効させたもの。したがって，矯正してもその冷間加工の効果が小さいもの
T5	高温加工から冷却後人工時効硬化処理したもの： 鋳物または押出材のように高温の製造工程から冷却後積極的に冷間加工を行わず，人工時効硬化処理したもの。したがって，矯正してもその冷間加工の効果が小さいもの
T6	溶体化処理後人工時効硬化処理したもの： 溶体化処理後積極的に冷間加工を行わず，人工時効硬化処理したもの。したがって，矯正してもその冷間加工の効果が小さいもの
T7	溶体化処理後安定化処理したもの： 溶体化処理後特別の性質に調整するため，最大強さを得る人工時効硬化処理条件を超えて過時効処理したもの
T8	溶体化処理後冷間加工を行い，さらに人工時効硬化処理したもの： 溶体化処理後強さを増加させるため冷間加工を行い，さらに人工時効硬化処理したもの
T9	溶体化処理後人工時効硬化処理を行い，さらに冷間加工したもの： 溶体化処理後人工時効硬化処理を行い，強さを増加させるため，さらに冷間加工したもの
T10	高温加工から冷却後冷間加工を行い，さらに人工時効硬化処理したもの： 押出材のように高温の製造工程から冷却後強さを増加させるため冷間加工を行い，さらに人工時効硬化処理したもの

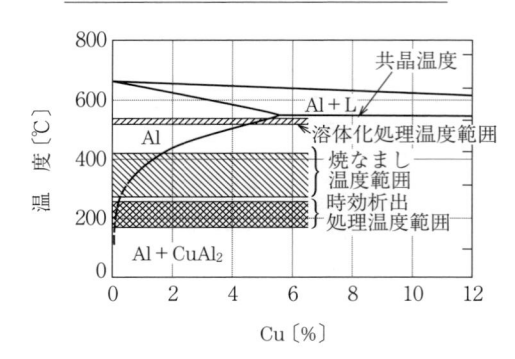

26   2. アルミニウムおよびその合金

図 2.16 Al-Cu 二元状態図と熱処理温度範囲

常は再結晶温度よりもやや高い温度に設定される。時効処理温度は十分な析出ができるだけ短時間に起こる温度範囲を基に設定する。以上の温度条件により，優れた材料特性を有する調質が可能となる。

2.6 代表的製造プロセスと関連現象，およびミクロ組織の特徴

2.6.1 素形材・製品製造プロセス

各種アルミニウム素材および製品の工業的な製造過程を**図 2.17** に示す。

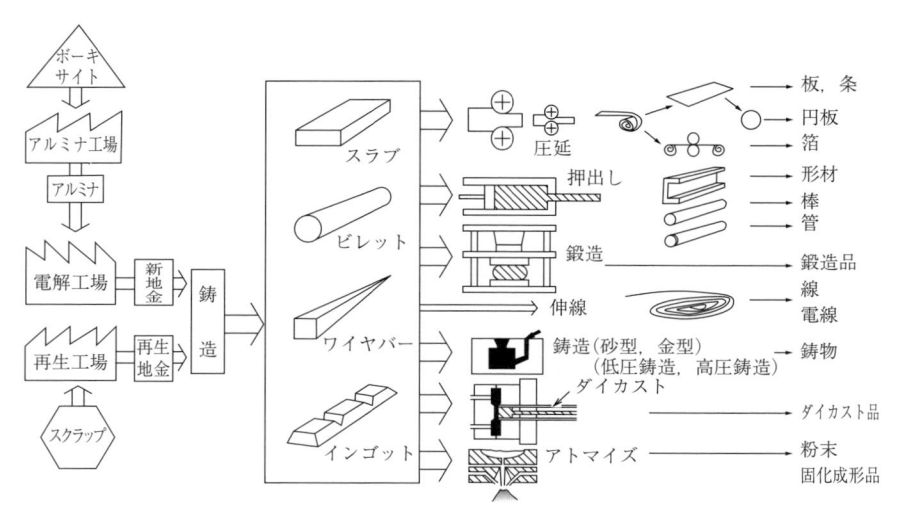

図 2.17 アルミニウム素材および製品の製造プロセス（日本アルミニウム協会）

2.6 代表的製造プロセスと関連現象,およびミクロ組織の特徴

ボーキサイトから製造された新地金,およびスクラップから再生された再生地金を用いて溶解し,合金を製造する。これらを製品の用途に応じて各種形状に鋳造する。すなわち,図2.17に示すように圧延用のスラブ,押出用・鍛造用のビレット,伸線用のワイヤバーが製造される。一方,鋳造用・ダイカスト用には合金インゴットがつくられ,再度溶解され,鋳造が行われる。

つぎに,アルミニウム合金展伸材および鋳造材の主要な製造プロセスとその間に起こる現象やミクロ組織について述べる。

2.6.2 展伸材製造プロセス

〔1〕 **半連続鋳造法(DC鋳造法)** 図2.18に半連続鋳造法(direct chill casting, DC鋳造法)を示す。このようなDC鋳造法によりスラブ(圧延用鋳塊)やビレット(押出用鋳塊)が製造される。スラブは直方体形状の大型の圧延用鋳塊であり,圧延設備に応じて大きさが決められる。現在は,厚さ200〜600 mm程度で,おおよそ20〜28トンの重量のスラブが製造されている。ビレットは円柱形状に鋳造された押出用鋳塊であり,押出加工により管,棒などが製造される。ビレットは半連続鋳造法によってϕ150〜600 mmの円柱形がつくられている(**図2.19**)。

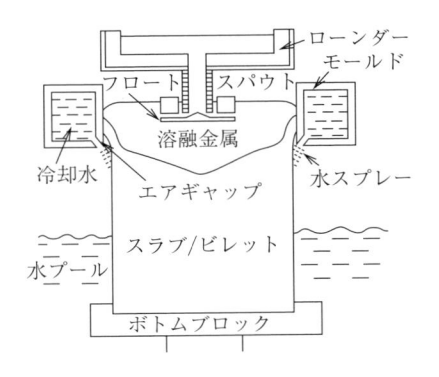

図2.18 半連続鋳造法(DC鋳造法)の模式図[5]

〔2〕 **直接連続鋳造法** 溶湯から直接鋳造し,連続的に圧延加工する方法が直接連続鋳造法である。例を**図2.20**に示す。これらの特徴は,一対のロール,スチールベルト,チルブロックなどの5〜20 mmの間隙に溶湯を鋳造し,

(a) インゴット 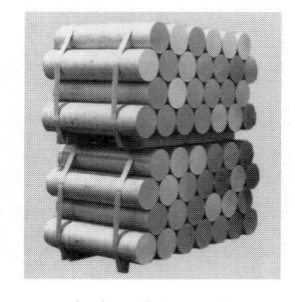　　　(b) ビレット 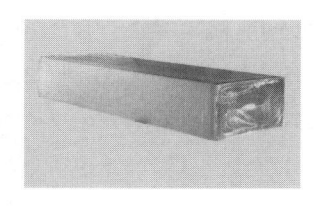　　　(c) スラブの外観

図 2.19 アルミニウムのインゴット，ビレット，スラブの外観（日本アルミニウム協会 提供）

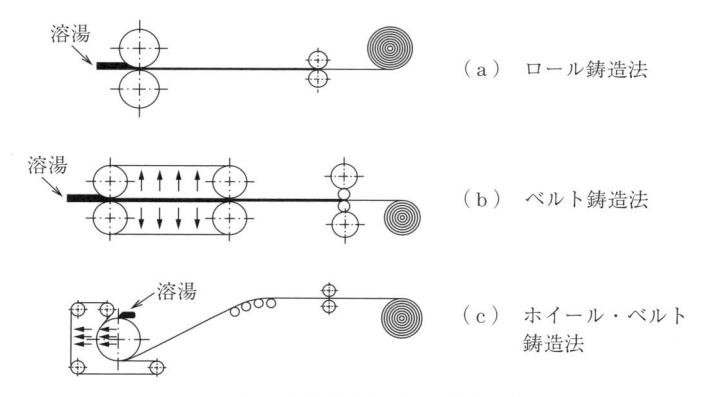

(a) ロール鋳造法

(b) ベルト鋳造法

(c) ホイール・ベルト鋳造法

図 2.20 直接連続鋳造法の模式図[6]

直接薄板を製造するものである。DC 鋳塊で行われる圧延加工を一部省略することが可能であり，また，急冷効果により微細な凝固組織を得ることができる。ただし，直接連続鋳造法を高濃度合金へ適用することは通常難しく，また表面性状が劣るなどの課題があり，現在，主流とはなっていない。

〔3〕**圧延工程**　**図 2.21** にスラブから熱間圧延，冷間圧延を行い，板を製造する工程を示す。DC 鋳造でつくられたスラブは面削して均質化処理し，続いて熱間圧延で厚さを薄くし，次いで冷間圧延により必要な板厚まで圧延される。冷間圧延材は材質に合わせて焼なましされる。圧延による板の変形の様子を**図 2.22** に示す。板の変形に伴って結晶粒は圧延方向に引き伸ばされた形状になる。また，**図 2.23** に実際の圧延工程，熱間圧延コイルおよび冷間圧延

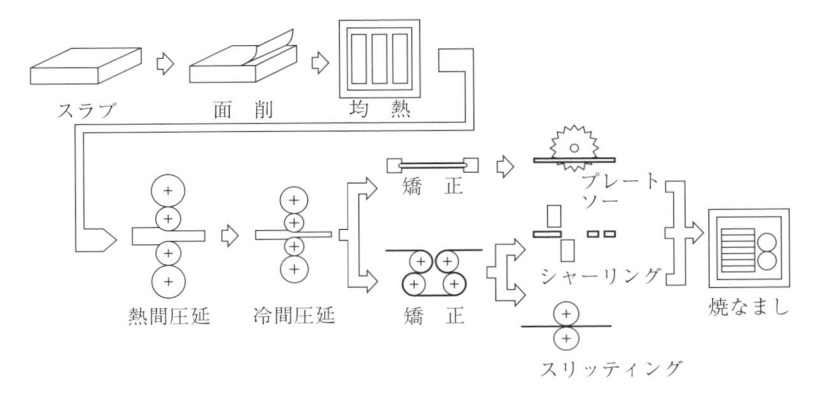

2.6 代表的製造プロセスと関連現象，およびミクロ組織の特徴

図2.21 圧延工程図（日本アルミニウム協会）

図2.22 圧延時の材料の変形の様子

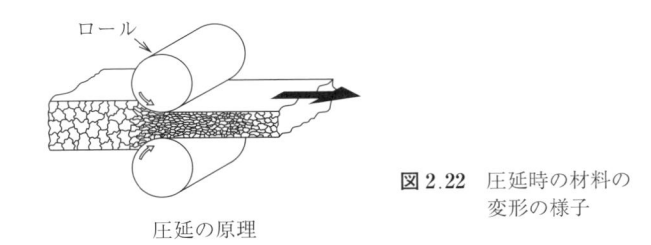

圧延の原理

（a）圧延機　　　　　　　　（b）製品例

図2.23 圧延機および圧延による製品の例[2]

コイルの写真を示す。

〔4〕**押出工程**　ビレットの押出工程を**図2.24**に示す。ビレットは均質化処理後，適当な長さに切断され，さらに押出温度に加熱され，押出しが行

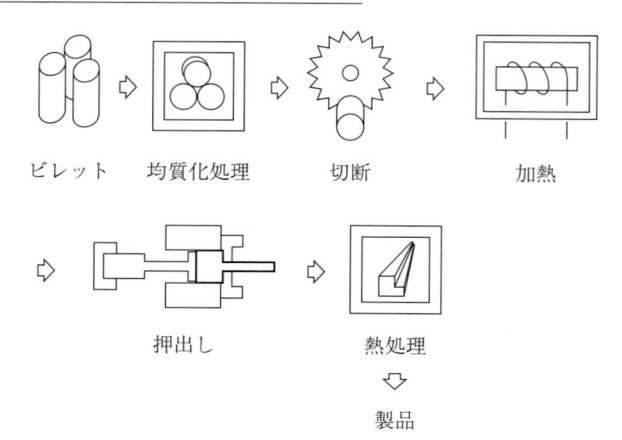

30   2. アルミニウムおよびその合金

ビレット　均質化処理　切断　加熱

押出し　熱処理

製品

図 2.24 押出工程図（日本アルミニウム協会）

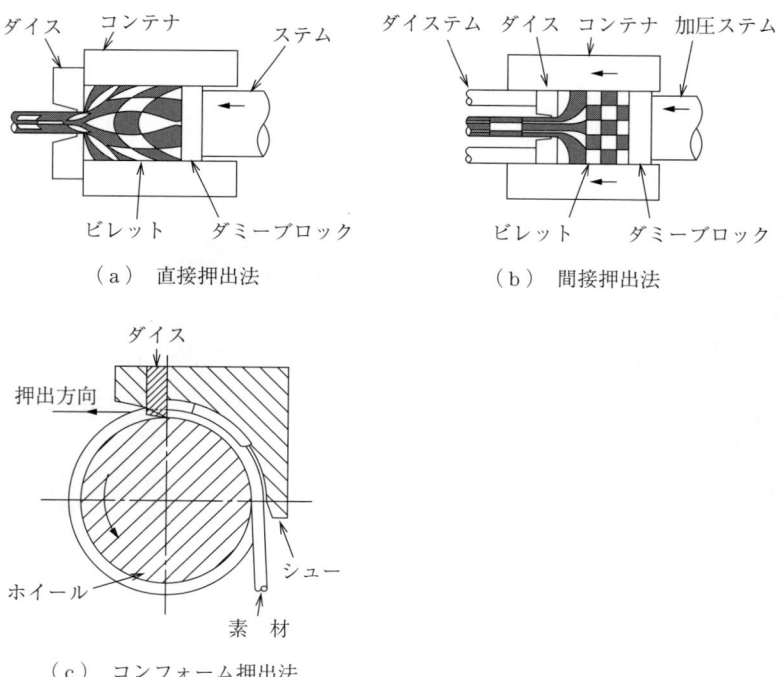

（a）直接押出法　　　　　　　　（b）間接押出法

（c）コンフォーム押出法

図 2.25 各種押出方法および金属の流れ[7]

2.6 代表的製造プロセスと関連現象，およびミクロ組織の特徴

われる。押出しは，**図 2.25** に示すように，直接押出法および間接押出法などにより行われる。各押出法の特徴を以下に示す。

（1）**直接押出法**　加熱したビレットをコンテナに挿入し，ステムでダイス方向に直接圧縮してダイス穴を通す押出方法であり，最も一般的な押出方法である。この方法ではビレットとコンテナとの間に摩擦が生ずるため，押出圧力の 1/3 程度が無駄になってしまい，大きな押出圧力が必要となる。

（2）**間接押出法**　加熱したビレットをコンテナ内に入れ，中空システムのダイスを押し当て，コンテナを押すことによってビレットを押し，ダイス穴から押し出す方法である。この押出方法では，コンテナとビレットとの間に摩擦が生じないため，押出圧力は一定し，また，直接押出法の全圧力に比べて約30％少ない圧力で押出が可能である。

（3）**静水圧押出法**　室温あるいは熱間温度にあるビレットを液体などの圧力媒体で完全に覆い，ステムとビレットとを触れさせずに押し出す方法である。ビレットの前面から圧力を受けるので変形挙動は均一であり，加工しにくい材料への適用が可能である。

（4）**コンフォーム押出法**　押出機は，円周状に溝を付けた大きな回転ホイールと固定ダイスを組み込んだ静止シューの工具部で構成されている。材料は溝面と摩擦ダイス部に導かれ，押出可能な圧力と温度に達し，ダイスを通して成形される。寸法精度と断面形状の優れた製品が得られる。

押出しはさまざまな形状のダイスを用いることにより，**図 2.26** に示すような複雑な断面形状をもつ製品を一つの工程で作製できる特徴があり，アルミニウム合金にとってきわめて有利な加工法である。

〔5〕**型鍛造工程**　鍛造は，素材を圧縮加工して製品をつくる方法であり，加工により鋳造組織は壊され，微細なポロシティは圧着されるため，靭性が増大する。型鍛造は，**図 2.27** に示すように金型内に鍛造用素材を入れて衝撃的に圧縮加工し，ニアネットシェイプの製品を得る方法である。材料特性に優れる製品をつくり出すことができる。

〔6〕**プレス成形工程**　プレス成形品をつくる加工には，せん断加工，深

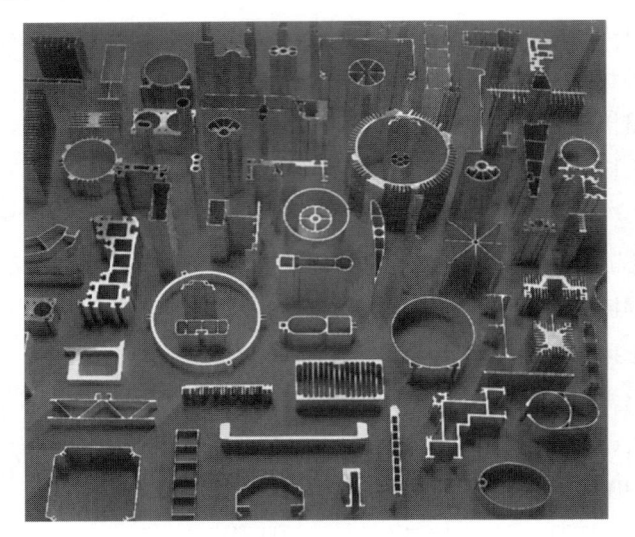

32 　2. アルミニウムおよびその合金

図 2.26　各種押出形材の断面形状

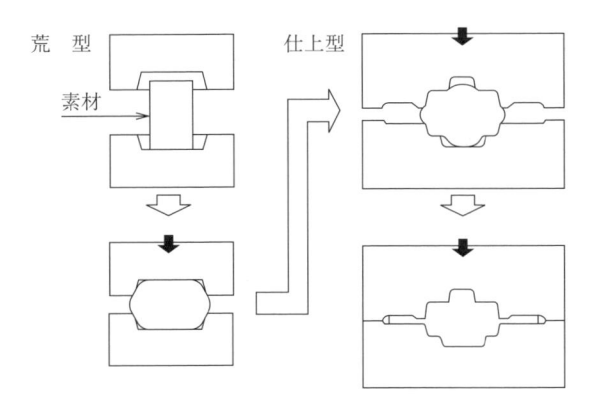

図 2.27　型鍛造の工程図

絞り加工，へら絞り加工，張出し成形加工，伸びフランジ成形加工，曲げ加工などがある。各種のプレス成形の基本加工を**図 2.28**に模式的に示す。

〔7〕**しごき加工**　　しごき加工は，**図 2.29**に示すように深絞りした円筒容器の側壁部をクリアランスの小さいポンチとダイスで深さ方向にしごいて薄肉化し，飲料缶などの深さの深い円筒形状の製品を得る方法である。高速での

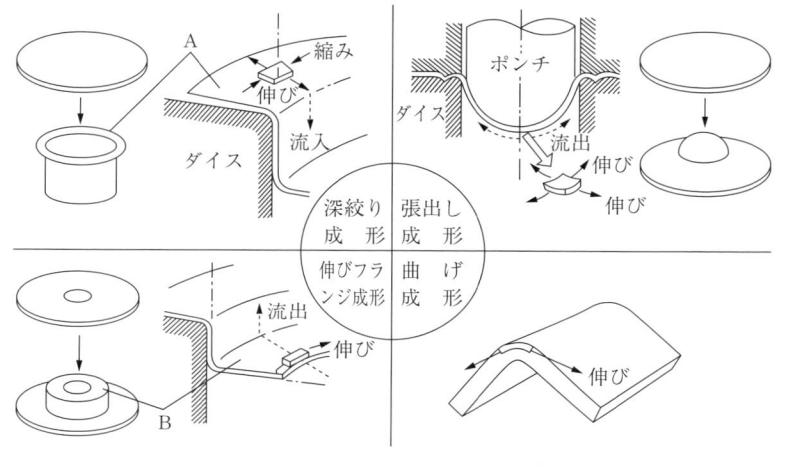

図2.28 プレス成形の基本加工[8]

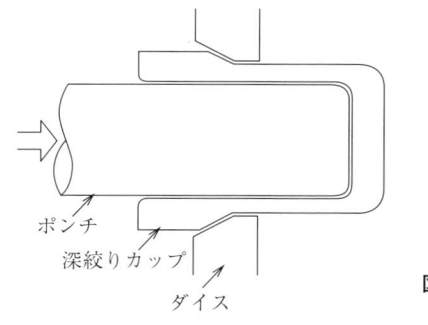

図2.29 しごき加工

加工が実用化されている。

2.6.3 鋳物およびダイカスト製造プロセス

　アルミニウム合金は鋳物・ダイカストとして広く使用されている。鋳造用アルミニウム合金は，特に鋳造性に主眼をおいて組成が決められている。アルミニウム合金は一般に鋳造性がよく，各種の鋳造法が適用でき，また，自動車，電気機器用およびその他の各種部品用に利用されている。JIS規格には重力を利用して鋳造したアルミニウム合金鋳物と加圧力を用いて射出鋳造したアルミニウム合金ダイカストとがある。製造方法の分類には，鋳型による分類と加圧

表2.5 主なアルミニウム合金鋳物の製造法の分類[9)]

(1) 鋳型による分類	砂型鋳造法 (1回使用)	Vプロセス（粘結剤なし） 生型法（粘結剤：ベントナイト） 炭酸ガス型法（粘結剤：けい酸ソーダ） シェルモールド法（粘結剤：フェノール樹脂） コールド・ボックス法（粘結剤：樹脂＋硬化剤） 自硬鋳造法（粘結剤：樹脂＋硬化剤）
	金型鋳造法 (多数回使用)	重力金型鋳造法 低圧力鋳造法 高圧鋳造法 ダイカスト法
	精密鋳造法 (多数回使用)	ロストワックス法（鋳型材：セラミックス） 石膏鋳造法（鋳型材：石膏） セラミックモールド法（鋳型材：セラミックス）
(2) 加圧適用による分類	造型技術	Vプロセス（砂型，真空鋳造法） 高圧鋳造法（砂型，スタンプ）
	注湯技術	低圧力鋳造法（金型，低圧，反重力注湯） 重力鋳造法（砂型，金型など，重力注湯） ダイカスト法（金型，高圧，射出し）
	凝固規制技術	低圧鋳造法 重力鋳造法 ダイカスト法 高圧鋳造法 半溶融・半凝固鋳造法
(3) その他	消失鋳型法	
	遠心鋳造法	

適用による分類とがあり，これらを**表2.5**にまとめて示す。

〔1〕 **砂型鋳造法**　鋳型の構成材料はケイ砂で，粘結剤を加えて混練・成形した鋳型に溶湯を鋳造する方法である。砂型は金属の鋳型（金型）に比べて保温力が高く，徐冷凝固となる。このため，凝固収縮に対する補償効果が大きい利点がある。一方，急冷凝固する必要のある部分には冷やし金を使用する。鋳造方法には，生砂型法，シェル型法，CO_2法があり，特徴は以下のとおりである。

（1）**生砂型法**　天然の鋳物砂（山砂）を用いる方法。使用回数が多くなると粘土分を補うために，ベントナイトを添加する。

（2）**シェル型法**　浜砂（海砂，珪砂）にフェノール樹脂を添加し，熱砂

化させてつくった鋳型を用いる方法。

（3） **CO_2 法**　　ケイ砂に4～5％のケイ酸ナトリウム（$Na_2Si_4 \cdot 5H_2O$ または $Na_6Si_{27} \cdot nH_2O$）をバインダとして添加し，CO_2 ガスを吹き込み，これにより砂を硬化させてつくる方法。

図2.30に砂型鋳造の鋳型および主要部分の名称を示す。なお，砂型鋳造法は年とともに減少する傾向にある。

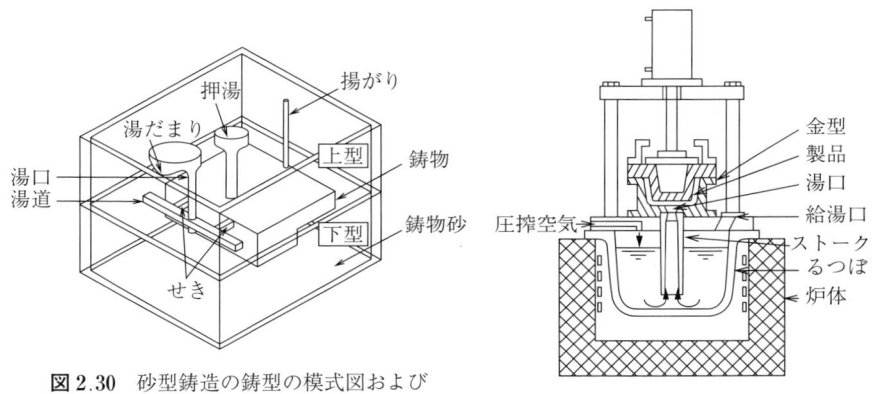

図2.30　砂型鋳造の鋳型の模式図および主要部の名称

図2.31　低圧鋳造機[10]

〔2〕　**金型鋳造法**　　鋳型に多数回使用可能な金型を用いる方法であり，アルミニウム合金の分野で95％以上の鋳物が金型に鋳造した鋳物である。金型鋳造法には，重力鋳造法と圧力鋳造法がある。

（1）　**重力鋳造法**　　大気圧で金型の中に溶湯を流し込み，鋳物をつくる方法である。特徴としては，① 砂中子が使用できる，② 繰り返し使用できる，③ 多量生産に適する，④ 耐圧性や機械的性質に優れる，などが挙げられる。また，⑤ 冷却速度が砂型鋳造に比べて大きく，鋳肌や寸法精度のよい緻密な鋳物をつくることができる。特に，自動車用ブレーキ部品，一般機械用部品など，耐圧性や高強度が要求されるものに有効な鋳造法である。

（2）　**低圧鋳造法**　　密閉された容器（るつぼなど）内の溶湯表面に0.01～0.05 MPaの空気圧を付加して，ストークを通して重力と反対方向に溶湯を

押し上げて金型内に注入する鋳造方法である（図 2.31）。加圧には空気や不活性ガスが一般に用いられる。特徴としては，① 歩留まりが向上する，② 溶湯を静かに金型内に充填できる，などがある。また，③ 砂中子が容易に使用できるため，複雑なアンダーカット形状を有する自動車用シリンダヘッド，タイヤホイールの生産に多く用いられる鋳造法である。

（3）**ダイカスト法**　高速および高圧力によって金型内に溶湯を圧入して鋳物をつくる方法である。特徴として，① 高い生産性，② 優れた寸法精度，③ 美麗でなめらかな鋳肌，④ 機械加工の削減，⑤ 量産性に優れる，などが挙げられる。自動車，OA 機器，家電用品，建築用品などの構造部品，機能部品に広く使用される。コールドチャンバダイカストマシンとホットチャンバダイカストマシンとがある。図 2.32 にこれらの模式図を示す。ダイカストマシンには，固定，可動の二面の金型を開閉するための型締部，ダイカストを金型から押し出すための押出部，金型内に溶融金属を圧入する射出部などがある（図 2.33）。アルミニウム合金ダイカストはきわめて生産性が高く，二輪車および自動車用に 90% 近くが活用されている。図 2.34 にダイカストの製品例を示す。

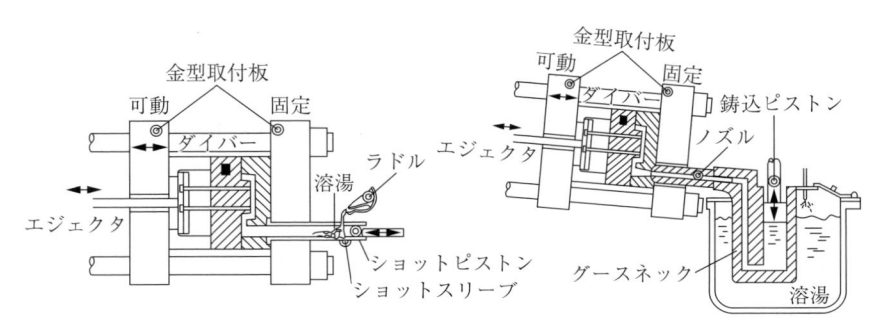

（a）　コールドチャンバダイカストマシン　　（b）　ホットチャンバダイカストマシン

図 2.32　ダイカストマシン [11]

ダイカストは，基本的には，溶融金属を冷却された金型を用いて高圧で凝固させる方法である。特徴は，高い寸法精度の鋳物が得られ，後加工が少ない，微細な鋳造組織が得られ，材料特性向上が期待される，早く凝固するため生産

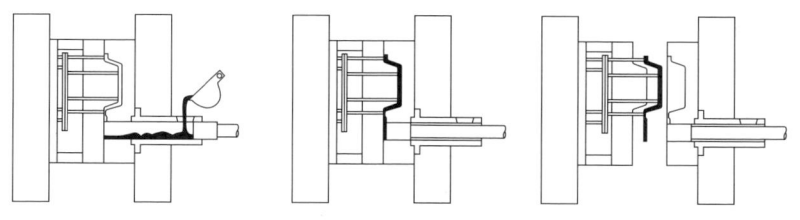

2.6　代表的製造プロセスと関連現象，およびミクロ組織の特徴　　37

1. 型締め・注湯　　2. 射　出　　3. 型開き・製品押出し

図 2.33　ダイカストマシン（コールドチャンバマシン）の動作の様子
（日本ダイカスト協会）

図 2.34　各種アルミニウムダイカスト製品例（自動車用部品）
（日本ダイカスト協会　提供）

サイクルが早い，などである。このため，低コストで鋳肌のきれいな鋳物を大量生産できる。一方，課題としては，溶湯が充填(じゅうてん)中に金型面と接して凝固する，湯口が早く凝固し，肉厚部でひけ巣欠陥が発生する，キャビティ，スリーブ内の空気を巻き込み，ガス欠陥が生成する，スリーブ内で溶湯の一部が凝固

し，製品中に混入して破断チル層欠陥が生成する，などがある．工業的にはこれらの課題を克服するさまざまな工夫が行われ，優れたダイカスト製品がつくられている．

〔3〕 **新しい鋳物・ダイカスト製造法**　鋳造技術は自動車産業を支える重要分野であり，低コストで高性能の鋳物製品をつくり出すためのさまざまな検討が進んでいる．特に，アルミニウム合金鋳物の場合，ダイカスト技術が主要なものである．自動車部品においては，特に軽量化促進のため適用範囲が拡大している．最近では用途も強度部材，大型部材へと拡大し，高強度，高靭性，高耐圧性，高精度，薄肉化，複雑化へのニーズが高まっている．このために，従来の技術を超える新しいダイカスト技術が現れている．**表2.6**に近年開発された新しい鋳造プロセスを示す．以下に二，三の手法について説明する．

表2.6　アルミニウム合金鋳物の新しい鋳造プロセス

鋳造法	新鋳造プロセス
重力鋳造	コスワース砂型鋳造法，ロストフォーム鋳造法，新傾動式鋳造法，直冷鋳造法
減圧鋳造	差圧鋳造法，吸引金型鋳造法
低圧鋳造	生型低圧鋳造法，不活性ガス雰囲気低圧鋳造法，雰囲気加圧鋳造法，新低圧鋳造法

（1）**高真空ダイカスト法**　高真空ダイカスト法は，ガス欠陥の低減や湯流れ性の向上を目的として，金型キャビティを減圧してダイカストする方法である．高真空ダイカスト法は従来のダイカスト法に比べ，高品質で，かつ，大型の製品の製造が低コストで可能である．また，高真空ダイカストで製造した製品は溶接やT6熱処理（溶体化・時効処理）が可能である特徴も有している．**図2.35**に高真空ダイカスト法の概念を模式的に示す．真空度は，10 kPa以下で，大幅に製品内のガス量の低減が可能である．わが国でも，自動車用の大型部品の製造に活用され，部品点数の大幅削減に寄与している．

（2）**低速充填ダイカスト法**　溶湯をキャビティ内に乱れなく静かに充填し，高圧力で加圧する方法として低速充填ダイカスト法がある．代表的なものがスクイズダイカスト法で，**図2.36**にスクイズダイカスト法の例を示す．傾

図2.35 高真空ダイカスト法の概念図（Vacural法）

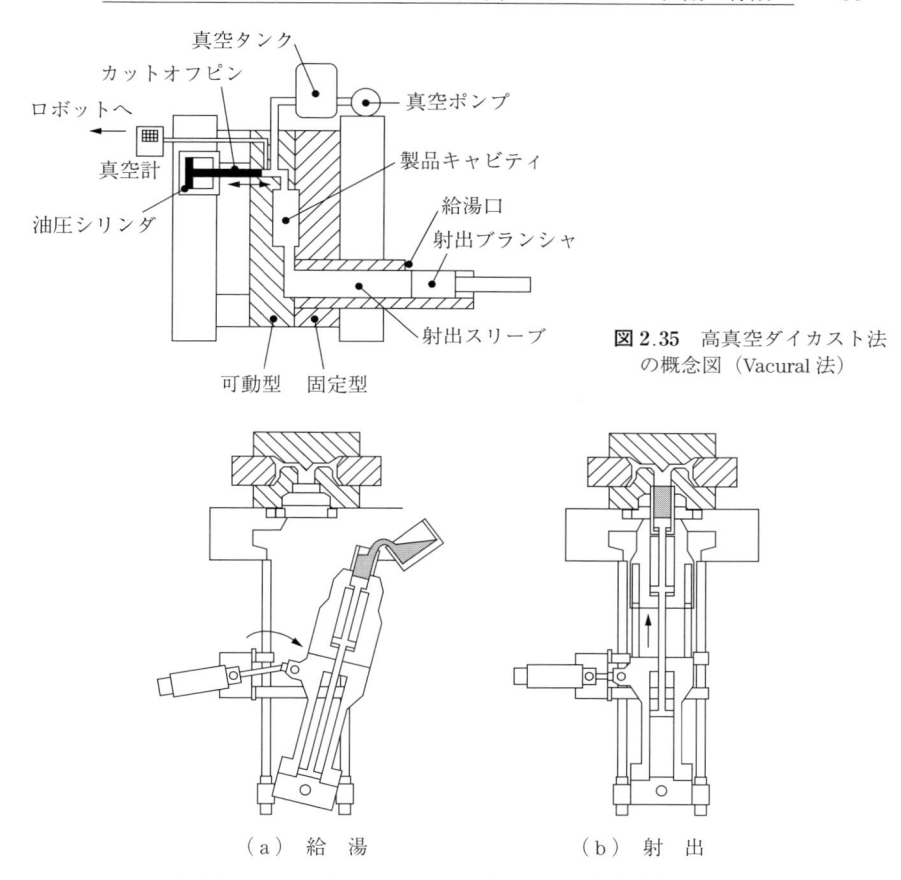

図2.36 スクイズダイカスト法の概念図（宇部興産株式会社）

（a）給　湯　　　（b）射　出

転した縦型の射出スリーブ内に溶湯を注湯した後に，スリーブを金型部に連結し，厚いゲートから溶湯を静かに金型キャビティ内に充填する。ガスの含有量が少なく，T6熱処理や溶接が可能である。また，ひけ巣も少なく，微細な凝固組織が得られる。

（3）セミソリッドダイカスト　　レオキャスト法（半凝固鋳造法）とチクソキャスト法（半溶融鋳造法）がある。前者は，合金溶湯を液体状態から冷却しながら撹拌を加えて，所定の固相率で粒状の初晶を形成させたスラリーを作製して直接成形する方法である。一方，後者は，いったん凝固させてビレット

を作製し，鋳造の際にビレットを再度加熱して固液共存状態にして成形する方法である。これらを図2.37に示す。いずれの場合も，凝固収縮が少なく，ひけ巣が発生しにくい，粘性流動のためガスの巻込みが少ない，潜熱量が少なく金型寿命が長い，などの特徴がある。最近では，レオキャスト法の開発・実用化が進展している。従来，ダイカストには困難であった合金への適用の可能性も期待される。

(a) レオキャスト法　　　　(b) チクソキャスト法

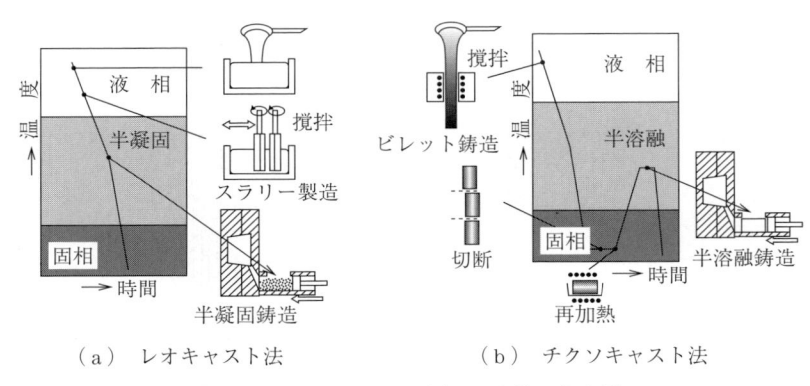

図2.37 セミソリッドダイカスト法の概念図

電磁撹拌装置内の金属カップに溶湯を注湯して短時間にセミソリッドスラリーを生成する方法（ナノキャスト）も最近開発されている。これにより，微細な粒状晶が形成される。

2.6.4　製造工程における基礎現象およびミクロ組織

〔1〕　加工・回復・再結晶

（1）　加工硬化および加工組織　　アルミニウムやアルミニウム合金を冷間加工すると加工硬化し，さらに冷間加工材を焼なましすると軟化する。これらにより材質を変えることができる。図2.38に例として1100合金の加工硬化特性と焼なまし軟化特性を示す。冷間圧延率の増大とともに耐力および引張強さは増大し，伸びは逆に低下する。一方，冷間圧延材を種々の温度で焼なましすると温度とともに耐力および引張強さは減少し，伸びは逆に大きくなる。これ

2.6 代表的製造プロセスと関連現象，およびミクロ組織の特徴

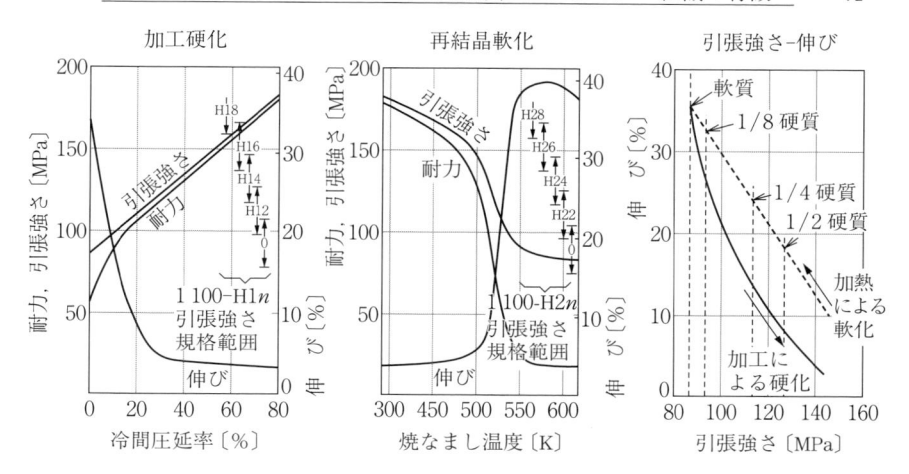

図 2.38 アルミニウムの冷間加工による加工硬化と焼なましによる軟化の挙動[12]

らの現象は加工硬化および回復再結晶の現象によるものであり，金属で一般的に起こる現象である。また，図 2.38 には加工硬化材と焼なまし材について伸びと引張強さの関係が示されている。同じ引張強さで比較すると焼なまし材では伸びが大きくなっている。これは焼なまし材では微細な結晶粒が生ずるためである。

（2） 回復および再結晶　加工硬化は，塑性変形に伴って多数の転位などの格子欠陥が導入されるために起こり，一方，焼なまし軟化は加熱により導入された点欠陥や転位の消滅，また，再配列などが起こるためであり，回復と呼ばれる。さらにある温度以上で加熱するとひずみのない新しい結晶粒が形成され，次第に全体がこれらの新しい結晶粒で覆われる。これは再結晶と呼ばれる。さらに高い温度あるいは長時間焼なましすると結晶粒の成長粗大化が起こる。これらの様子を**図 2.39** に模式的に示す。焼なまし温度が高くなると引張強さは減少し，伸びは増大する。また，焼なましにより加工組織中にひずみのない新しい結晶粒が形成され，次第に全体を覆い，さらに粒成長が起こる。これらの変化で，焼なまし温度が低い場合や焼なまし時間が短い場合は回復で引張強さが低下し，また，新しい結晶粒が形成される段階は再結晶となる。**図

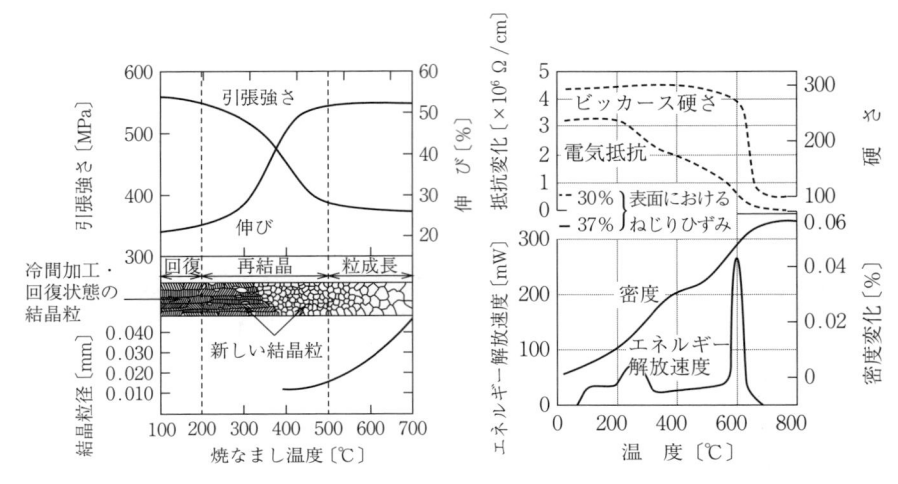

図 2.39 焼なましによる回復，再結晶，粒成長過程の模式図 [13]

図 2.40 回復・再結晶に伴うエネルギーの解放挙動（ニッケルの例）[14]

2.40 に回復・再結晶に伴うエネルギーの解放（発熱）の挙動を示す．特に，再結晶に伴い，大きなエネルギーの解放が認められる．

図 2.41 に Al-4.5%Mg 合金の圧延まま材，および各温度で 1 時間の焼なましを行ったときの光学顕微鏡組織を示す．圧延まま材では結晶粒が圧延方向に引き伸ばされた加工組織になっている．280℃で焼なますと加工組織中の結晶粒界部分からひずみのない新しい微細な結晶粒が多数形成されることがわかる．さらに，320℃では全面が新しい結晶粒で覆われ，380℃では，それらのうちの一部の結晶粒が粗大化していることがわかる．結晶粒は競合成長し，異常に成長する結晶粒が存在する．

これらの焼なまし過程での組織変化を**図 2.42** に模式的に示す．図（a）は加工組織を，図（b）は回復状態において形成される組織を示す．さらに，図（c）にはひずみのない新しい結晶粒の核生成の様子を，図（d）には完全再結晶状態を示す．また，図（e）および図（f）には結晶粒の成長および異常結晶粒成長の様子を示す．

焼なまし初期における回復過程での組織変化を**図 2.43** に模式的に示す．焼

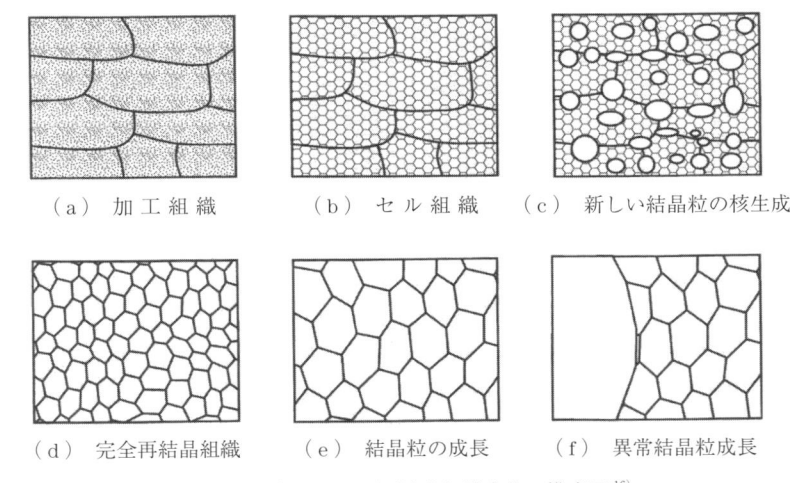

2.6 代表的製造プロセスと関連現象，およびミクロ組織の特徴   43

（a）圧延まま　　　　　　　　（b）280℃

（c）320℃　　　　　　　　　（d）380℃

図2.41　Al-4.5%Mg合金の焼なまし中の組織変化[15]

（a）加工組織　　（b）セル組織　　（c）新しい結晶粒の核生成

（d）完全再結晶組織　（e）結晶粒の成長　（f）異常結晶粒成長

図2.42　加工および再結晶組織変化の模式図[16]

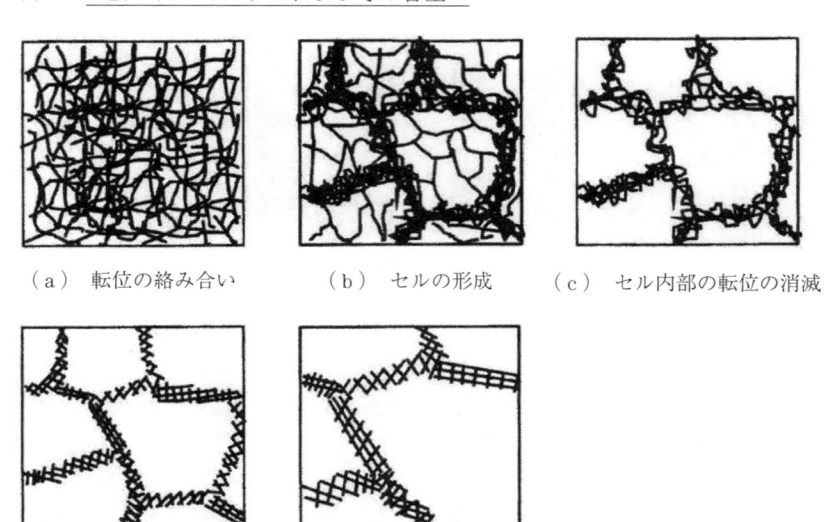

(a) 転位の絡み合い　　(b) セルの形成　　(c) セル内部の転位の消滅

(d) 亜結晶粒の形成　　(e) 亜結晶粒の成長

図 2.43 塑性変形および焼なましに伴う転位組織の変化[17]

なましに伴い，点欠陥は初期にほとんど消滅し，一方，転位は消滅と再配列が起こり，セル構造が形成される。さらに，焼なましが進むとセル内部の転位は消滅し，また，亜結晶粒（サブグレイン）が形成される。これらの組織は微細であり，透過型電子顕微鏡で観察が可能である。

（3） 結晶粒の粗大化過程　　亜結晶粒の成長の様子を**図 2.44**に示す。図（a）は亜結晶粒組織となっており，続いて亜結晶粒 A，B および C，D の粒界が消えて，合体する（図（b））。合体にあたって亜結晶粒は回転している。さらに，図（c）では結晶粒に幾何学的な形状変化が起こり，B と C の境界も消滅する。これらの合体した亜結晶粒は周囲と大傾角粒界をつくり，再結晶粒へと成長する。一方，**図 2.45**にひずみの差異による粒界移動の例を示す。図では結晶粒 A の中の粒界（1）が結晶粒 B に向かって成長していく。ここでは結晶粒 A は成長し，結晶粒 B は縮小する。粒界は一般的に曲率の中心から離れる方向に向かって移動する。

（4） 回復・再結晶の速度論　　**図 2.46**に Al-Mn 合金の 90％冷間圧延材

2.6 代表的製造プロセスと関連現象,およびミクロ組織の特徴

(a) 亜結晶粒

(b) 亜結晶粒 A, B および C, D の合体

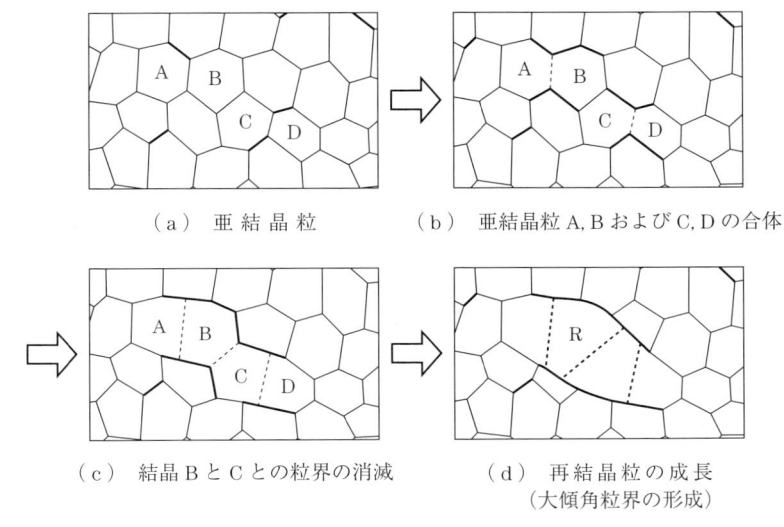

(c) 結晶 B と C との粒界の消滅

(d) 再結晶粒の成長
(大傾角粒界の形成)

図 2.44 結晶粒の合体と粗大化 [18]

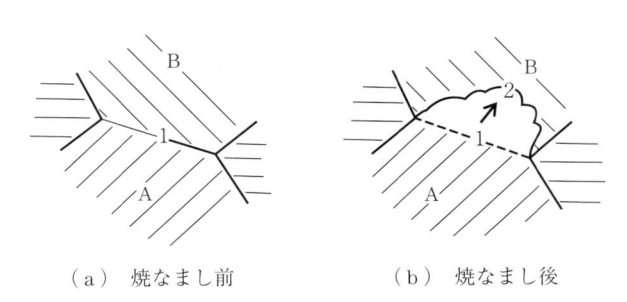

(a) 焼なまし前

(b) 焼なまし後

図 2.45 結晶粒界の張出し(→)(結晶粒界が結晶粒 A から結晶粒 B に向かって移動(粒界 1 → 粒界 2))

の各温度での回復・再結晶に伴う軟化挙動を示す。いずれの温度においても焼なまし時間とともに軟化が起こり,温度が高くなると軟化は短時間で起こる。焼なまし時間に伴うこれらの軟化は熱活性化過程で進行する。軟化過程を速度論的に解析することが可能である。すなわち,軟化挙動を再結晶分率に対応させ,再結晶率 f を焼なまし時間 t の関数として示すと**図 2.47** のようになる。この関係はジョンソン・メール・アブラミ(Johnson-Mehl-Avrami)の式

$$f = 1 - \exp(-Kt^n) \tag{2.1}$$

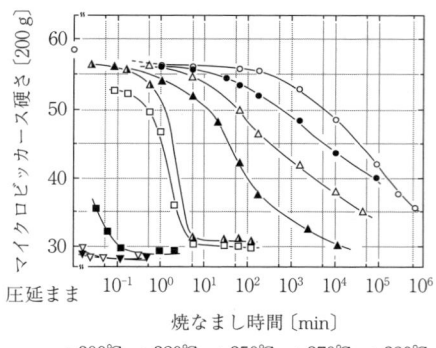

図 2.46 Al-1%Mn 合金の各温度における軟化曲線 [19]

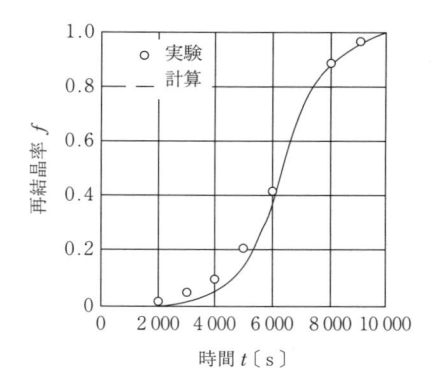

○ 300℃ ● 320℃ △ 350℃ ▲ 370℃ ▲ 380℃
□ 400℃ ■ 450℃ ▽ 500℃ ▼ 550℃

図 2.47 再結晶率の時間依存性の実測値と計算曲線（ジョンソン・メール・アブラミの式）[20]

で表すことができる。この式 (2.1) を変形すると

$$\ln \ln \frac{1}{1-f} = \ln K + n \ln t \tag{2.2}$$

となり，$\ln \ln\{1/(1-f)\}$ を $\ln t$ に対してプロットすると直線関係が得られる（**図 2.48** に両対数プロットを示す）。これらの直線の勾配から時間指数 n の値を求めることができる。さらに

$$K = K_0 \exp\left(-\frac{Q_R}{RT}\right) \tag{2.3}$$

の関係から，K と $1/T$ をアレニウスプロットすると直線関係が得られ，直線の勾配から活性化エネルギー Q_R を求めることができる。活性化エネルギー Q_R の値は，通常，合金中の原子の拡散の活性化エネルギーに近い値となる。すなわち，回復・再結晶がおおむね原子の拡散に律速されて起こる現象であることがわかる。

（5）**回復・再結晶と析出粒子の関係** 回復・再結晶は転位の移動，転位セル構造の形成，結晶粒界の移動などによって進行する現象であり，合金中に分散相や析出相が存在すると大きな影響を受ける。その例を Al-Mn 系合金について述べる。**図 2.49** に Al-1%Mn 合金を均質化処理温度（580℃）まで，急速加熱および徐加熱したときの Mn 系金属間化合物 Al_6Mn 相の分散状態を示

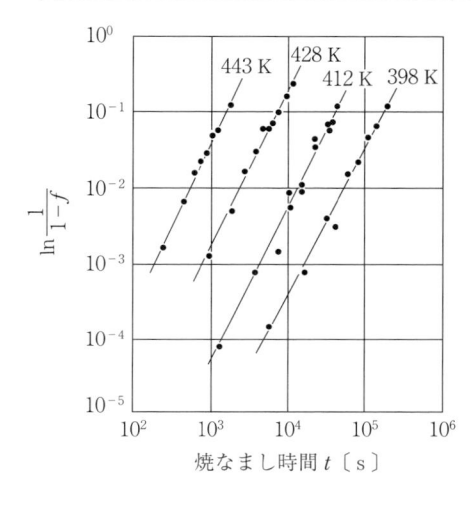

2.6 代表的製造プロセスと関連現象,およびミクロ組織の特徴

図 2.48 アルミニウムの再結晶率と時間との直線関係を各温度について示す[21]

(a)～(c):急速加熱　　(d)～(f):徐加熱

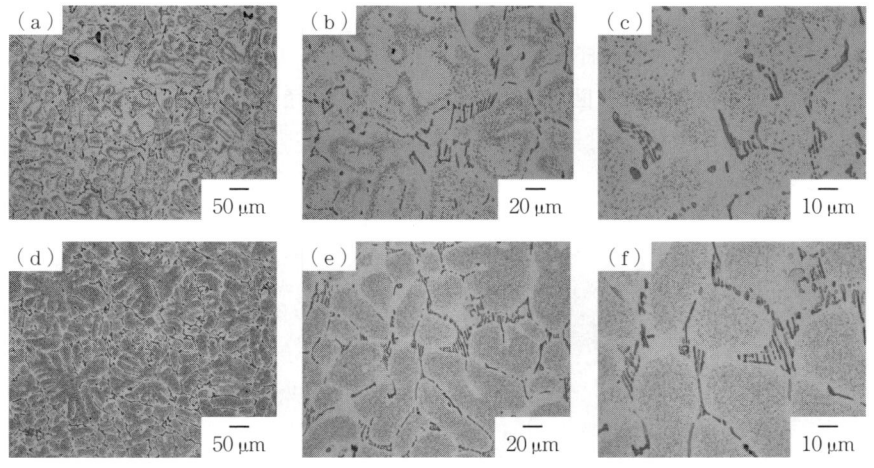

図 2.49 Al-1%Mn 合金を均質化処理温度(580℃)まで急速加熱および徐加熱したときの Mn 系金属間化合物 Al_6Mn 相の分散状態(倍率を変えて表示)

す.急速加熱の場合,析出分散相はサイズが大で,かつ,疎に分散している.粒界近傍には無析出帯(PFZ)も認められる.一方,徐加熱すると析出相は微細で,かつ,均一に分散している.これらの条件で均質化処理した合金を 350℃で焼なましししたときの軟化曲線を**図 2.50** にに示す.析出相が粗く分散して

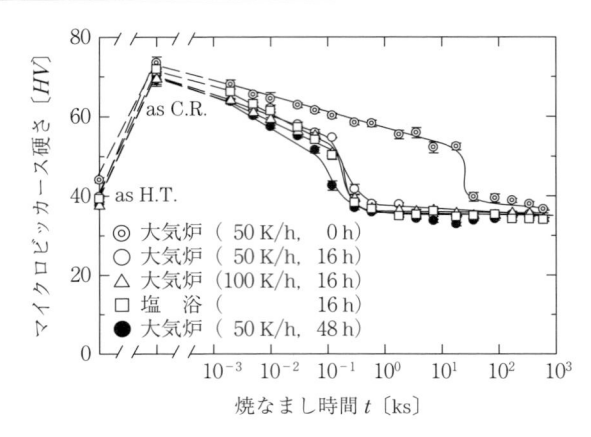

図2.50 各条件で均質化処理したAl-1%Mn合金を90%冷間圧延し，350℃で焼なましししたときの軟化曲線（as H.T.：熱処理まま，as C.R.：冷間圧延まま）

いる急速加熱材ほど軟化開始が早く，密に分散している徐加熱材ほど軟化が遅い。また，結晶粒組織は**図2.51**に示すように，粒径が異なっている。これらは，析出相のサイズや分散によって，再結晶粒の核生成・成長が影響を受けることと関係している。

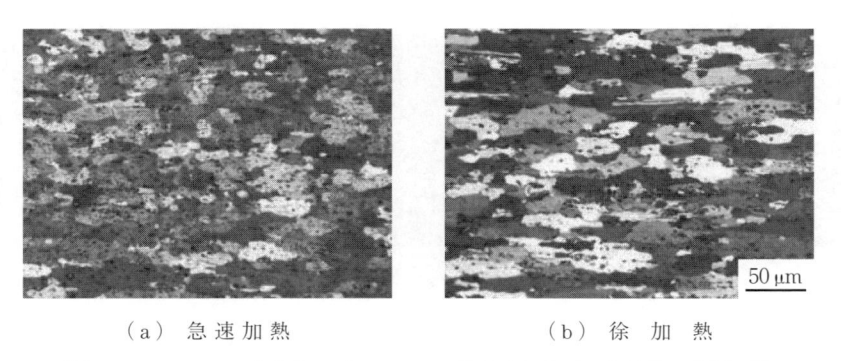

（a）急速加熱　　　　　　　　　（b）徐加熱

図2.51 Al-1%Mn合金を350℃で10 min焼なましを行った試料の光顕組織

回復・再結晶現象と析出現象が相互に関与することも知られている。すなわち，再結晶と析出の両プロセスが同時に起こる場合には，以下のようになる。

（1）変形組織の存在により析出挙動および析出速度が影響を受ける。

2.6 代表的製造プロセスと関連現象，およびミクロ組織の特徴

(2) 析出物の存在により回復再結晶が影響を受ける。

図2.52(a)に相互作用の関係を摸式的に示す。再結晶の開始温度および終了温度と析出のTTT曲線（C曲線）との関係により，つぎのことが起こり得る。

・領域 I （$T < T_B$）

再結晶前に析出する。したがって析出相により再結晶は妨げられる。

・領域 II （$T_A > T > T_B$）

析出と再結晶が同時に進行する。再結晶は析出前に開始するがその後の析出により再結晶の完了が妨げられる。

・領域 III （$T > T_A$）

析出が起こる前に再結晶は完了する。すなわち，再結晶が析出が起こる前に終了するため，析出相によって影響されない。

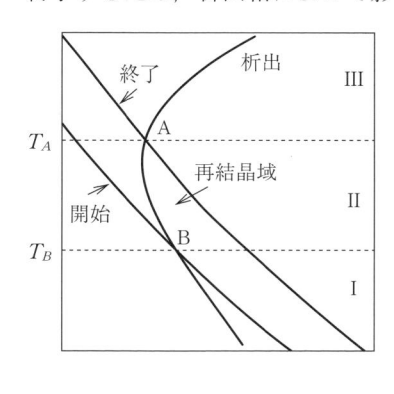

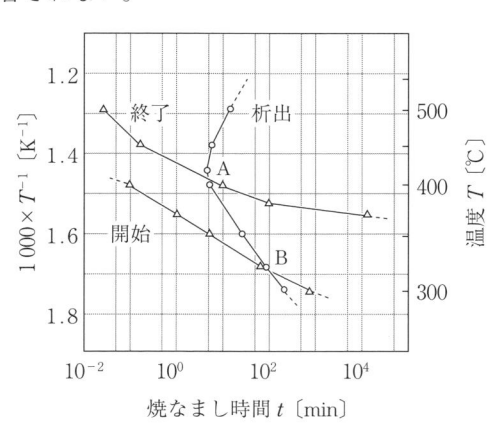

(a) 模 式 的 表 示　　(b) Al-1%Mn合金の結果（図2.46に対応）

A：再結晶終了と析出開始が一致　　B：再結晶開始と析出開始が一致

図2.52 回復・再結晶と析出の相互作用[19]

以上の現象を基に再結晶組織を制御することができる。具体例として，Al-Mn系合金の例を図（b）に示す。

（6） 各種金属の融点と再結晶温度の関係　　金属の再結晶温度はその融点と相関が強い。**図2.53**に各種金属元素の再結晶温度と融点の関係を示す。両者には正の相関があることがわかる。すなわち，再結晶温度は融点（T_m：絶

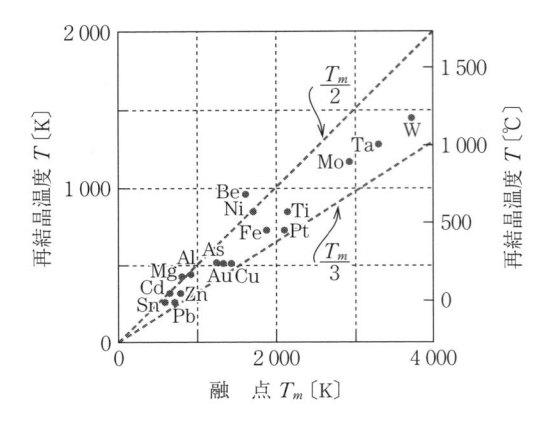

50   2. アルミニウムおよびその合金

再結晶温度は，$T_m/3$ と $T_m/2$ の間に位置する場合が多い

図 2.53 各種金属元素の再結晶温度と融点の関係[22]

対温度）の $1/3 \sim 1/2$ になっている。Al は Fe や Ti に比べ融点が低く，したがって再結晶温度も低い。

〔2〕 **時効析出現象の基礎**　1906 年，ドイツのウィルム（Wilm）によって時効硬化現象が初めて発見され，ジュラルミン（Al-Cu-Mg 系合金）が開発されて以来，時効析出挙動，析出相の構造，析出速度などについて研究・開発が行われてきた。

時効硬化現象は，時効熱処理により母相中に微細な析出相が形成されることによる析出強化である。合金の過飽和固溶体から新しく別の固相（固溶体，金属間化合物相など）が形成される現象が析出である。析出は溶質原子の固体内拡散によって進行する拡散相変態であり，合金状態図およびギブズエネルギー変化に基づいて理解することができる。

（1）**平衡状態図とギブズエネルギー曲線**　図 2.54 に A-B 二元合金の平衡状態図と温度 T_a でのギブズエネルギーを模式的に示す。図において，濃度 C_0 の合金を温度 T_s に保持する（溶体化処理）と α 固溶体となり，続いて急冷すると過飽和固溶体となる。これを温度 T_a に保持する（時効処理）と α 相が相分解して β 相が析出し，$\alpha + \beta$ 二相組織となる。

図（b）のギブズエネルギーの組成依存性からつぎのことがわかる。T_a における組成 C_0 のギブズエネルギーは G_0 であり，組成 C_0 が組成 C_α および C_β の

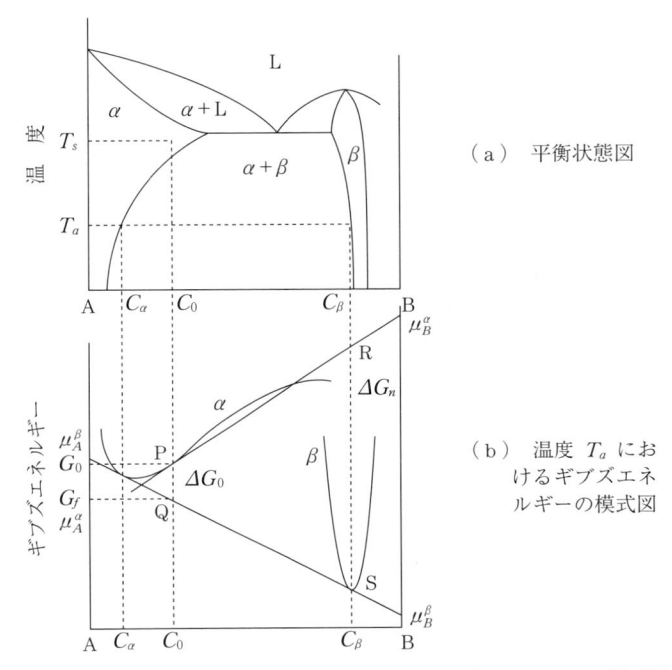

2.6 代表的製造プロセスと関連現象，およびミクロ組織の特徴

図 2.54 A-B 二元合金の平衡状態図およびギブズエネルギーの模式図

(a) 平衡状態図

(b) 温度 T_a におけるギブズエネルギーの模式図

α 相および β 相の二相共存状態になればギブズエネルギーは G_f となり，$\Delta G_0 = G_0 - G_f$ （線分 PQ）だけギブズエネルギーは低下する．ここで，C_α，C_β は共通接線の接点の濃度に対応する．ΔG_0 は $\alpha \to \alpha + \beta$ の反応，すなわち，β 相が析出する全駆動力となる．

(2) 連 続 析 出

(i) **核生成-成長** α 相から β 相が析出する初期の核生成について考える．いま，**図 2.55** に示すように，組成 C_0 の α 相中に組成 C_B^β ($C_A^\beta = 1 - C_B^\beta$) の α 相が形成されたときのギブズエネルギー変化を ΔG_1，つぎにこの粒子が組

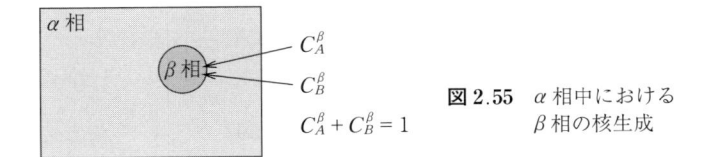

図 2.55 α 相中における β 相の核生成

$C_A^\beta + C_B^\beta = 1$

成は変えずに β 相に変化したときのギブズエネルギー変化を ΔG_2 とすると

$$\Delta G_1 = \mu_A^\alpha C_A^\beta + \mu_B^\alpha C_B^\beta \quad (\text{図 2.54 の点 R に対応}) \tag{2.4}$$

$$\Delta G_2 = \mu_A^\beta C_A^\beta + \mu_B^\beta C_B^\beta \quad (\text{図 2.54 の点 S に対応}) \tag{2.5}$$

と表される。したがって、小さな β 相が核生成することによるギブズエネルギー変化 ΔG_n は

$$\Delta G_n = \Delta G_2 - \Delta G_1 \quad (\text{図 2.54 の線分 RS に対応}) \tag{2.6}$$

と表される。

ΔG_n は β 相の 1 モル当りのギブズエネルギー変化であり、β 相の単位体積当りのギブズエネルギー ΔG_v は

$$\Delta G_v = \frac{\Delta G_n}{V_m} \tag{2.7}$$

の関係で求められる。ここで、V_m は β 相のモル体積である。

（a）**均一核生成**　上記によって核生成が起こる現象に関し、溶質原子濃度の熱的ゆらぎによって新しい相（β 相）が空間的にランダムに形成される均一核生成と格子欠陥や結晶粒界、介在物、界面などに形成される不均一核生成とがある。

均一核生成の場合、古典的核生成理論に基づけば、α 相中に半径 r の球状の β 相が形成された場合のギブズエネルギー変化 ΔG は

$$\Delta G = -\frac{4}{3}\pi r^3 \Delta G_v + 4\pi r^2 \gamma + \frac{4}{3}\pi r^3 \Delta G_s \tag{2.8}$$

で表される。ここで、ΔG_s は β 相の単位体積当りの弾性ひずみエネルギー、γ は α/β 界面エネルギーを示す。

ΔG の r 依存性を**図 2.56** に示す。ΔG は r とともに初めは増大し、極大を示してから減少する。ここで、極大を与える r を臨界サイズ r^*、そのときの極大値 ΔG_{hom}^* を障壁エネルギーと呼ぶ。これらの値は式（2.8）から計算することができ、つぎのようになる。

$$r^* = \frac{2\gamma}{\Delta G_v - \Delta G_s} \tag{2.9}$$

2.6 代表的製造プロセスと関連現象，およびミクロ組織の特徴

図 2.56 球状（半径 r）のエンブリオを形成したときのギブズエネルギーと半径との関係

図 2.57 核生成速度の温度依存性

$$\Delta G^*_{hom} = \frac{16\pi\gamma^3}{3(\Delta G_v - \Delta G_s)^2} \tag{2.10}$$

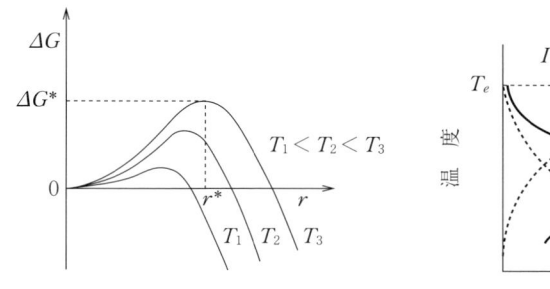

図 2.56 に示すように温度の上昇とともに r^* および ΔG^*_{hom} は大きくなる。このような障壁エネルギーをもつ場合の核生成速度（核生成頻度）I は

$$I = I_0 \exp\left(-\frac{\Delta G_d}{RT}\right) \exp\left(-\frac{\Delta G^*_{hom}}{RT}\right) \tag{2.11}$$

で与えられる。ここで，ΔG_d は原子の拡散の活性化エネルギー，R はガス定数である。I は温度によって変化する。ΔG_d に関する項は高温ほど大きくなり（拡散が速くなる），ΔG^*_{hom} に関する項は逆に高温ほど小さくなり（障壁エネルギーが大きくなる），両者の兼合いから，ある特定の温度で核生成速度 I は最大となる。これを**図 2.57** に示す。核生成速度 I の温度依存性から，析出の開始時間（あるいは，ある一定量の析出が起こる時間）は，I が大きいほど短くなることから，**図 2.58** のようになる。図 2.58 のように析出が最も早く起こる温度はノーズ温度と呼ばれ，また，曲線形状からC字型になっていることから，これはC曲線と呼ばれる。C曲線はTTT曲線（time-temperature-transformation曲線）とも呼ばれる。

（b） 不均一核生成 核生成が格子欠陥，結晶粒界，介在物，界面などで起こる場合を不均一核生成という。β 相が α 相中に不均一核生成する例を**図**

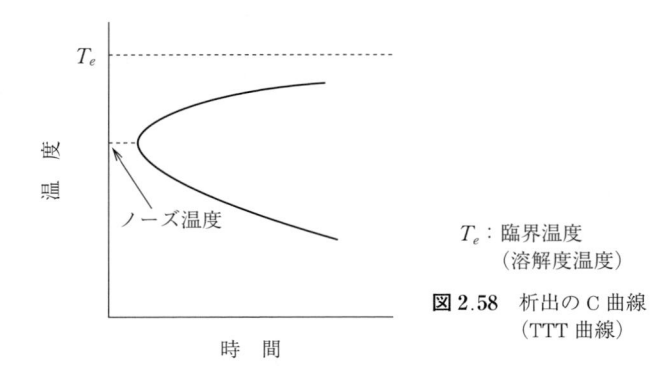

54   2. アルミニウムおよびその合金

図 2.58 析出の C 曲線（TTT 曲線）

T_e：臨界温度（溶解度温度）

2.59 に示す。それぞれの場合の障壁エネルギー ΔG^*_{het} は ΔG^*_{hom} に比べて小さくなる。**図 2.60** に $\Delta G^*_{het}/\Delta G^*_{hom}$ の比を $\gamma_{\alpha\alpha}/\gamma_{\alpha\beta}$ の関数として示す。ただし，$\gamma_{\alpha\alpha}$ および，$\gamma_{\alpha\beta}$ は α/α 界面エネルギー，α/β 界面エネルギーを示す。いずれの場合も ΔG^*_{het} は ΔG^*_{hom} より小さい。したがって，不均一析出は均一析出よりもつねに優先的に起こる。

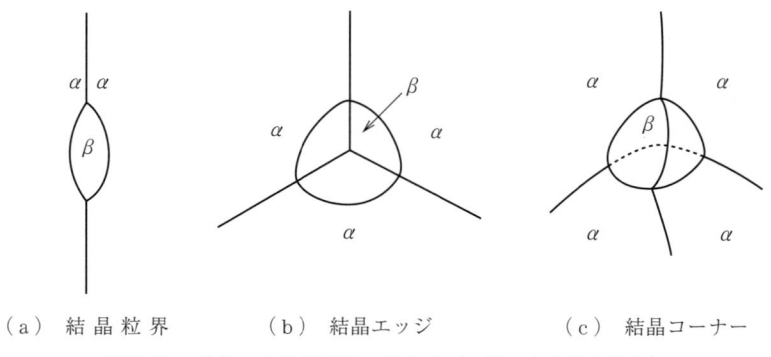

（a）結晶粒界　　（b）結晶エッジ　　（c）結晶コーナー

図 2.59 粒界における不均一核生成（α 相から β 相が析出）

（ii）**スピノーダル分解**　　核生成による析出に対して，これとは異なる析出の方式としてスピノーダル分解がある。スピノーダル分解が起こる場合の溶解度ギャップをもつ状態図と対応するギブズエネルギーの模式図を**図 2.61** に示す。この場合は基本的には結晶構造は同一で濃度の異なる 2 相，α_1 と α_2 に相分解する。図 2.61 において $\partial^2 G/\partial C^2 = 0$ の軌跡はスピノーダル線と呼ば

2.6 代表的製造プロセスと関連現象,およびミクロ組織の特徴   55

図2.60 $\Delta G^*_{het}/\Delta G^*_{hom}$ の $\gamma_{\alpha\alpha}/\gamma_{\alpha\beta}$ に対する変化[23]

(a) 平衡状態図

(b) 温度 T_2 におけるギブズエネルギーの模式図

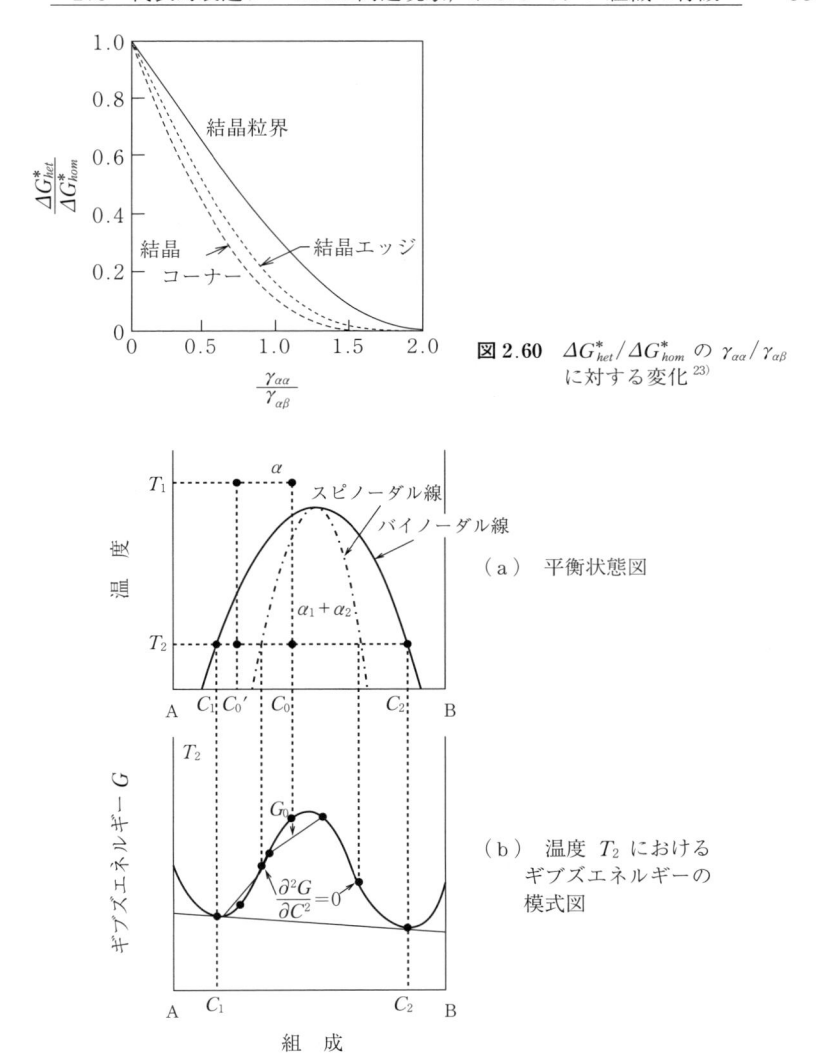

図2.61 溶解度ギャップをもつ合金系の平衡状態図およびギブズエネルギーの模式図[24]

れ,この線の内側の領域ではスピノーダル分解が起こる。スピノーダル線の外側で,かつ,バイノーダル線の内側の領域では核生成により析出が起こる。スピノーダル分解では濃度の揺らぎが急速に発達して相分解する。すなわち,ス

ピノーダル分解では核生成と異なり，障壁エネルギーは存在せず，原子の拡散により濃度揺らぎが連続的に発達し，相分解析出が起こる。このような濃度揺らぎは濃度波として振幅が増大する（**図 2.62**）。このときの拡散は核生成-成長の場合とは異なり，濃度の低い領域から高い領域に拡散が起こる。これは逆拡散（up-hill diffusion）と呼ばれ，通常の正拡散（down-hill diffusion）とは異なる。また，濃度波はある特定の波長で振幅の成長速度が最大となるため，微細な変調構造組織が形成されることが多い。スピノーダル分解は，Cahn-Hilliard によって定式化されている。

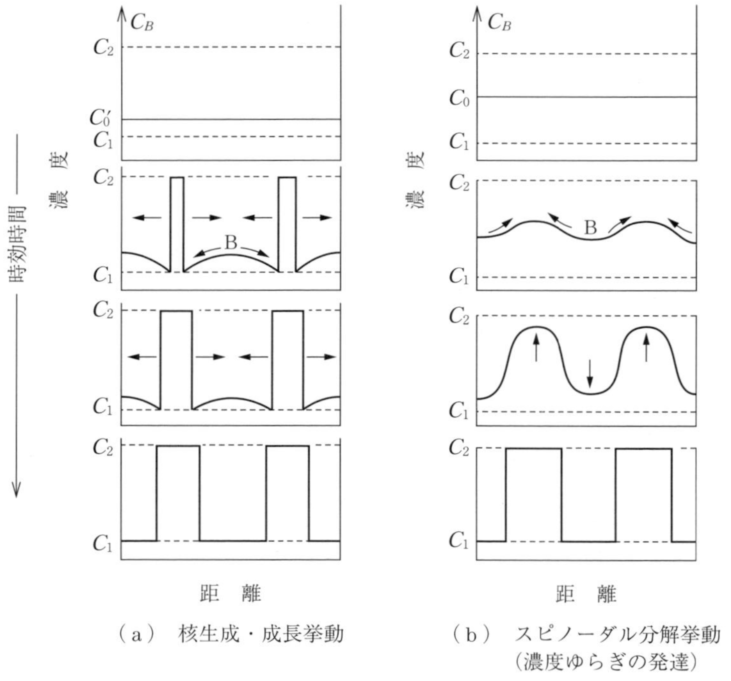

図 2.62 相分解・析出に伴う溶質濃度プロフィールの変化[24]

（a）核生成・成長挙動　　（b）スピノーダル分解挙動（濃度ゆらぎの発達）

（3）不連続析出　連続析出は結晶粒内に均一または不均一に析出が起こり，粒内において成長する場合であり，母相濃度は連続的に減少する。これに対して，不連続析出では結晶粒界上や近傍で析出が優先的に起こり，次第に粒

内に向かって成長が起こるものであり，析出の前後で母相濃度は不連続に減少する。不連続析出ではパーライト状のノジュールが形成される特徴があり，ノジュラー析出あるいはセル状析出とも呼ばれ，また，粒界移動を伴うため，粒界反応型析出とも呼ばれる。不連続析出の発達過程を**図 2.63** に模式的に示す。図（a）は過飽和固溶体であり，（Ⅰ）では不連続析出のみが進展する場合，（Ⅱ）では不連続析出と連続析出が同時に起こる場合を示している。実際には，不連続析出がある程度進行した後に連続析出が起こる場合が多い。ノジュールは粒界の片側にのみ形成して成長する場合と，粒界の両側に形成して粒内に成長する場合とがある。ノジュールは母相と析出相で構成され，通常，析出相は安定相で，母相濃度も平衡状態まで低下しているが，析出相が準安定相であったり，母相濃度が平衡濃度より高い場合もある。ノジュールの成長は粒界拡散

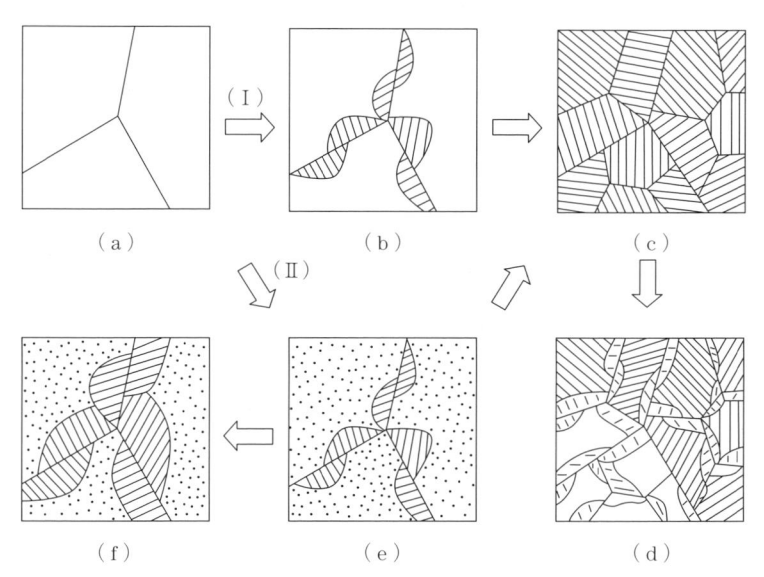

(Ⅰ): 不連続析出のみが起こり，全体を覆い，セルの間隔が広がる
　　　((b)→(c)→(d))
(Ⅱ): 不連続析出と粒内析出が競合形成する ((e)→(f))，または，
　　　((e)→(c)→(d))

図 2.63 不連続析出（粒界反応型析出）の模式図

と粒界の移動度に律速されている。ノジュールの層間隔は合金組成や時効温度などに依存して変化する。

（4）析出反応速度　析出の反応率（析出量の割合）の時間依存性は一般にジョンソン・メール・アブラミの式によって記述される場合が多い。すなわち，析出の反応率を f $(0 \leq f \leq 1)$，時間を t とすると

$$f = 1 - \exp(-Kt^n) \tag{2.12}$$

で与えられる。n は時間指数で，1〜4 程度の範囲で変化する。また，以下に示すように K は反応速度定数で温度に依存する。これらの n および K より析出機構や析出の活性化エネルギーを評価することができる。

式 (2.12) より

$$\ln \ln \frac{1}{1-f} = \ln K + n \ln t \tag{2.13}$$

と変形し，$\ln \ln\{1/(1-f)\}$ を $\ln t$ に対してプロットすると直線が得られ，直線の勾配および切片から n と K が求められる。**図 2.64** に反応率の時間依存性および直線プロットを示す。K の温度依存性は

$$K = K_0 \exp\left(-\frac{Q_p}{RT}\right) \tag{2.14}$$

の関係で表される。したがって，種々の温度について K を求め，アレニウム

（a）反応率の時間依存性　　（b）$\ln \ln\{1/(1-f)\}$-$\ln t$ プロット

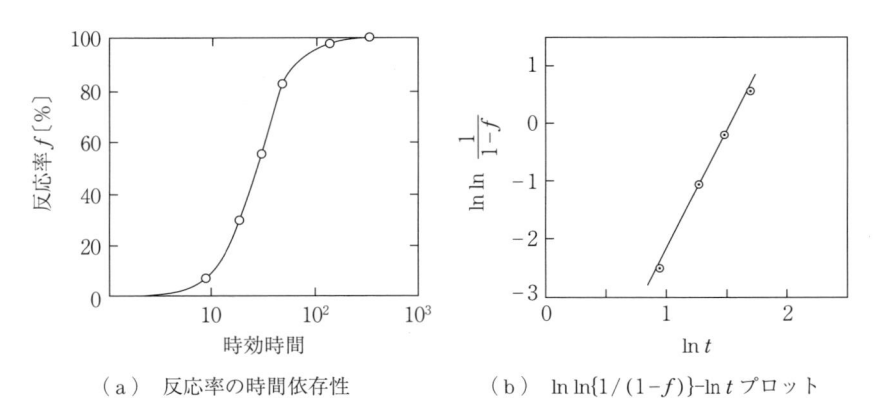

図 2.64　核生成-成長における反応率 f の時間依存性および $\ln \ln\{1/(1-f)\}$-$\ln t$ プロットで得られる直線関係

プロットすると析出反応の活性化エネルギー Q_p を評価することができる。

(5) アルミニウム合金の時効析出　時効析出現象はアルミニウム合金を高強度化する最も有効な手法であり，時効硬化する合金は熱処理型合金と呼ばれ，非熱処理型合金と区別されている。展伸材では，Al-Cu-Mg 系合金（2000系），Al-Mg-Si 系合金（6000系），Al-Zn-Mg(-Cu) 系合金（7000系），Al-Li-Cu-Mg 系合金（2000系，8000系）などがあり，鋳造材では Al-Cu-Si 系合金（AC2A, AC2B），Al-Cu-Mg 系合金（AC1B），Al-Si-Mg 系合金（AC4A, AC4C, AC4CH, ADC3）などがある。

時効硬化型アルミニウム合金の場合，安定相の形成の前段階に種々の準安定相が形成される。準安定相の形成においては障壁エネルギーが安定相の形成の場合よりも小さいからである。すなわち，**図 2.65** に示すように安定相の析出の障壁エネルギー ΔG^* に比べ，GP ゾーンや中間相 θ' 相の析出の障壁エネルギーのほうが小さい。そのために安定相の前段階として GP ゾーンや中間相などの準安定相が形成される。

一方，さまざまな準安定相の形成における原子の拡散は高温より焼入れしたときに導入される凍結過剰空孔により促進されている。空孔濃度は高温ほど大

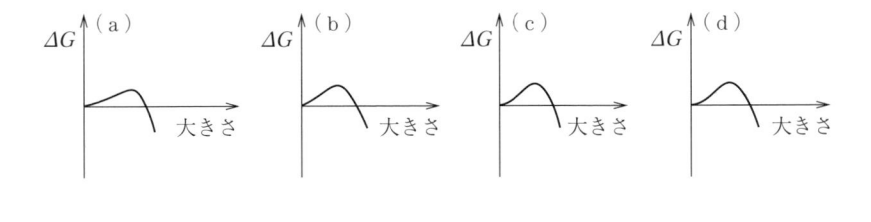

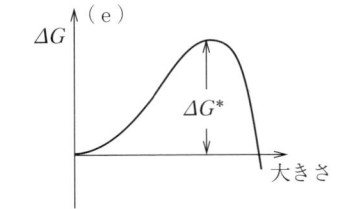

(a) $\alpha_0 \rightarrow \alpha_1 + GP(1)$
(b) $\alpha_1 + GP(1) \rightarrow \alpha_2 + GP(2)$
(c) $\alpha_2 + GP(2) \rightarrow \alpha_3 + \theta'$
(d) $\alpha_3 + \theta' \rightarrow \alpha_4 + \theta$
(e) $\alpha_0 \rightarrow \alpha_4 + \theta$

図 2.65　GP ゾーンや中間相の形成は，安定相形成の活性化エネルギーより小さな活性化エネルギーで可能[25]

きくなる。いま、空孔濃度（分率）を C_v とすると

$$C_v = A \exp\left(-\frac{Q_f}{RT}\right) \tag{2.15}$$

で与えられ、アルミニウムについて、$A = 1$、$Q_f = 0.76$ eV を当てはめて計算すると、空孔濃度 C_v は温度が高くなるにつれて急速に増加し、800 K 付近では～10^{-4} 程度となる。この濃度が焼入れによって凍結されるとすると、室温での熱平衡空孔濃度に比べ、10^5～10^6 倍も多い。

（6） 時効硬化型合金の析出

（a） **Al-Cu 合金**　Al-Cu 合金は析出硬化型合金の中で最も基本的な二元合金である。析出過程は

$$\alpha \rightarrow \text{GP}(1) \text{ ゾーン} \rightarrow \text{GP}(2) \text{ ゾーン} (\theta'') \rightarrow \theta' \rightarrow \theta \quad (\theta', \theta \text{ 相：Al}_2\text{Cu}) \tag{2.16}$$

と表される。1938 年にギニエ（Guinier）とプレストン（Preston）が初めて析出硬化初期に Cu 原子の集合体（クラスタ）が形成されることを見出し、Guinier-Preston Zone、あるいは単に GP ゾーンと呼ばれている。GP ゾーンは母相に整合で、Al-Cu 系では大きな整合ひずみを有し、微細に析出し、大きな析出硬化をもたらす。

Al-4%Cu 合金の GP(1) ゾーンおよび GP(2) ゾーンの電顕組織を**図 2.66** に示す。GP(1) ゾーンおよび GP(2) ゾーンは母相の {100} 面に平行な板状の形をしている。GP ゾーンの周囲には黒いコントラストが認められ、大きな格子ひずみが存在する。GP(1) ゾーンは通常 Cu 原子 1 原子層の構造になっているが、複数の層で構成される多層 GP ゾーンも存在することが知られている。一方、GP(2) ゾーンの典型的な層構造は 2 枚の Cu 層が 3 枚の Al 層をはさむ構造をしている。格子ひずみも GP(1) ゾーンよりは大きくなっている。続いて中間相の θ' が形成され、最終的には安定相の θ が形成される。いずれも正方晶となっている。

（b） **Al-Cu-Mg 合金**　Al-Cu 合金に Mg を合金元素として添加すると、時効硬化性がさらに増大する。これは、Al, Cu, Mg 原子を含む GPB ゾーン

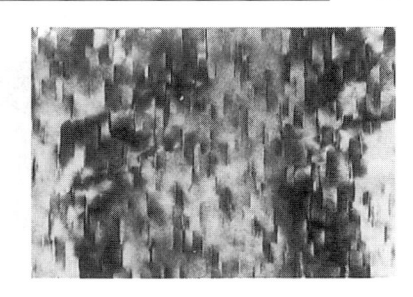

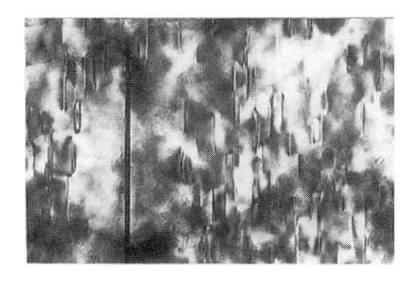

(a) GP(1)ゾーン（150℃，30 min） (b) GP(2)ゾーン（150℃，3.5 h）

(c) GP(2)ゾーン+θ'相（150℃，250 h） (d) θ'相（200℃，2 h）

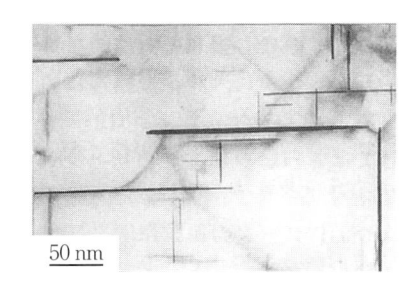

図2.66 Al-4%Cu合金の析出相の電顕組織

が微細均一に形成されるためである。GPBゾーンはAl-Cu合金のGPゾーンとは異なり，細い針状の形をしている。**図2.67**にAl-4%Cu-1.5%Mg合金に形成されたGPBゾーンを示す。GPBゾーンには層構造が異なるGPB(1)ゾーンとGPB(2)ゾーンが存在する。Al-Cu-Mg合金の時効析出過程は

$$\alpha \to \text{GPB(1)ゾーン} \to \text{GPB(2)ゾーン} \to S' \to S \quad (S', S \text{相}: Al_2CuMg) \tag{2.17}$$

となっている。

（c） Al-Mg-Si合金 Al-Mg-Si合金は成形性や耐食性に優れ，中程度の時効硬化を示す合金であり，広く使用されている。Al-Mg-Si合金の時効析出過程は，一般に

$$\alpha \to \text{GPゾーン} \to \beta'' \to \beta' \to \beta \quad (\beta', \beta : Mg_2Si) \tag{2.18}$$

と考えられている。しかしながら，時効初期のGPゾーン形成時に微細な溶質

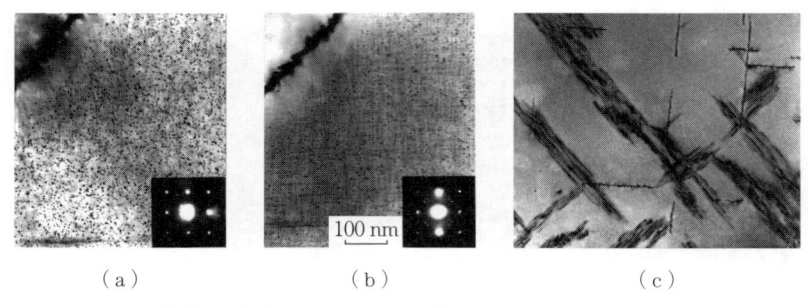

(b)は(a)をやや傾けて撮影。S′相はラス状に析出

図 2.67 Al-4%Cu-1.5%Mg 合金の GPB ゾーン（図（a），（b））および S′相（図（c））

原子クラスタ（ナノクラスタ）が形成され，複雑な時効過程をとることが知られている。特に，この合金を室温に保持してから時効（二段時効）すると時効硬化が低下する，いわゆる，負の効果が起こることが知られている。**図 2.68** に Al-Mg-Si 合金を焼入れ後，170℃で時効した試料，および室温保持後に 170℃で時効した試料の電顕組織を示す。室温保持後に 170℃時効すると析出組織がより粗大になることがわかる。これが負の効果の原因である。この機構については，最近，3次元アトムプローブ（3DAP）を使った研究を基に解析されている。このことについては 5.5.3 項で述べる。

（d） Al-Zn-Mg 合金　Al-Zn-Mg 合金や Al-Zn-Mg-Cu 合金は最も時効

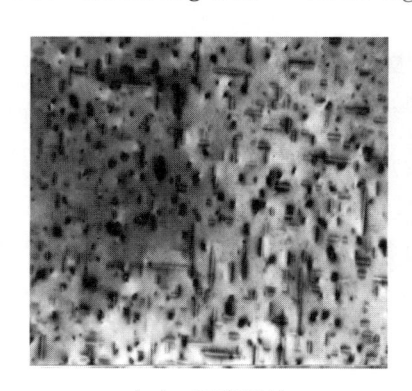

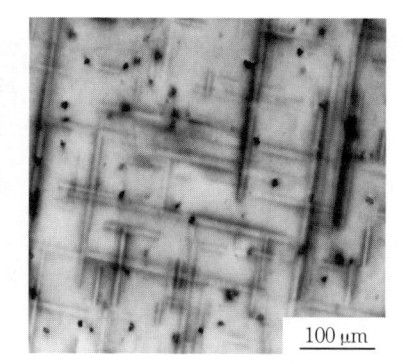

（a）　170℃時効　　　　　（b）　室温保持後に 170℃時効

図 2.68 Al-Mg-Si 合金の時効析出組織の電顕写真

2.6 代表的製造プロセスと関連現象,およびミクロ組織の特徴

硬化が高くなる合金である。時効硬化過程は以下のようである。

$$\alpha \to \text{GP ゾーン} \to \eta' \to \eta \quad (\eta', \eta : \text{MgZn}_2,\ T', T : \text{Mg}_{32}(\text{Al, Zn})_{49}) \quad (2.19)$$
$$T' \to T$$

最大の強化相は中間相の η'-MgZn$_2$ であり,析出分布は前駆構造の GP ゾーンの影響を大きく受ける。GP ゾーンは η' 相の有効な異質核として作用するため,直接時効に比べ,低温でいったん予備時効してから最終時効する二段時効はつねに正の効果をもたらす。なお,GP ゾーンとして GP(1) ゾーン(球状)と GP(2) ゾーン(円板状)が知られている。**図 2.69** に Al-5%Zn-2%Mg 合金の η' 相の電顕写真を示す。おおむね球状の η' 相が観察される。**図 2.70** に実験を基に求めた析出の C 曲線(TTT 曲線)を示す。この C 曲線を基に,Al-

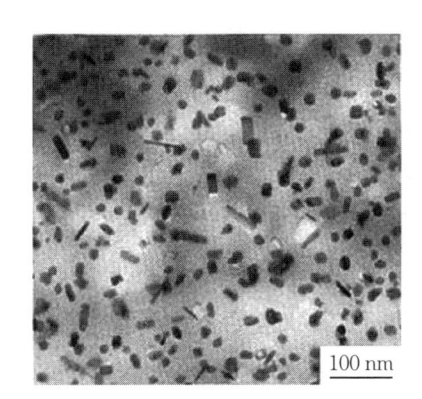

図 2.69 Al-5%Zn-2%Mg 合金の η' 相

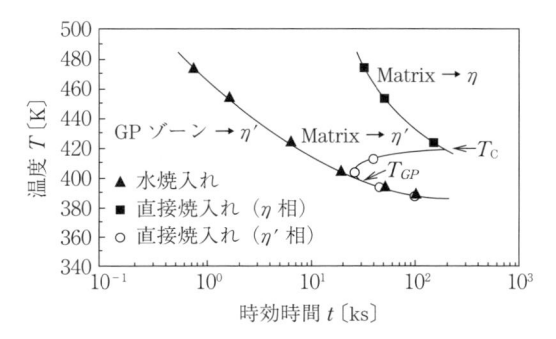

T_{GP}:GP ゾーン形成の臨界温度, T_C:η' 相形成の臨界温度

図 2.70 各種条件で析出する η' および η 相の TTT 図

Zn-Mg 合金の析出形態の差異を理解することができる。すなわち，水焼入れ（water-quenched）後に時効すると η' 相は GP ゾーンを経て形成されるのに対し，直接焼入れ（direct-quenched）後に時効すると時効温度が T_{GP} 以下では η' 相は GP ゾーンを経て形成されるが，T_{GP} と T_C の間の温度では η' 相は母相から直接形成される。このため，η' 相は GP ゾーンを経て形成される場合は微細分散し，経ないで母相から直接形成される場合は粗大分散する。

（e）析出硬化型アルミニウム合金の GP ゾーン，中間相および安定相

代表的な析出硬化型アルミニウム合金において形成される種々の GP ゾーン，中間相および安定相の形状や構造を**表2.7**にまとめて示す。すでに述べたように，また，表2.7 に示すように GP ゾーンの形状は，Al-Cu：円板状，Al-Cu-Mg：針状，Al-Mg-Si：板状または針状，Al-Zn-Mg：球状となっている。このように合金系によって形状が異なるのは界面エネルギーとミスフィットに起因するものである。**図2.71** に示すように，ひずみエネルギーの点からは板状が

表2.7 各合金における GP ゾーン，中間相および安定相の特徴

合金系	GP ゾーン	中間相	安定相
Al-Cu	GP(1) ゾーン：Cu が 1 原子層に配列した円板状 GP(2) ゾーン（θ''）：Cu の 2 原子層が Al の 3 原子層をはさむ配列の板状。いずれも Al 母相の {100} 面上に整合に生成	θ'：Al_2Cu の正方晶。Al 母相の {100} 面上に，半整合に析出	θ：Al_2Cu の正方晶。非整合で塊状
Al-Cu-Mg	GPB ゾーン：Cu, Mg を含み，Al 母相の〈100〉方向に針状に整合に生成。GPB(1)，GPB(2) ゾーンに分けることもある。	S'：Al_2CuMg の斜方晶。{210} 面上に〈100〉方向にラス状に析出。半整合	S：Al_2CuMg の斜方晶で非整合に析出
Al-Mg-Si	GP ゾーン：Mg, Si を含む {100} 面上に生成。構造や形態については不明確 針状 GP ゾーン（β''）：Mg, Si を含み，〈100〉方向に針状に生成	β'：Mg_2Si の六方晶。〈100〉方向に棒状に半整合に析出。過剰 Si 合金では，β' と異なる中間相がある。	β：Mg_2Si の立方晶。{100} 面上に板状に析出。非整合
Al-Zn-Mg	GP ゾーン：Mg, Zn を含み，球状に生成。Al 母相に整合	η'：$MgZn_2$ の六方晶。球状または塊状 T'：$Mg_{32}(Al, Zn)_{49}$ の六方晶。Mg/Zn 比が高い組成の場合に析出	η：$MgZn_2$ の六方晶。非整合 T：$Mg_{32}(Al, Zn)_{49}$ の立方晶
Al-Li	$L1_2$ 型の規則構造	δ'：Al_3Li の $L1_2$ 型規則構造。整合で球状に析出	δ：AlLi の立方晶。塊状で粒界に析出しやすい。非整合

図 2.71 析出物の形状と整合ひずみの大きさの比較 [26]

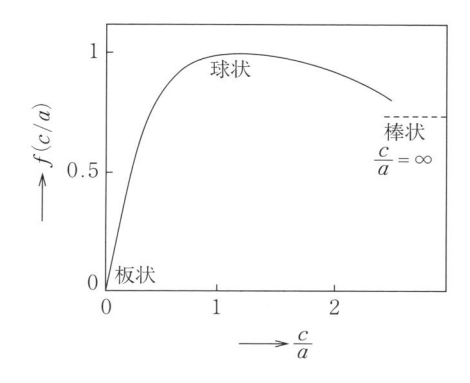

a, c：析出物の長さ
f：ひずみエネルギー因子

最も小さくなるため，ミスフィットの小さい合金では球状の，ミスフィットの大きい合金では板状の GP ゾーンが生成する。

2.7 アルミニウム合金の凝固

金属および合金の凝固は液相から固相への相変態であり，固相の核生成・成長として捉えることができる。この過程で種々の凝固組織が形成される。すなわち，初晶や共晶の組織，化合物相の形成，偏析，ポロシティ形成などが合金系や凝固条件に依存して起こる。ここでは，主にアルミニウム合金を対象に凝固にかかわる基本事項について述べる。

2.7.1 凝固現象—液相からの固相の核生成・成長

凝固は液相と固相のギブズエネルギー差を駆動力として起こる相変態である。**図 2.72** に液相および固相のモル当りのギブズエネルギー G^L および G^S の温度依存性を模式的に示す。図 2.72 に示すように，温度 T_m 以上の温度では G^L が小さく，T_m 以下の温度では G^S のほうが小さくなる。ここで，T_m は融点であり，これより高温側では液相が安定で，低温側では固相が安定となる。T_m より高温にある液相を T_m より低温の温度 T にもってくると，ΔG のギブズエネルギー差が生じ，温度差 ΔT ($\Delta T = T_m - T$) は過冷却となる。すなわ

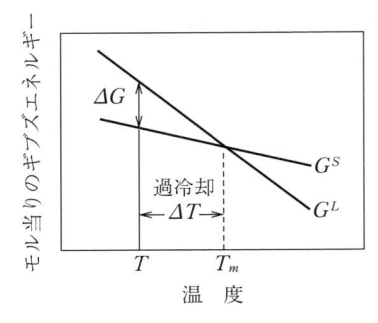

図2.72 液相および固相のモル当りのギブズエネルギーの温度依存性（直線と近似，T_m：融点）

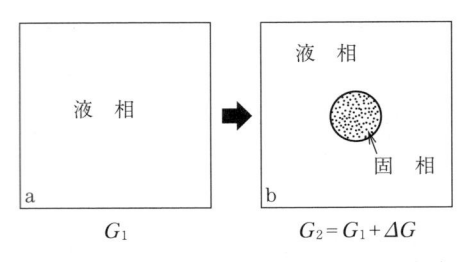

図2.73 液相から固相が均一核生成する様子
液相（a）および固相が核生成したとき（b）のギブズエネルギーをそれぞれ G_1 および G_2 としてある

ち，過冷却 ΔT では ΔG を駆動力として液相は固相に変態する。すなわち，凝固することになる。液相から固相が核生成する様子を**図2.73**に示す。液相中に半径 r の固相が均一核生成として生じる場合を示す。ここで，液相と固相の単位体積当りのギブズエネルギー差を ΔG_v，単位面積当りの液相-固相の界面エネルギーを γ_{SL} とすると，系のギブズエネルギー変化 ΔG_r は

$$\Delta G_r = \frac{4}{3}\pi r^3 \Delta G_v + 4\pi r^2 \gamma_{SL} \tag{2.20}$$

となる。γ_{SL} は温度によらず正であり，ΔG_v は T_m 以下では負となる。ΔT の過冷却の場合

$$\Delta G_v = \Delta G_v^S - G_v^L = -L_v \frac{\Delta T}{T_m} \tag{2.21}$$

と表される。ここで，L_v は単位体積当りの凝固潜熱を表す。

図2.74に，式 (2.20) で表される ΔG_r の固相の半径 r 依存性を示す。これより，ΔG_r は r が小さいときは r とともに増大するが，臨界サイズ r^* を超えると r とともに減少する。臨界サイズ r^* のときのギブズエネルギーの値 ΔG^* は障壁エネルギーと呼ばれる。ここで，r^* および ΔG^* は次式で表される。

$$r^* = \frac{-2\gamma_{SL}}{\Delta G_v} = \frac{2\gamma_{SL}T_m}{L_v}\frac{1}{\Delta T} \tag{2.22}$$

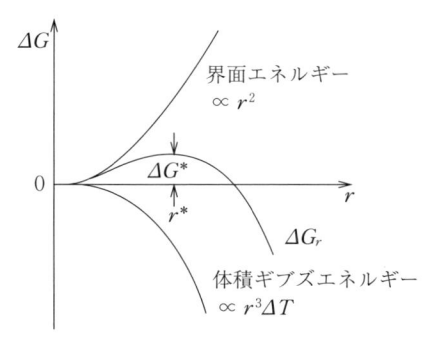

図 2.74 液相から半径 r の固相が均一核生成したときのギブズエネルギーの変化（半径 r 依存性を示す）

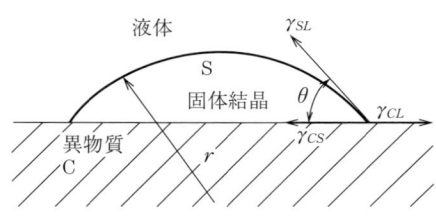

r^*：臨界半径　　ΔG^*：障壁エネルギー

図 2.75 異物質表面上での結晶の核生成

r：固体結晶の曲率半径
$\gamma_{SL}, \gamma_{CL}, \gamma_{CS}$：固相／液相，異物質／液相および異物質／固体結晶の界面エネルギー

$$\Delta G^* = \frac{16\pi \gamma_{SL}^3}{3(\Delta G_v)^2} = \left(\frac{16\pi \gamma_{SL}^3}{3L_v^2}\right)\frac{1}{(\Delta T)^2} \tag{2.23}$$

ここで，r^* 以下の大きさの固相はエンブリオ，r^* 以上の大きさの固相は核と呼ばれる。

一方，核生成にあたって，液相中に存在する固体粒子，酸化物など，あるいは鋳型表面などで核生成が優先的に起こる。これは異質核生成と呼ばれ，小さな障壁エネルギーで核生成が起こる。例えば，**図 2.75** に示すように，異物質固相粒子 C の表面に球面の結晶粒 S が形成された場合を考える。界面エネルギーのバランスは以下のように示される。

$$\gamma_{CL} = \gamma_{CS} + \gamma_{SL}\cos\theta \tag{2.24}$$

ここで，θ は接触角である。この場合

$$\Delta G = \left(-\frac{4\pi r^3 L_v \Delta T}{3T_m} + 4\pi r^2 \gamma_{SL}\right) f(\theta) \tag{2.25}$$

$$f(\theta) = \frac{1}{4}(2 + \cos\theta)(1 - \cos\theta)^2 \tag{2.26}$$

となる。また，異質核生成の場合の障壁エネルギー ΔG^*_{het} は

$$\Delta G^*_{het} = \left(\frac{16\pi \gamma_{SL}^3 T_m^2}{3 L_v^2} \right) \frac{1}{(\Delta T)^2} f(\theta) \tag{2.27}$$

で表される。なお，臨界サイズは均一核生成の場合と同じである。

2.7.2 凝 固 組 織

〔1〕 **マクロ組織**　アルミニウム合金の凝固のマクロ組織には主に，チル晶，柱状晶，等軸晶などがある。これらを模式的に**図 2.76** に示す。また，それぞれの特徴を以下に述べる。

（1）**チ ル 晶**　チル晶は，鋳造された溶湯が鋳型壁に接して過冷さ

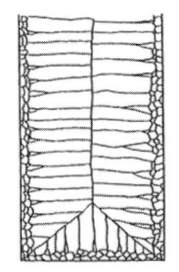

（a）チル晶＋柱状晶　　（b）チル晶＋柱状晶　　（c）等 軸 晶
　　　　　　　　　　　　＋等軸晶

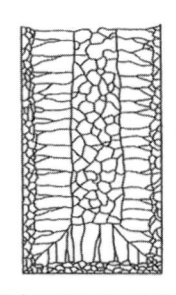

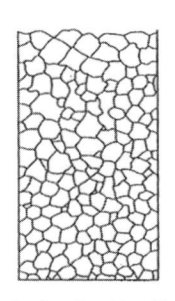

縦断面

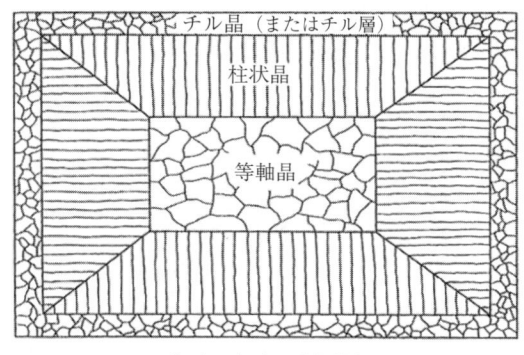

（d）（b）の断面図

図 2.76　凝固組織の代表的な例

れ，多量に生成した結晶がランダムな方向に成長した細かな結晶である。チル晶の結晶数は有効な異質核数と鋳型からの熱抽出速度に依存する。

（2）**柱 状 晶**　チル晶のうち，優先成長方位（アルミニウムでは⟨100⟩）が熱流と平行な結晶がより優先的に成長し，柱状晶となる。温度勾配が大きいほど内部まで成長しやすい。また，溶湯内に流動があると，成長中の柱状晶は流動する液相の上流へ傾斜する。

（3）**等 軸 晶**　鋳物や鋳塊内部に粒状に形成する結晶であり，成因はいくつか考えられている。結晶粒微細化剤（Ti，Ti＋Bなど）の異質核生成作用により結晶が微細となる（異質核生成）。鋳型壁で急冷されて生成したチル晶が内部の溶湯中に運ばれて等軸晶となる（自由チル晶）。デンドライトアームの根元が凝固潜熱や溶湯流動によって再溶解し，溶湯内部に運ばれて等軸晶となる（デンドライトアームの再溶解）。溶湯自由表面で生成したデンドライト結晶が沈降して等軸晶として成長する（結晶のシャワリング）。以上のような成因が考えられている。実際にはこれらの複数の成因が関与して等軸晶が形成されるものと考えられる。

〔2〕**ミクロ組織**　鋳造用アルミニウム合金の代表的合金の基本合金とし

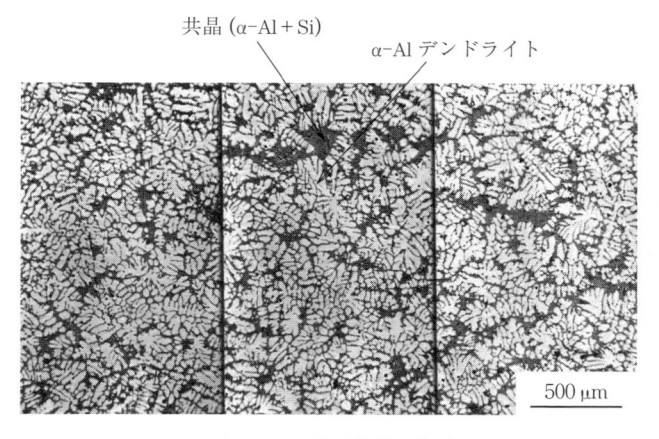

共晶（α-Al＋Si）　　α-Alデンドライト

500 μm

デンドライトおよび共晶組織が観察される
図2.77　Al-7％Si合金の凝固組織

て Al-7%Si 合金のミクロ組織を**図 2.77** に示す。初晶として α-Al 相がデンドライト状（樹枝状）に形成されている。各デンドライトには主軸と枝（アーム）が存在する。α-Al 相の間隙は共晶となっており，α-Al 相と Si 相で構成されている。拡大したものを**図 2.78** に示す。白色は初晶 α-Al 相のデンドライトであり，共晶には α-Al と Si 相が複雑に混在している。特に，Si 相は針状に観察されるが，実際の 3 次元的には板状が合わさったような複雑な形状となっている。**図 2.79** に Al-10%Si 合金の一方向凝固組織を示す。α-Al 相のデンドライトが明瞭に観察される。

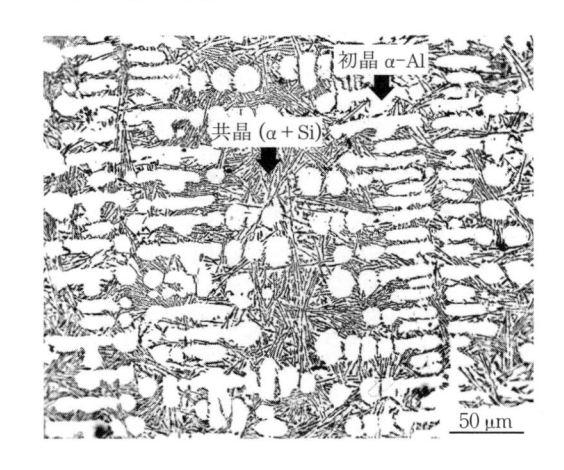

図 2.78 Al-7%Si 合金の凝固組織（拡大写真）

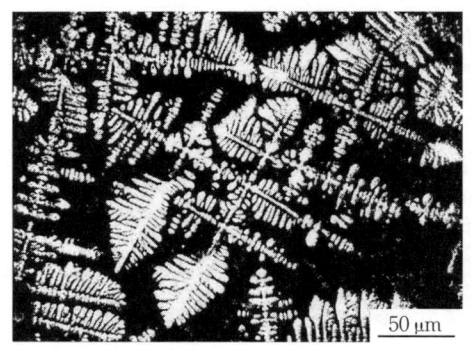

図 2.79 Al-10%Si 合金の一方向凝固組織に観察される初晶 α-Al のデンドライト

一次枝，二次枝，三次枝が観察される

2.7 アルミニウム合金の凝固

デンドライトの成長・発達過程を図2.80に模式的に示す。時間とともに2次枝（secondary arm）は競合的に成長し，消滅するアームと成長するアームとが存在する。図2.81にAl-4.5%Cu合金について，2次デンドライトアーム間隔（DAS II）の凝固時間（局部凝固時間）依存性を示す。時間とともに，DAS IIが大きくなっていることがわかる。DAS IIは局部凝固時間 t の1/2乗に比例する。一方，図2.82に各種アルミニウム合金のDAS IIの冷却速度依存性を示す。DAS IIは冷却速度の$-1/2$乗に比例することが知られている。

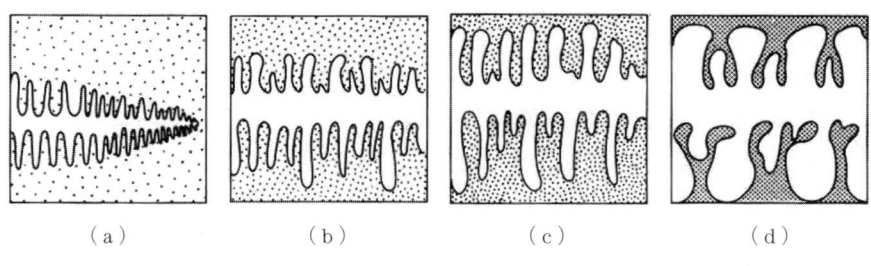

（a）　　　　（b）　　　　（c）　　　　（d）

（a）から（d）へと成長する。成長に伴い，小さな枝は消滅し，大きな枝は成長する様子を示す

図2.80　デンドライトの成長の様子[27]

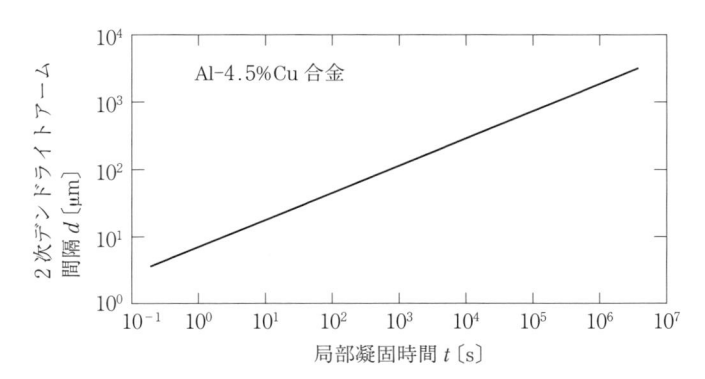

図2.81　2次デンドライトアーム間隔（DAS II）と局部凝固時間の関係（Al-4.5%Cu合金）[28]

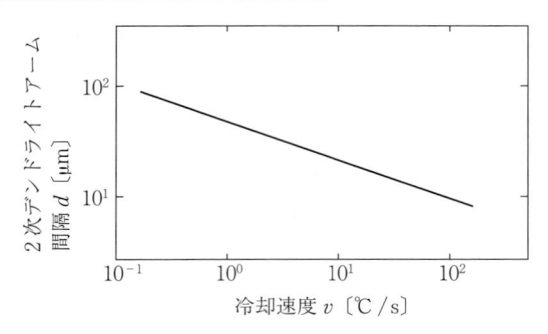

図 2.82 2次デンドライトアーム間隔(DAS Ⅱ)と冷却速度の関係 [29), 30)]

2.7.3 凝固における溶質元素の分布

合金には,共晶系,包晶系,偏晶系など種々の場合があるが,ここでは共晶系を対象として凝固における溶質元素の分布挙動について説明する。共晶系の合金の状態図を**図 2.83** のように模式的に考える。ここでは,液相線および固相線を直線と仮定する。図 2.83 に示す状態図において,組成 X_0 の合金の凝固を考える。ここで,平衡分配係数 k を用いる。k は以下のように定義される。

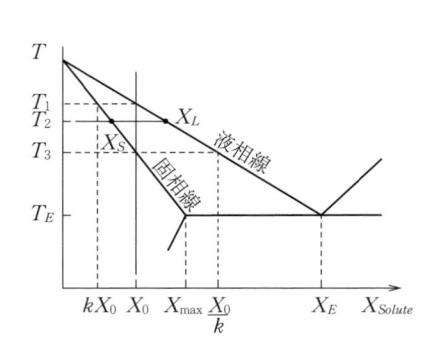

$$k = \frac{X_S}{X_L} \text{は一定としている}$$

図 2.83 模式的な平衡状態図 [31)]

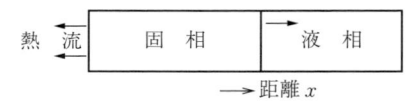

(a) 平滑な S/L 界面および熱流

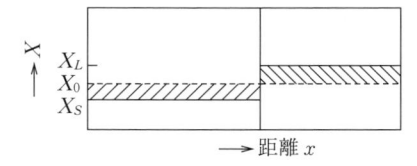

(b) 温度 T_2 で完全平衡を仮定したときの組成分布

質量保存則から斜線領域の面積は等しい

図 2.84 組成 X_0 (図 2.83)の合金の一方向凝固 [31)]

$$k = \frac{X_S}{X_L} \tag{2.28}$$

ここで，X_S：ある温度における固相の平衡濃度，X_L：ある温度における液相の平衡濃度である。

図 2.83 の場合，k は温度に依存しない。また，図 2.84（a）に示すように固液界面は平滑であるとし，凝固は一方向に進行（一方向凝固）するものとする。以下の場合につき，溶質濃度分布を考える。

〔1〕 **平衡凝固の場合**　図 2.83 において，組成 X_0 の合金は T_1 で凝固が開始し，固相は kX_0 の組成をもつ。温度の低下に伴い固相が増え，液相および固相の濃度は状態図の液相線および固相線に沿って変化する。図 2.84（b）に温度 T_2 における固相および液相の濃度を示す。ここで，液相および固相の斜線領域の面積は等しくなっている。温度 T_3 になったとき凝固は完了するが，そのときの固相濃度は X_0 に，また，液相の最終部は X_0/k の値となっている。

〔2〕 **固相内の拡散なし，液相で完全混合の場合**　図 2.85 および図 2.86 を用いて説明する。温度 T_1 になったとき，最初の凝固が開始する。固相濃度は kX_0 となる（図 2.85 および図 2.86（a））。ここで，kX_0 は X_0 より低いので，固相が形成されるとき，溶質は液相部に排出される。そのために液相の濃度は上昇する。温度の低下とともにその温度で形成される固相の濃度は大きくなる。また，液相の濃度は排出された溶質のために上昇する。ただし，完全混合のため，液相の溶質濃度は均一になっている（図 2.86（b））。凝固のどの段階でも局部的な平衡は成り立っていると仮定している。また，固相内では拡散が起こらないと仮定しているため，固相内の溶質濃度分布は図 2.86（b）に示されるようになっており，固相の平均組成 $\overline{X}_S$ は図 2.85 に破線で示すように X_S より低くなっている。このため，凝固温度での液相と固相の量比は $\overline{X}_S$ と X_L を用いたてこの原理で決められる。このため，液相の濃度は X_0/k よりも大きくなり，さらに共晶組成 X_E に至る。したがって，凝固は共晶温度 T_E まで続き，共晶組織が形成される。凝固が終了すると図 2.86（c）に示すようになり，最終凝固部に共晶が存在することになる。これは非平衡共晶と呼ばれ

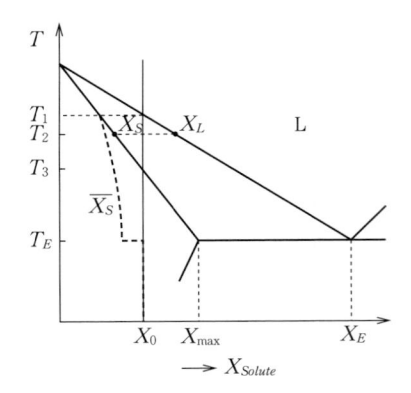

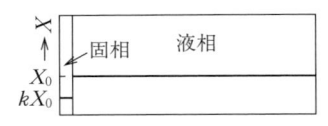

(a) 凝固開始直後（温度 T_1 直下）の濃度変化

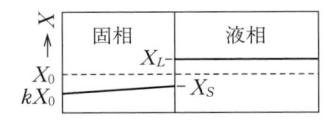

(b) 凝固途中（温度 T_2）での濃度変化

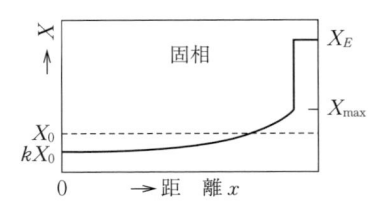

(c) 凝固終了後（共晶温度およびそれ以下）の濃度変化

図 2.85 組成 X_0 の合金について，固相内での拡散がなく，液相内では完全な拡散がある場合の平滑界面での凝固および溶質濃度変化[31]

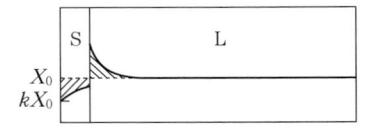

(a) 温度 T_2 および T_3 の間での濃度変化

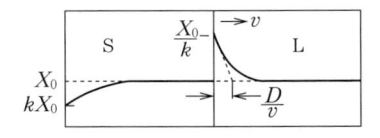

(b) 温度 T_3 での定常状態での濃度変化

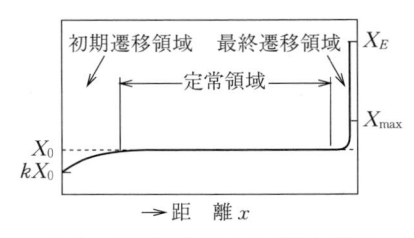

(c) 共晶温度 T_E およびそれ以下での濃度変化

v：凝固速度　D：液相中での拡散

図 2.86 組成 X_0 の合金について，固相内での拡散がなく，液相内では完全な拡散がある場合の平滑界面での溶質濃度変化[31]

図 2.87 組成 X_0 の合金について，固相内での拡散がなく，液相内でも拡散がない場合の平滑界面での溶質濃度変化[31]

る。固相の濃度分布は

$$X_S = kX_0(1 - f_S)^{k-1} \tag{2.29}$$

で与えられる。ただし，f_S は固相率を示す。

〔3〕 **固相内に拡散がなく，液相に混合がない場合** 液相中にも混合がなく，液相中に排出された溶質は液相中の拡散によってのみ移動する場合を考える。この場合，固液界面の液相側に溶質濃縮層（拡散層）が形成される。まず，凝固の初期段階の様子を図 2.87（a）に示す。凝固がある程度進行すると定常状態となり，このとき，図（b）に示すように固相に接する液相濃度は X_0/k となり，固相濃度も X_0 となる。このときの，液相の濃度プロファイル X_L は

$$X_L = X_0\left\{1 + \frac{1-k}{k}\exp\left(-\frac{Rx}{D_L}\right)\right\} \tag{2.30}$$

となる。ただし，D_L：液相中の溶質原子の拡散速度，R：凝固速度である。

最終凝固部（最終段階）では，液相濃度は急激に上昇し，共晶組成に至る（図（c））。これにより，共晶組織が形成される。

2.7.4 組成的過冷却

低濃度組成の二元合金の一方向凝固において，固液界面の液相側に正の温度勾配が存在し，液相中に溶質の混合が拡散によってのみ行われるとき，定常状態の成長で溶質濃度の拡散層が形成される。この拡散層の濃度 X_L は式（2.30）で表される。液相の濃度分布 X_L に対応して液相の平衡凝固温度（液相線温度）T_E が変化する。液相内の実際の温度分布 T_L と平衡凝固温度（液相線温度）T_E を図 2.88 に示す。界面前方の $0 < x < x_0$ の領域で過冷却が生じている。これは溶質元素の分布によって生じる過冷却であり，組成的過冷却（constitutional super cooling）と呼ばれる。組成的過冷却が大きくなると固液界面の不安定さが増大する。このため，固液界面の平滑な形状からくぼみが発生し，さらには不定形セル，長形セル，六角形セルへと変化し，セル組織が形成される。

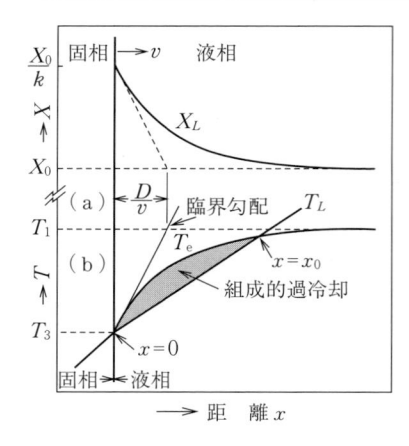

（a）は定常状態凝固での固相/液相界面での組成分布。破線は固液界面での dX_L/dx を示す。
（b）は凝固界面前方での液相の温度（T_L で示す線）

図 2.88　平滑界面凝固前方での組成的過冷却の発生[31]

2.7.5　デンドライト組織の形成

固液界面に組成的過冷却が生じると界面が不安定になり，セル組織となる。さらに組成的過冷却が大きくなり，界面がより不安定になるとセルから枝が発達し，デンドライトが形成される。図 2.89 に平滑界面が崩れてセルが形成される様子を示す。平滑界面から最初の小さな突起ができると溶質が排出されて突起根元部分の濃度が高くなる。すると，平衡凝固温度が下がり，成長が遅くなる（図（c））。これにより，他の突起が新たに形成される（図（d））。このような過程が繰り返され，長く伸びたセルが形成される（図（e））。さらに，例えば，温度勾配が小さくなると組成的過冷度が大きくなり，セルは不安定と

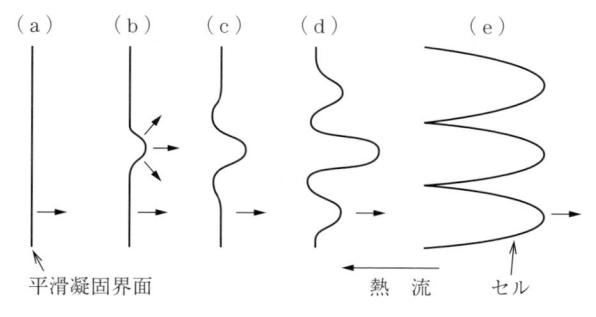

図 2.89　初期の平滑凝固界面が崩れ，セルに変化する過程[31]

なり，枝が形成されデンドライトになる。

図 2.90 に亜共晶合金の状態図，温度勾配と対応させたデンドライト成長の様子を模式的に示す。また，デンドライト間隙には共晶が形成される様子を示している。

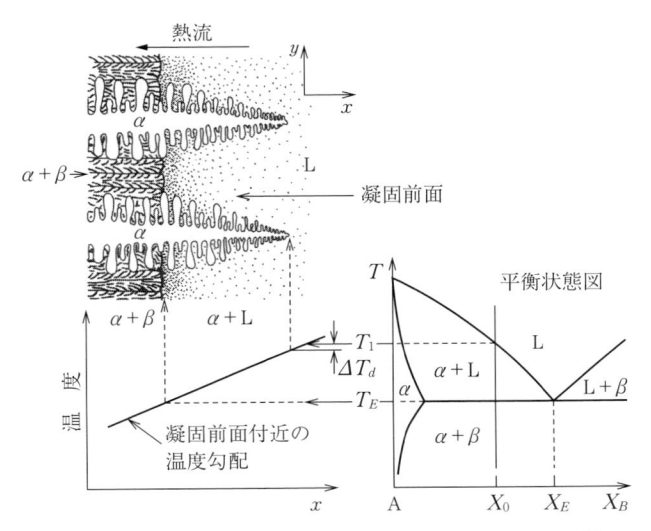

図 2.90 亜共晶組成合金の凝固前面での組織形成の様子[31)]

デンドライト内には凝固に伴うミクロ偏析が生じている。共晶合金の場合，凝固が開始するデンドライト中心部は濃度が低く，周辺にいくほど溶質濃度が高くなる。これはコア組織と呼ばれる。また，デンドライトの外側には共晶組織が形成される。

2.7.6　改　良　処　理

Al-Si 合金の共晶組織は α-Al と Si 相が複雑に混在する組織をつくる。共晶組織は冷却速度を速くすると細かくすることが可能であるが，Na，Sr（ストロンチウム），Sb（アンチモン）などを極微量（100〜200 ppm）添加すると共晶 Si 相が著しく微細化する。図 2.91 に Al-12％Si 合金について，Na 無添加と Na 添加した場合の共晶組織を示す。Na 添加により共晶組織が著しく微細化し

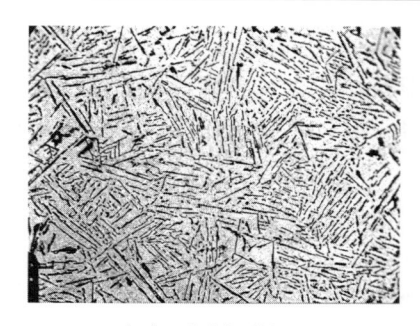

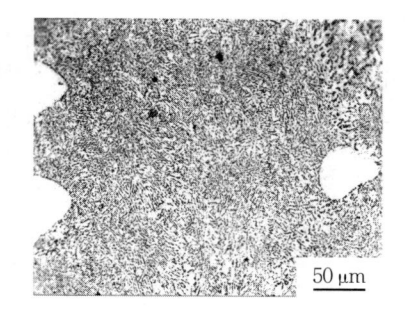

(a) 改良処理なし　　　　　　(b) Na による改良処理

改良処理により共晶組織が微細化する

図 2.91　Al-Si 共晶組成合金（Al-12%Si）の共晶組織

ている。これは，改良処理（modification）と呼ばれ，Al-Si 系合金の延性・靭性の向上にきわめて効果的である。工業的には Sr による改良処理が一般的に行われている。改良処理の機構については，異質核生成現象，化合物による Si 相の成長抑制効果，共晶温度の低下の効果などが考えられているが，詳細は十分には明らかでない。

2.8　アルミニウム合金の強化法

2.8.1　合金の性質と混合則

合金の性質はそれぞれの組織と密接に関連し，組織を制御することにより特性を向上させることが可能であり，また，特性の向上を図るためには最適な組織をつくり出す必要がある。

組織にはさまざまな形態や大きさがあり，材料の強度特性と深く結び付いている。**図 2.92** に材料強度を考えるうえでのスケール，構造および特徴的組織の関係を示す。組織スケールとしては，マクロ，ミクロ，さらにはナノスコピックがある。これらのスケールで，例えば，鋳造組織，結晶粒組織，析出組織，転位組織などがある。さらに，これらの組織と機械的特性との結び付きを**表 2.8** に示す。特性としては，強度，伸び，靭性，高温強度，さらには環境強

2.8 アルミニウム合金の強化法

←―――― 材料組織学と材料強度学の関連 ――――→

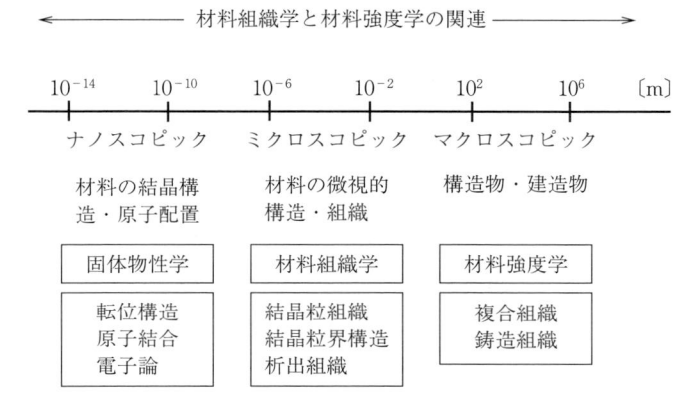

```
10^-14   10^-10    10^-6    10^-2    10^2    10^6   [m]
  |        |        |        |        |        |
  ナノスコピック      ミクロスコピック      マクロスコピック
```

材料の結晶構造・原子配置	材料の微視的構造・組織	構造物・建造物
固体物性学	材料組織学	材料強度学
転位構造 原子結合 電子論	結晶粒組織 結晶粒界構造 析出組織	複合組織 鋳造組織

材料組織には，マクロスコピック，ミクロスコピックおよびナノスコピックのスケールのものが存在し，種々の物性と関係している

図 2.92 材料組織学と材料強度学の位置づけ

表 2.8 各合金におけるさまざまなミクロ組織と関連する力学特性

合　　金	ミ ク ロ 組 織	力学的特性
鋳物用合金	初晶 α 相 　（デンドライト組織） 初晶 β 相 共晶組織 偏析組織	引張強さ 耐　力 伸　び
展伸用合金	加工・変形組織 回復・再結晶組織 析出組織 　粒内析出 　粒界析出 　不連続析出	破壊靭性 疲労強度 クリープ強度 極低温強度
複合材料	複合組織（強化材）	環境強度 （耐応力腐食割れ）
PM 材料・ 急冷凝固合金	アモルファス ナノ結晶組織	

度などがあり，これらの特性が材料組織と密接に結び付いている。

2.8.2 加工硬化特性

純金属や合金を塑性変形すると強度や硬さが増大する。この現象を加工強化

あるいは加工硬化と呼ぶ。**図 2.93** にアルミニウム単結晶を塑性変形したときの変形量（すべり量）とせん断応力の変化を示す。特に，単一すべりが起こる場合と，多重すべりが起こる場合の変化について示す。多重すべりが起こる結晶方位では単一すべりが起こる場合に比較して，加工硬化の程度が大きくなる。これは，多重すべりが起これば異なるすべり系の転位どうしが相互作用する機会が増えるためである。また，**図 2.94** にアルミニウム単結晶における多重すべり（二重すべり）の例を示す。加工により転位が増殖して転位密度が増大し，転位間の相互作用が増え，転位が動きにくくなるために硬化する。転位間の相互作用には，① 転位間の弾性的相互作用，② 転位間の反応による不動転位の形成，③ 転位の交切（ジョグの形成など），などがある。

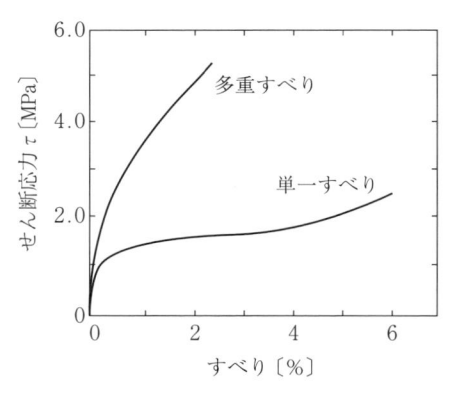

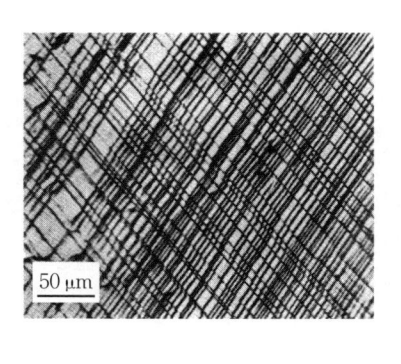

図 2.93 アルミニウム単結晶を塑性変形したときのせん断応力の変化[32]

図 2.94 アルミニウム単結晶における多重すべり（二重すべり）[32]

引張試験により，真応力 σ と真ひずみ ε の関係は以下の式で表される。

$$\sigma = K\varepsilon^n \tag{2.31}$$

ここで，K および n は合金に特有の値となる。特に，n は加工硬化指数と呼ばれ，材料の延性，深絞り性，張出し成形性，プレス成形性などを評価するうえで重要なパラメータである。

2.8.3 固溶硬化特性

合金における固溶状態は大きく分けると置換型固溶体と侵入型固溶体の2種類に分けられる。金属原子による合金の場合，基本的には置換型固溶体となる。置換型固溶体の場合，母金属原子（溶媒原子）の大きさと合金原子（溶質原子）の大きさに違いがある場合，ひずみが発生する。その様子を**図 2.95** に示す。図（a）は溶質原子が大きい場合を，図（b）は溶質原子が小さい場合を示す。図（a）では溶質原子周りが膨張し，図（b）では溶質原子周りが収縮している。いずれの場合も格子ひずみが発生している。

（a）溶質原子が大きい場合　　（b）溶質原子が小さい場合

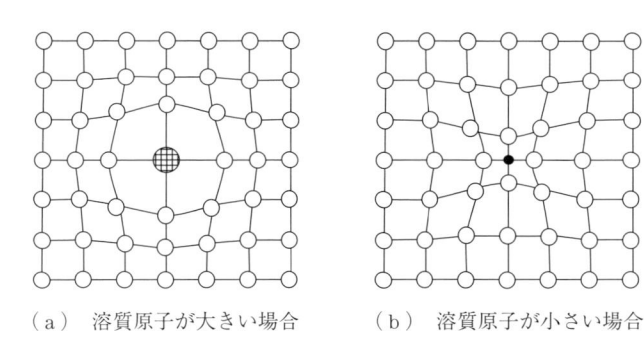

図 2.95 置換型固溶体における格子ひずみの発生

純金属は通常軟らかく，強度も低いが，他の元素を固溶させると強度や硬さが増大する。このような現象を固溶強化あるいは固溶硬化と呼ぶ。これは転位が溶質元素の影響を受けるためである。溶質元素の影響としては，図 2.95 に示したように，原子の大きさに起因する格子ひずみの発生，弾性率の差による弾性率効果，積層欠陥エネルギーに関係する化学的効果などが挙げられるが，これらの中で，最も大きな要因は原子の大きさに起因する格子ひずみである。**図 2.96** に純アルミニウムに各種元素を溶質元素として添加したときの格子定数の変化および硬さの変化を示す。図（a）に示されるように，Mg を添加すると格子定数は大きくなり，Cu，Mn，Cr を添加すると逆に格子定数は小さくなる。また，Ag，Zn，Li などの添加ではあまり変化しない。なお，添加量に対して格子定数は直線的に変化しており，これをベガード（Vegard）の法則と

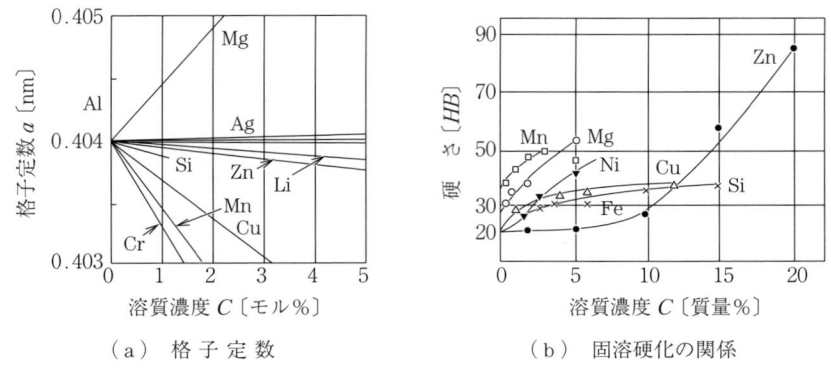

図 2.96 アルミニウムにおける溶質原子濃度と格子定数および固溶硬化の関係[33]

（a）格子定数　　　　（b）固溶硬化の関係

呼んでいる。一方，図（b）の固溶硬化を見ると，Mg，Mn，Cu などの添加により硬さは大きく増大する。Zn の場合は 10% 程度まではあまり変化しない。これらの傾向は格子定数の変化の傾向とよく対応しており，固溶硬化に対する格子ひずみの寄与が大きいことを示している。溶質濃度を C とすると，固溶強化量 $\Delta\tau$ は

$$\Delta\tau \propto GC^{1/2} \tag{2.32}$$

の関係になることが知られている。

2.8.4　結晶粒微細化（ホール・ペッチの関係）

強度の結晶粒径依存性について述べる。種々の Mg 組成の Al-Mg 合金について，結晶粒径 d と降伏応力（耐力）の関係を**図 2.97** に示す。ここで耐力はひずみ量 1.7% での応力 $\sigma_{1.7\%}$ をとって示している。この図より応力は $d^{-1/2}$ と直線関係にあることがわかる。これより

$$\sigma_y = \sigma_0 + k_y d^{-1/2} \tag{2.33}$$

となる。ここで，σ_y：降伏応力（耐力），σ_0：単結晶の降伏応力，d：結晶粒径，k_y：定数，である。これはホール・ペッチ（Hall-Petch）の関係式と呼ばれ，広く知られている。図 2.97 では，Mg 濃度によらず直線はおおむね平行（k_y は同一）になっている。

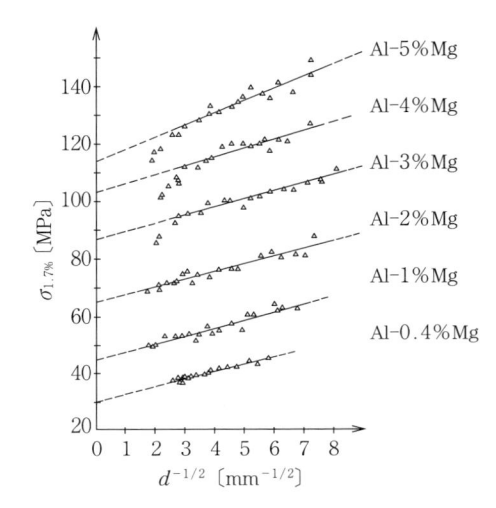

図 2.97 Al-Mg 合金中の結晶粒径と耐力の関係[34]

2.8.5 析 出 硬 化

析出硬化は合金を強化する最も有効な手法である。これは時効硬化現象としてアルミニウム合金において初めて見出されたものである。**図 2.98** に Al-4%Cu 合金を室温～453 K の各温度で時効したときの時効硬化曲線を示す。典型的な時効硬化曲線の例を**図 2.99** に模式的に示す。時効の進行とともに硬さは増大し，続いて最高硬さ（ピーク硬さ）をとり，その後，軟化する。通常，GP ゾーンの形成段階を時効初期，中間相および安定相の形成段階を時効中期

図 2.98 Al-4%Cu 合金の室温～453 K の時効硬化曲線

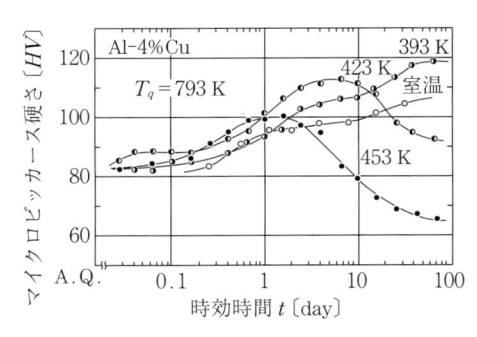

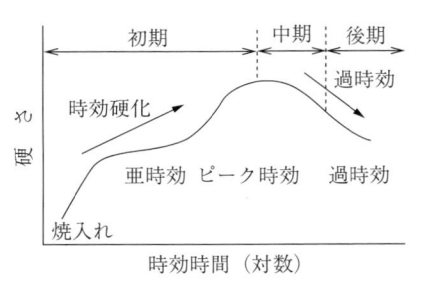

図 2.99 時効硬化曲線の模式図

およびに時効後期と呼ぶ.また,最高硬さ到達前を亜時効,最高硬さ段階をピーク時効,最高硬さ以降を過時効と呼ぶ.

時効硬化曲線の特徴は GP ゾーンや析出相と運動転位との相互作用の点から説明できる.**図 2.100** に時効硬化曲線と析出粒子-転位間の相互作用の関係を示す.亜時効段階では析出粒子が転位によりせん断され,過時効段階ではせん断されず,オロワン(Orowan)のバイパス機構により転位が移動する.これらの析出硬化は粒子サイズを基に整理すると,以下のようになる.

亜時効段階(粒子せん断) $\quad \Delta\tau_{cut} \approx \alpha\varepsilon^{3/2}f^{1/2}r^{1/2}$ (2.34)

過時効段階(粒子バイパス) $\quad \Delta\tau_{oro} \approx \dfrac{Gb}{\sqrt{2}}f^{1/2}r^{-1}$ (2.35)

ここで,$\Delta\tau$:せん断応力増加分,f:析出粒子体積率,r:析出粒子半径,ε:整合ひずみ,α:定数,G:剛性率,b:バーガースベクトル,である.

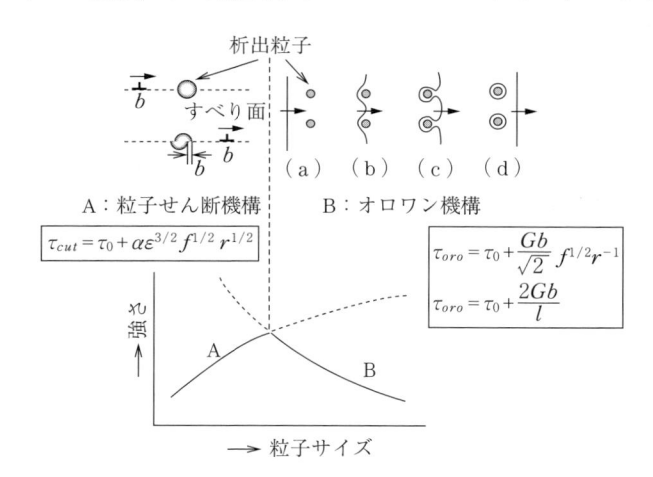

図 2.100 時効硬化曲線と析出粒子-転位間の相互作用の関係

図 2.101 に Al-Zn-Mg 合金について $\Delta R_{p0.2}/f^{1/2}$ の値を r に対してプロットしたものを示す.ただし,$\Delta R_{p0.2}$ は 0.2%耐力の増加分である.粒子半径(粒径)r に依存して強化への寄与が異なることがわかる.GP ゾーンはきわめて微細であり,粒径とともに強化への寄与は大きくなるが,η' 相は成長して粒子

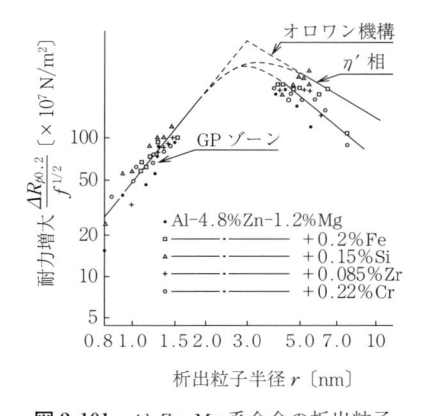

図 2.101 Al-Zn-Mg 系合金の析出粒子半径と耐力増加分の関係[35]

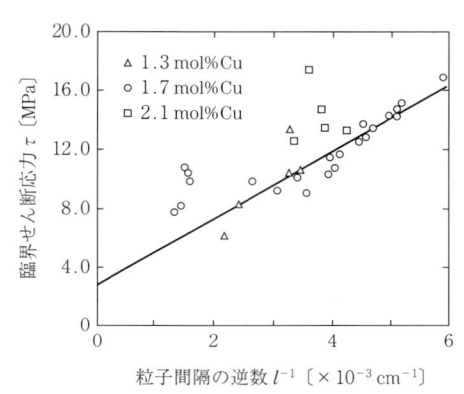

図 2.102 Al-Cu 合金単結晶における析出粒子間隔と臨界せん断応力の関係[36]

間隔が広がるため，粒径とともに強化への寄与は減少する．また，Al-Zn および Al-Zn-Mg 合金について，類似の Gerold-Harberkorn の式

$$\tau = 3MGb^{-1/2}\varepsilon^{3/2}f^{1/2}r^{1/2} \tag{2.36}$$

が当てはまることも，報告されている．ここでは，ε が大きいものほど強度は大となっている．

式 (2.35) は，次式のように粒子間隔と結び付けることも可能である．

$$\tau = \tau_0 + \frac{2Gb}{l} \tag{2.37}$$

ここで，τ_0：析出粒子がない場合の臨界せん断応力，l：粒子間隔である．

図 2.102 に，Al-Cu 合金単結晶中の θ 相の析出粒子間隔と臨界せん断応力の関係を示す．臨界せん断応力は粒子間隔の逆数に比例し，式 (2.37) の関係が満たされている．

析出粒子が存在するとき，析出粒子と転位との相互作用の差に起因して，加工硬化が異なることが通常認められる．**図 2.103** は Al-Cu 合金を 190℃ で各時間時効したときの真応力-ひずみ線図を示す．変形とともに（ひずみ量とともに）強度が増大し，加工硬化していることがわかる．この加工硬化の程度は時効時間が短いときは小さいが，時効時間が長くなると大きくなる．これは，時

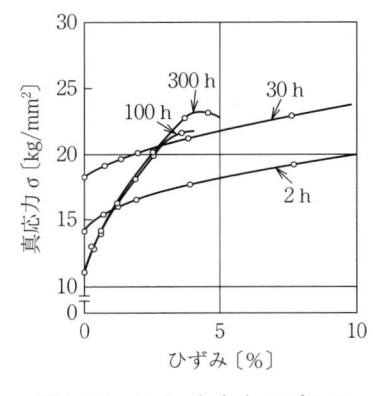

図 2.103 Al-Cu 合金を 190℃ で各時間時効したときの真応力-ひずみの関係[37]

図 2.104 Al-Cu 合金を 190℃ で時効したときの加工硬化指数の変化[37]

効時間が短いときは転位は析出粒子をせん断して抜けていくのに対し,時効時間が長くなると析出粒子の粗大化のために,転位はオロワン機構により,転位ループを残して移動する。そのために,析出粒子の周りに転位が絡まり,転位の移動がより難しくなることによるものである。図 2.104 に加工硬化指数の時効時間依存性を示す。数十時間の時効により,加工硬化指数は急に増大する。この段階に転位の移動は,せん断機構からオロワン機構に変化している。

2.9 代表的実用合金および諸特性

2.9.1 展伸用アルミニウム合金

〔1〕 **工業用純アルミニウム**(1000 系) 純アルミニウムであるが,不純物を含んでいる。純度により JIS 規格の呼称が異なる。1050 や 1100 は純度 99.50%,99.00% 以上の純アルミニウムとなっている。不純物元素として主なものは Fe,Si である。加工性,耐食性,溶接性などが良好である一方,強度は低い。不純物の Fe と Si の含有量比や Al-Fe 系あるいは Al-Fe-Si 系化合物相の形態などにより,特性は変化する。家庭用品,日用品,電気器具に多く使われている。また,送電用材料,放熱材にも多く用いられている。

〔2〕 **Al-Cu-Mg系合金**（2000系）　通常，ジュラルミンや超ジュラルミンとして知られ，時効硬化現象が初めて見出された合金である。また，GPゾーンやGPBゾーンが時効硬化に大きく寄与することが明らかにされた合金でもある。2017や2024合金が代表的合金で，鋼材に匹敵する強度をもつ。ただし，銅を多く含むため耐食性はよくない。航空機用材料として使う場合には純アルミニウムを合せ圧延した合せ板（クラッド材）とする。また，溶融溶接は劣るため，リベット，ボルト接合，抵抗スポット溶接などにより接合される。

〔3〕 **Al-Mn系合金**（3000系）　Mnを添加し，純アルミニウムのもつ加工性，耐食性を低下させずに強度を増大させている合金である。特に，MnはAlの再結晶温度を上昇させ，また，Al_6Mn化合物相により強度が増大する。3003，3004合金は代表的合金である。3004合金は3003合金に約1%のMgを添加した合金で，強度がより高くなる。アルミニウム缶ボディ，容器，屋根板，建材，ドアパネル材などに多く使われている。

〔4〕 **Al-Si系合金**（4000系）　Siを添加して熱膨張率を低くし，また，耐摩耗性を改善した合金である。4032や4043合金などがある。4032合金にはCu，Ni，Mgなどが微量添加されて耐熱性を向上させ，鍛造ピストン材などに使われる。また，4043合金は溶接ワイヤ，ブレージングろう材としても用いられている。

〔5〕 **Al-Mg系合金**（5000系）　種々のMg量を含む多くの合金がある。Mgの少ない合金として5N01合金があり，装飾用材，高級器物として用いられる。また，5005合金は車両用内装天井板，建材などに用いられる。中程度のMgを含む合金として5052合金があり，Mgの固溶強化と加工硬化により中程度の強度と高い靭性をもつ。アルミニウム缶エンド，車両，建築に使われる。Mgの多い合金として5083合金があり，優れた強度と溶接性を有している。特に，溶接構造材として船舶，車両，化学プラントなどに用いられる。なお，冷間加工のままで常温に放置すると経年変化が起こるため，通常，安定化処理が行われる。

〔6〕 **Al-Mg-Si系合金**（6000系）　MgとSiがそれぞれ0.4～1.0%含ま

れ，Mg_2Si 化合物相が形成されるため，Al-Mg_2Si 擬二元系合金として扱われることが多い。また，Cu や Mn を微量に含む合金もある。中程度の強度をもち，耐食性も良好であり，構造材料として広く使われている。自動車のボディシート材にも使用が増えている。特に，自動車ボディシート材には 6016，6022，6111 合金が使われている。また，6061，6063 合金はよく知られており，6063 合金は押出性に優れ，建築用サッシなどに広く使われている。また，6N01 合金は 6063 合金と 6061 合金の中間の強度を有する合金である。

〔7〕 **Al-Zn-Mg 系合金**（7000 系）　工業的に実用されているアルミニウム合金の中で最も高い強度をもつ Al-Zn-Mg-Cu 系合金の代表的合金は 7075 合金で，超々ジュラルミンと呼ばれる。特に，航空機，スポーツ用品類に使用される。Al-Zn-Mg 合金は三元合金として知られ，溶接構造用に用いられる。7N01 合金は代表的合金で，鉄道車両に用いられる。なお，応力腐食割れが生じやすいので，Cr や Zr などを添加し，再結晶粒を微細化したり，過時効処理が行われる。また，熱処理の工夫（RRA 処理）なども行われる。

〔8〕 **その他合金**　Al-Li 系（Al-Li-Mg 系，Al-Li-Cu 系）合金は，Li を添加することにより，より軽量となり（低密度化），また，ヤング率が増大する。低密度・高剛性材として航空機やロケットに一部使用されている。また，この他に，耐熱性に優れる急冷凝固粉末冶金合金などがある。例えば，Al-1〜1.5%Fe 合金の急冷凝固により，鉄系化合物相の微細分散が得られる。

2.9.2　鋳物用・ダイカスト用アルミニウム合金

〔1〕 **鋳物用合金**

（1）　**Al-Cu 系**（AC1B）　Cu を含む合金であり，時効熱処理することにより，強度を高めることができる。AC1B 合金の標準成分は 4.6%Cu-0.25%Mg-0.175%Ti である。Mg を微量含んでおり，これにより固溶強化および時効硬化性が増大する。Ti の微量添加により結晶粒は微細化する。Mg と Si が共存すると靱性が低下するため，不純物元素としての Si 含有を抑制している。この合金は強靱性に優れ，また，良好な切削性を示す。ただし，Cu を含むため

耐食性は劣る。合金溶湯はガス吸収しやすく、また、凝固温度範囲が広いため鋳造性は劣る。

（2）**Al-Cu-Si系**（AC2A, AC2B）　Al-Cu系においてCu量を減らし、逆にSiを多く添加した合金であり、鋳造性が改善されている。この合金はラウタルの名称で知られ、広く利用されている。AC2AおよびAC2B合金の標準成分は3.75%Cu-5%Siおよび3%Cu-6%Siである。強靭性や切削性に優れる。AC2B合金では二次合金地金が使用できるように、不純物の許容限が緩和されている。この系の合金は鋳造性には劣るものの機械的性質が重視される自動車用エンジン部品などに利用されている。

（3）**Al-Si系**（AC3A）　共晶組成の12%Siを標準組成とする合金であり、シルミンとして知られる。凝固温度が低く、また、凝固温度範囲が狭いため、溶湯の流動性に優れる。そのために凝固収縮が少なく、熱間割れがないため優れた鋳造性をもつ。強度は高くないが、靭性は高い。共晶Si相の改良処理のため、Na, Sr, Sbなどを微量添加する。改良処理により共晶Si相は微細となり、伸びが大きく改善される。Si相を含むため熱膨張係数が小さく、耐食性にも優れる。複雑な形状や模様をもつ門扉やカーテンウォールなどに適用される。

（4）**Al-Si-Mg系**（AC4A, AC4C, AC4CH）　シルミンよりSi量を少なくし、逆にMgを少量添加した合金である。特に、鋳造性に優れ、また、機械的性質も良好である。SiとMgを同時に含むため時効硬化性があり、高い強度を得ることができる。AC4A合金の標準成分は9%Si-0.45%Mg-0.45%Mnである。耐食性も良好であり、エンジン部品、車両部品、船用部品などに適用されている。AC4C合金の標準成分は7%Si-0.3%Mgであり、AC4A合金からMnをなくし、また、SiとMgを減少させた合金である。鋳造性はAC4A合金よりやや優れる。AC4CH合金はAC4C合金の不純物を規制した合金であり、強靭性を付与している。鋳造性に優れる。また、時効硬化により強度増大が可能であり、伸びも高い。AC4CH合金は鋳造性に優れた強靭合金である。自動車用ホイール材料をはじめ、保安的要求の高い部品に広く使用されている。

（5） **Al-Si-Cu系**（AC4B）　シルミンからSi量を少し減らし，逆にCuを添加した合金であり，含銅シルミンに相当する。Siを多く含むため鋳造性に優れ，また，Cuを含むため強度が大きく，さらに時効熱処理により強度増大が図れる。自動車用，電気機器用，産業機械用などあらゆる分野で利用されている合金である。ただし，Cuを含むため耐食性は劣る。標準成分は8.5%Si-3%Cuであり，ダイカスト合金のADC10やADC12合金と同類である。この合金系は汎用性が最も高く，二次合金地金の利用に配慮し，不純物許容範囲が広くなっている。

（6） **Al-Si-Cu-Mg系**（AC4D）　AC4C合金よりSi量を少なくし，CuとMgを添加した合金である。この合金系の標準成分は5%Si-1.25%Cu-0.5%Mgである。4種に分類されるが，4種とは異質の合金である。鋳造性は他の4種合金よりやや劣るが，1種系合金や2種系合金よりは優れる。Si，Cu，Mgを含んでおり，熱処理により強度増大が可能である。耐圧性や耐熱性に優れるため，シリンダブロック，シリンダヘッド，クランクケースなどのエンジン部品や油圧機器部品に使用される。

（7） **Al-Cu-Ni-Mg系**（AC5A）　Al-Cu-Mg合金の高温硬さを増大させるため，Niを添加した合金である。標準成分は4%Cu-2%Ni-1.5%Mgである。Y合金と呼ばれ，航空機用エンジンがレシプロ全盛時代に主要エンジン部品材料として利用されていた。溶湯の流動性は劣る。また，凝固温度範囲が広く，熱間収縮割れの傾向が強い。熱処理により強度が増大し，300 MPa以上になる耐熱合金である。靭性は低く，耐食性も劣るが，切削性は良好で，耐摩耗性に優れる。

（8） **Al-Mg系**（AC7A）　Mgを含む固溶体合金である。この合金系の標準成分は4.5%Mgであり，ヒドロナリウムと呼ばれる代表的な耐食合金である。Mgを含むため溶湯は酸化されやすく，ガス吸収の傾向がある。このため，溶湯の流動性は悪く，また，凝固温度範囲が広いため凝固収縮割れを生じやすい。金型での鋳造は難しい。この合金の鋳物は外観が美麗で，切削性にも優れる。固溶体合金であることから鋳放しで強さも伸びも高く，高靭性を示す。架

線金具，船舶用品，建築金具，事務機器部品などに利用されている。AC7B合金（10%Mg合金）は高力強靱性耐食合金である。ただし，AC7A合金以上に鋳造性が低い。また，経年変化により靱性が劣化する。

（9） **Al-Si-Ni-Cu-Mg 系**（AC8A，AC8B，AC8C） Al-Cu-Ni-Mg系のY合金の熱膨張係数を小さくし，耐摩耗性を高め，また，弾性係数を大きくした合金である。すなわち，Cu量を半減させ，Si量を大幅に増大させている。この合金系は，ローエックス（low expansionの意味）合金と呼ばれる。標準組成はAC8A合金は12%Si-1.15%Ni-1%Cu-1%Mg，AC8B合金は9.5%Si-3%Cu-1%Mg-0.55%Ni，AC8C合金はNiを不純物扱い，すなわち0.5%以下としている。伸びは小さい。AC8A合金は湯流れ性がよく，熱間収縮割れはほとんどない。Niが少ないと鋳造性はさらに良好となる。晶出物が多いため切削性はよくないが，剛性および耐摩耗性に優れる。AC8B合金はSiを亜共晶組成とし，Cuを増やしている。このため凝固温度範囲が広がり，溶湯の流動性は低下し，収縮巣が出やすく，かつ，熱間収縮割れも起こりやすい。AC8C合金はAC8B合金のNi無添加の合金であり，基本的にはAC8B合金と類似の特性をもつ。これらの合金はいずれもエンジンやピストン用合金として利用されている。

（10） **Al-Si-Cu-Mg-Ni 系**（AC9A，AC9B） 過共晶Al-Si系合金にCu，Mg，Niを添加した合金である。標準成分はAC9AおよびAC9B合金がそれぞれ，23%Si-1%Cu-1%Mg-1%Niおよび19%Si-1%Cu-1%Mg-1%Niとなっている。過共晶であるため，初晶Si相が晶出する。凝固温度範囲は広い。また，鋳造温度が高く，酸化やガス吸収が問題となる。凝固温度区間が広いため，引け巣が出やすく，鋳造性は低い。初晶Si相の微細化のため，リンまたはリン化合物を添加する（リン化アルミニウム AlP の形成により微細化）。弾性率が大きく，また，熱膨張率は小さい。耐摩耗性に優れ，エンジン用ピストンに利用される。

〔2〕 **ダイカスト用合金** ダイカストでは鋳型の冷却能が大きく，また，狭い湯口・キャビティを通過・充填させるため高い流動性が求められる。ま

た，鋳型での焼付け防止のため Fe を添加する。ダイカストでは，射出注入の際に空気を巻き込みやすく，事前に溶湯の脱ガスをする効果は期待できない。そのため脱ガス処理を通常施さない。このためブリスタが発生しやすく，通常，熱処理を施さない。ダイカストでは急冷凝固となるため，組織の微細化剤は不要であり，また，不純物の多い二次合金地金の利用が可能である。

（1）**Al-Si系**（ADC1）　AC3A 合金と同じ Al-Si 系共晶組成の合金である。標準化学組成は 12%Si であり，不純物の許容は AC3A 合金より若干広がっている。溶着防止のため，Fe は 1.3% まで許容されている。この合金系は溶湯の流動性が最良で鋳造性に優れ，また，耐食性にも優れる。強度はダイカスト合金中最も低い。そのため，高い強度を要求しない薄肉・複雑形状の鋳物に適している。家電部品の外郭などに利用される。

（2）**Al-Si-Mg系**（ADC3）　AC4A 合金と同種の合金である。標準組成は 9.5%Si-0.5%Mg である。Mg が添加されているため，ADC1 合金より強度は高い。高真空ダイカストなどの高品質ダイカストが普及し，高靭性が特に要求される自動車，二輪車の足回り部品，車体部品などに利用されている。一部，熱処理して用いられる。

（3）**Al-Mg系**（ADC5，ADC6）　Al-Mg 系の固溶体合金であり，耐食性に優れる。標準組成は ADC5 および ADC6 合金でそれぞれ，6.25%Mg および 3.25%Mg-0.5%Mn である。鉄を最大 1.8% まで許容している。熱間収縮割れ防止のために Mn が添加される。靭性は高い。

（4）**Al-Si-Cu系**（ADC10，ADC10Z，ADC12，ADC12Z）　AC4B 合金に相当する合金である。Si を多く含み，鋳造性が良好である。また，Cu を固溶させて強さの増大を図っている。標準組成は，ADC10，ADC10Z 合金が 8.5%Si-3%Cu，ADC12，ADC12Z 合金が 10.8%Si-2.5%Cu である。ADC12 合金は ADC10 合金の Si 量を増やし，Cu 量を減らした合金であり，鋳造性を改善している。Cu を含むため耐食性はやや劣る。これらの合金系は鋳造性に優れる高力合金であり，自動車部品（エンジン部品を含む）や電気機器部品などに広く利用されている。なお，JIS 規格の合金記号の末尾の Z は Zn を 3% まで許

容することを示す。

（5） Al-Si-Cu-Mg 系（ADC14）　Al-Si 系過共晶合金に Cu と Mg を添加し，母相を強化した合金である。標準化学組成は 17％Si-4％Cu-0.55％Mg である。剛性，強度，耐摩耗性に優れ，また，熱膨張率が小さい。なお，初晶 Si 相が粗大とならないように注意する必要があるが，微細化しすぎると溶湯の流動性を損ねる。この合金はエンジンブロックの軽量化を目的に開発された。

2.10 工業材料としての特性および選定指針

2.10.1 展伸用合金

〔1〕 **諸 特 性**　各種の展伸用アルミニウム合金の伸びと引張強さの関係を**図 2.105** に示す。黒印は熱処理型合金を，白色印は非熱処理型合金を示す。全体的な傾向は，強度と伸びは相反する関係にあること，また，熱処理型合金のほうが強度が高くなっていることがわかる。なお，**表 2.9** に，代表的な熱処理型実用合金の熱処理条件（溶体化処理および時効処理）を示す。また，**表 2.10** に各種展伸用アルミニウム合金の一般的な特性を示す。

〔2〕 **用途および選定指針**　アルミニウム合金は近年広範な用途に利用さ

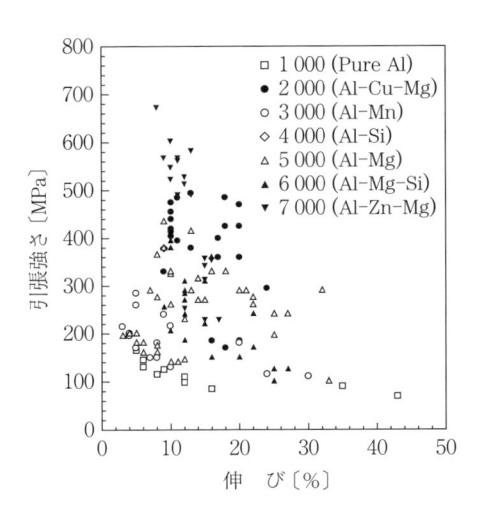

図 2.105　JIS 規格アルミニウム合金の伸びと引張強さの関係

表 2.9 代表的な熱処理型アルミニウム合金の溶体化処理および時効条件（調質）

合金の種類	溶体化処理温度〔℃〕	時効処理温度〔℃〕	時効処理時間〔h〕	調質
2011	525	160	14	T8
2014	500	160	18	T6
2017	500	室温	96 以上	T4
2024	495	191	12	T6, T8
2219	535	191	36	T6
		177	18	T8
6N01	530	175	8	T5
6061	530	160	18	T6
		177	8	T6
6063	520	175	8	T5
6262	540	170	8	T6
7003 7N01	450	室温	72	T5
		100	3-8	
		150	8-16	
7050	475	121	3-6	T76
		163	12-15	
		121	3-6	T736
		163	24-30	
7075	480	121	24	T6
		121	3-5	T76
		163	15-18	
		107	6-8	T73
		163	24-30	
7475	515	121	24	T6
		121	3-5	T76
		163	15-18	
		107	6-8	T73
		163	24-30	

〔注〕 合金名 6N01 および 7N01 は, 現在 6005C および 7204 に変更されている。

2.10 工業材料としての特性および選定指針

表2.10 展伸用アルミニウム合金の一般的な特性[38]

合金	質別	耐食性	耐応力腐割れ性	成形性	切削性	ろう付性	溶接性 ガス	溶接性 アルゴン	溶接性 抵抗	鍛造性
1050	H24	A	A	A	D	A	A	A	A	
1100	O	A	A	A	E	A	A	A	B	A
	H24	A	A	A	D	A	A	A	A	A
	H18	A	A	C	D	A	A	A	A	A
2014	T4	D	C	C	B	D	D	B	B	C
	T6	D	C	D	B	D	D	B	B	C
2017	T4	D	C	C	B	D	D	B	B	—
2024	T4	D	C	C	B	D	D	B	B	—
3003	O	A	A	A	E	A	A	A	B	A
	H24	A	A	B	D	A	A	A	A	A
	H18	A	A	C	D	A	A	A	A	A
4032	T6	C	B	—	—	D	D	B	C	—
5005	O	A	A	A	E	B	A	A	B	—
	H34	A	A	B	D	B	A	A	A	—
	H38	A	A	C	D	B	A	A	A	—
5052	O	A	A	A	D	C	A	A	B	—
	H34	A	A	B	C	C	A	A	A	—
	H38	A	A	C	D	C	A	A	A	—
5056	O	A	B	A	D	D	C	A	B	—
	H38	A	C	C	C	D	C	A	A	—
6061	T4	B	B	B	C	A	A	A	A	D
	T6	B	A	C	C	A	A	A	A	
6063	T5	A	A	C	C	A	A	A	A	—
	T6	A	A	C	C	A	A	A	A	—
7075	T6	C	C	D	B	D	D	C	B	D
7N01	T4	B	B	C	B	D	D	A	A	B
	T5	B	B	C	B	D	D	A	A	D
	T6	B	C	C	B	D	D	A	A	

〔注〕 良好なものから順にA〜D（切削性はA〜E）に分けてある。
AおよびBのものは実用上ほとんど問題がないが，C，DおよびEはなんらかの対策が必要か，制約条件に注意を要する。成形性，ろう付性，溶接性がDの場合は一般にそれらの施工を行わないほうがよい。切削性はランクが下位ほど切削速度などの条件の制約が厳しくなる。
なお，合金名7N01は現在7204に変更されている。

れている。巻末の付録に，陸運車両用，建築用，土木用および航空機用アルミニウム合金の用途例を表にして示す。これらの合金は，各合金の機械的性質，物理的・化学的性質，コストなどを考慮して使用されている。多くのアルミニウム合金から選定するための指針として早見表を巻末の付表6に示す。これを参考に合金種ならびに調質などを選定することができる。

2.10.2 鋳物用・ダイカスト用合金

〔1〕 **鋳物用合金の諸特性および選定指針**　鋳物用アルミニウム合金の一

表2.11　鋳物用アルミニウム合金の一般的特性の比較[41]

合金 (質別)	適応性		押湯効果	収縮割れ傾向	耐気密性	充填性	流動性	凝固収縮	被削性	研摩性	溶接性	陽極酸化外観	陽極酸化性	耐食性	耐応力割れ腐食性
	砂型	金型													
AC1B-F AC1B-T4 AC1B-T6	可	劣	可	劣	可	良	可	大	良 優 良	可 良 良	可	優	良	劣	劣
AC2A-F AC2A-T6	優	良	良	可	優	良	可	小	良 良	可 可	良	良	可	可	可
AC2B-F AC2B-T6	優	良	良	良	良	良	良	小	良 良	劣 可	良	良	可	可	劣
AC3A-F	良	良	優	優	可	優	優	中	劣	劣	優	劣	劣	優	優
AC4A-F AC4A-T6	優	優	優	良	良	優	優	中	可 良	可 可	良	劣	劣	優	優
AC4B-F AC4B-T6	優	優	優	良	優	優	優	中	可 良	劣 可	良	劣	劣	良	劣
AC4C-F AC4C-T5 AC4C-T6 AC4C-T61	優	優	優	優	優	優	優	中	劣 可 良 良	劣 劣 可 可	優	劣	良	良	優
AC4CH-F AC4CH-T5 AC4CH-T6 AC4CH-T61	優	優	優	優	優	優	優	中	劣 可 良 良	劣 劣 可 可	優	劣	良	良	優
AC4D-F AC4D-T5 AC4D-T6	良	良	良	優	良	良	良	中	可 可 良	劣 劣 可	優	劣	良	可	優
AC5A-O AC5A-T6	可	可	劣	劣	可	可	可	大	良 優	可 良	劣	良	良	可	可

2.10 工業材料としての特性および選定指針

表2.11 （つづき）

AC7A-F	可	劣	劣	劣	劣	可	劣	大	優	優	劣	優	優	優	優
AC8A-F AC8A-T5 AC8A-T6	良	良	良	優	良	優	優	中	可 可 良	劣 劣 劣	可	劣	可	良	良
AC8B-F AC8B-T5 AC8B-T6	良	優	良	優	良	良	良	中	可 可 良	劣 劣 劣	可	劣	可	良	可
AC8C-F AC8C-T5 AC8C-T6	良	優	良	優	良	良	良	中	可 可 良	劣 劣 劣	可	劣	可	良	良
AC9A-T5 AC9A-T6 AC9A-T7	劣	良	劣	可	可	劣	劣	小	劣 劣 劣	劣 劣 劣	劣	劣	劣	良	良
AC9B-T5 AC9B-T6 AC9B-T7	劣	良	劣	可	可	可	可	小	劣 劣 劣	劣 劣 劣	劣	劣	劣	良	良

表2.12 鋳物用アルミニウム合金の選定指針[42]

要求される性質	金型鋳物	砂型鋳物	要求される性質	金型鋳物	砂型鋳物
良好な鋳造性			高い靭性	4C-T 4CH-T 7A	1B-T 3A, 4A-T 4CH-T, 7A
・鋳放しで中程度の強さ	2A, 2B 4C	2A, 2B			
・鋳放しでより高い強さ	4A, 4B	4B	良好な被削性	5A-T, 7A	1B-T 5A-T, 7A
・熱処理して高い強さ	4A, 4B, 4C, 4CH, 4D	2A, 4A	良好な研磨性	5A-T, 7A	1B-T 5A-T, 7A
高い耐圧性			良好な陽極酸化処理	5A-T 7A	1B-T 7A
・鋳放しで中程度の強さ	2A, 4C	4B			
・鋳放しでより高い強さ	4B	4C	良好な耐食性	3A 4A-T 7A	3A 4A-T 7A
・熱処理して高い強さ	4C, 4CH, 4D	2A, 4CH	陽極酸化処理による耐食性の改善	4C-T 4CH-T 4D-T 5A-T, 7A	1B-T 5A-T 7A
鋳放しで良好な強さ					
・中程度の靭性	2A, 4B, 4C, 1A		めっき性	2A-T 4C-T 4CH-T 4D-T 5A-T	1B-T 2A-T 4C-T 4D-T 5A-T
・より高い靭性	7A	7A			
熱処理で高い強さ					
・中程度の靭性	4A, 4D	4D, 4C, 4CH			
・より高い靭性	4C, 4CH	1B	溶接性	2A, 2B 3A, 4A 4B, 4C 4CH, 4D	2A, 4B 4A, 4B 4C, 4CH 4D
高い強さ					
・靭性は低いが耐力は高い	2A-T 8A-T 8B-T 8C-T	1B-T 2A-T	耐摩耗性	8A-T 8B-T 8C-T 9A-T 9B-T	5A-T
高温強さ	5A-T 8A-T 8B-T 8C-T 9A-T 9B-T	1B-T 5A-T			

2. アルミニウムおよびその合金

般的特性を**表**2.11 に示す。これらの合金の中で，特に，Al-Si-Mg 系合金の AC4C 合金は各種特性に優れており，自動車の重要部品に活用されている。表

表2.13 ダイカスト用アルミニウム合金の一般的特性 [42]

JIS合金記号	ダイス充填性	耐熱間割れ性	耐圧性	ダイスへの非溶着性	高温強さ	耐食性	機械加工性	研磨性	陽極酸化特性	化成皮膜の強さ	めっき性
ADC1	A	A	A	B	C	B	C	D	E	B	B
ADC3	A	A	A	C	A	B	B	B	A	B	A
ADC5	E	E	E	E	D	A	A	A	A	A	D
ADC6	D	B	E	E	E	A	A	A	B	A	D
ADC10	B	B	B	A	B	C	C	B	B	C	A
ADC12	A	A	B	B	B	B	C	B	B	C	A
ADC14	A	A	C	B	B	C	C	D	E	E	C

〔注〕 良好なものから順に A〜E の 5 ランクに分けてある。

表2.14 ダイカスト用アルミニウム合金の選定指針 [42]

要求される性質	ダイカスト	要求される性質	ダイカスト
良好な鋳造性		良好な被削性	ADC5
・鋳放しで中程度の強さ	ADC1		ADC6
・鋳放しでより高い強さ	ADC10	良好な研磨性	ADC5
	ADC12		ADC6
高い耐圧性			ADC10
・鋳放しで中程度の強さ	ADC1		ADC12
・鋳放しでより高い強さ	ADC3	良好な陽極酸化処理	ADC3
	ADC10		ADC5
	ADC12		ADC6
鋳放しで良好な強さ		良好な耐食性	ADC3
・中程度の靱性	ADC10		ADC5
	ADC12		ADC6
・より高い靱性	ADC3	陽極酸化処理による耐食性の改善	ADC3
高温強さ	ADC3		ADC5
	ADC14		ADC6
高い靱性	ADC3	めっき性	ADC3
	ADC5		ADC10
	ADC6		ADC12
良好な耐摩耗性	ADC14		

表 2.12 に,これらの鋳物用アルミニウム合金の選定指針を示す。選定のための項目として,鋳造性,耐圧性,熱処理性,高温強度などを挙げている。

〔2〕 **ダイカスト用合金の諸特性および選定指針**　一方,ダイカスト用アルミニウム合金の一般的特性を**表 2.13**に示す。また,選定の指針を**表 2.14**に示す。ダイカスト合金は多く利用されているが,中でも,Al-Si-Cu 系合金である ADC12 合金は最も広く使われている。

3 マグネシウムおよびその合金

3.1 マグネシウムとは

　マグネシウムは広く使われている実用金属中で最も軽く，また，資源的にも恵まれた金属である。すなわち，常温での密度は $1.74\,\mathrm{g/cm^3}$ であり，クラーク数は8番目になっている。原子番号は12で，アルミニウムの一つ手前である。また，融点は $923\,\mathrm{K}$（$650℃$）で，アルミニウムに近い。物理的な性質を**表**3.1に示す。また，実用金属材料としての特徴には以下の点がある。

表3.1　マグネシウムの物理的性質 [1]

性　　質	純マグネシウム
原子番号	12
原子量	24.305
結晶構造（HCP），格子定数（293 K）	$a = 0.320\,95$ nm
	$c = 0.521\,07$ nm
密度（293 K）	$1.74 \times 10^3\,\mathrm{kg/m^3}$
融点	923 K
沸点	1 363 K
溶融潜熱	$372 \times 10^3\,\mathrm{J/kg}\,(= 8.96 \times 10^3\,\mathrm{J/mol})$
比熱（293 K）	$1\,013\,\mathrm{J/(kg \cdot K)}$
線膨張係数（293〜373 K）	$26.0 \times 10^{-6}\,\mathrm{K^{-1}}$
（293〜573 K）	$27.9 \times 10^{-6}\,\mathrm{K^{-1}}$
熱伝導率（293〜373 K）	$155\,\mathrm{W/(m \cdot K)}$
導電率	39%IACS
電気抵抗率（293 K）　c 軸に平行	$3.9 \times 10^{-8}\,\Omega \cdot \mathrm{m}$
c 軸に垂直	$4.5 \times 10^{-8}\,\Omega \cdot \mathrm{m}$
抵抗の温度係数　　　c 軸に平行	$4.3 \times 10^{-3}\,\mathrm{K^{-1}}$
c 軸に垂直	$4.2 \times 10^{-3}\,\mathrm{K^{-1}}$

① 実用金属中で最も軽い（密度 $1.74\,\mathrm{g/cm^3}$，鉄の 1/4，アルミニウムの 2/3），② 豊富な資源（クラーク数は 8 番目），③ 比強度および比剛性に優れる，④ 振動吸収性（減衰能）に優れる（鋳鉄より優れる），⑤ 切削性に優れる，⑥ 耐くぼみ性に優れる，⑦ 寸法安定性に優れる，⑧ 電磁シールド性に優れる，⑨ リサイクル性に優れる，などである。

以上のように，実用金属材料として優れた特徴を有している。比強度については，例えば，自動車用材料として図 1.2 に示したように，鉄鋼材料よりも大きく，アルミニウム合金と同等以上の値をもつ。マグネシウムはアルミニウムと比較した場合，結晶構造は最密六方晶（HCP）となっている（アルミニウム

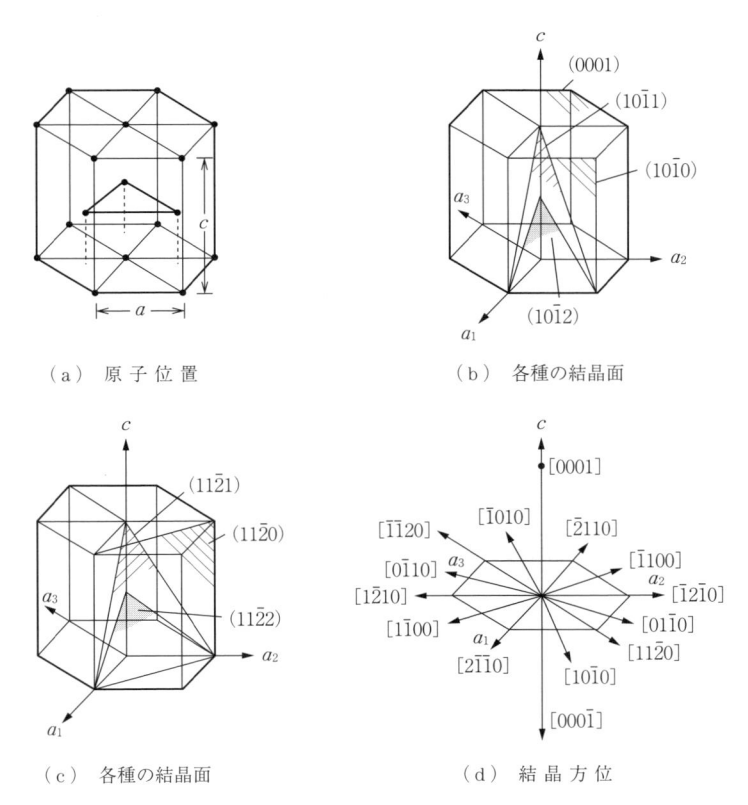

(a) 原子位置

(b) 各種の結晶面

(c) 各種の結晶面

(d) 結晶方位

図 3.1 最密六方晶の原子位置と代表的な結晶面および結晶方位[2]

は面心立方晶 FCC)。HCP の原子位置と代表的な結晶面および結晶方位を**図 3.1**に示す。また，マグネシウムのすべり系を**図 3.2**に示す。

(a)
(0001) ⟨11$\bar{2}$0⟩
底面すべり

(b)
(10$\bar{1}$0) ⟨11$\bar{2}$0⟩
柱面すべり

(c)
(10$\bar{1}$1) ⟨11$\bar{2}$0⟩

(d)
(11$\bar{2}$2) ⟨11$\bar{2}$3⟩

錐面すべり

非底面すべり

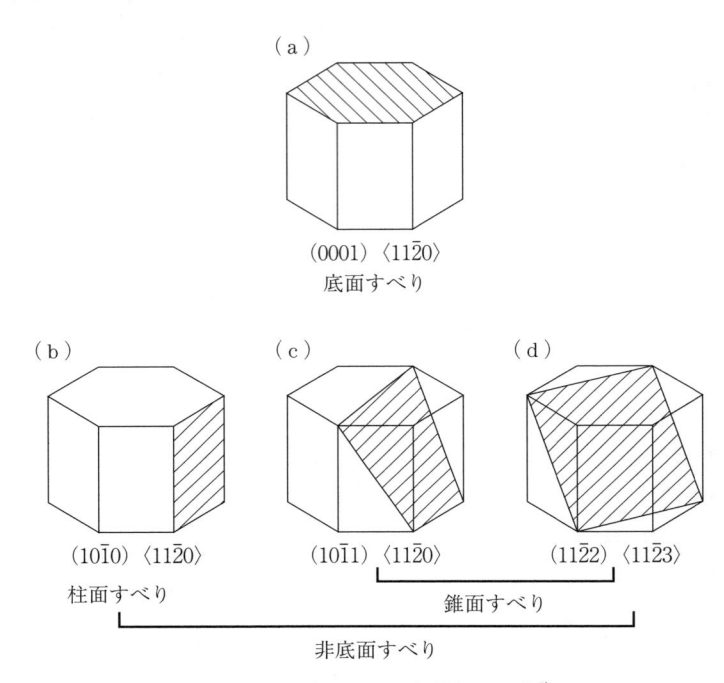

図 3.2 マグネシウムの各種すべり系[3]

これらのすべり系の中で，底面すべりは最も起こりやすく（臨界せん断応力が小さい），非底面すべりは室温など低温側では起こりにくい。ただし，高温になると非底面すべりも起こりやすくなる。これらの関係を**図 3.3**に示す。したがって，室温などの低温側ではすべり系が限定されており，このために塑性加工が困難となる。

図 3.4にマグネシウムの耐くぼみ性の特徴をアルミニウムおよび低炭素鋼と比較して示す。マグネシウム合金（Mg-Al-Zn 合金）の落下おもりによるくぼみ深さは，アルミニウム合金（Al-Mn，Al-Mg，Al-Mg-Si 合金）や低炭素鋼よりも小さく，耐くぼみ性に優れていることがわかる。

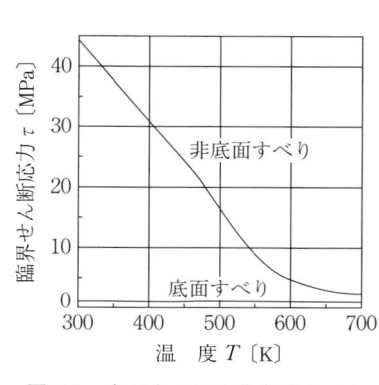

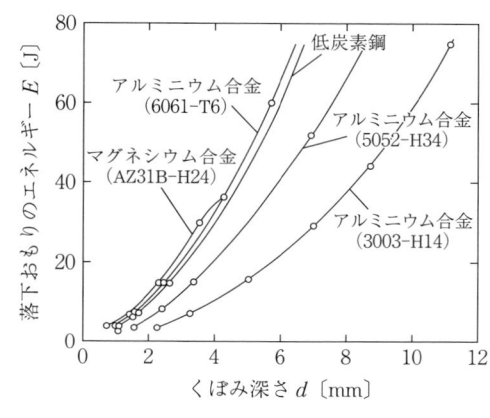

図3.3 底面すべりと非底面すべりの臨界せん断応力の温度依存性

図3.4 落下おもりのエネルギーとくぼみ深さの関係（板厚：1 mm，スパン：76 mm）[4]

3.2 マグネシウムの用途例および需要

　マグネシウムあるいはマグネシウム合金は自動車用，家庭用電気機器，携帯電子部品，航空宇宙用材料として広く使用されている。**図3.5～図3.7**に用途例をいくつか示す。また，**表3.2**に各種用途例を示す。これらの用途例の多くがマグネシウムのもつ軽量性の利点を生かしている。

　図3.8に日本におけるこれまでのマグネシウム地金需要の推移を示す。最近では年間5万トン近い需要となっている。アルミニウムに比べると2桁程度低いものの着実な需要量の伸びを示している。世界のマグネシウム地金の用途別構成を**図3.9**に示す。マグネシウムが直接素材として使用されているのは圧倒的にダイカスト用が多い。押出加工などの展伸材として使用されている割合は，まだ少ないといえる。一方，マグネシウムはアルミニウム合金の主要な合金成分として使用されており，図3.9に示すように40％以上となっている。また，鉄鋼業の製鋼脱硫や化学還元剤にも多く使われている。ただし，工業材料としてのマグネシウムの特徴を考慮すれば，マグネシウム合金そのものの素材としての利用が今後増大するものと考えられる。

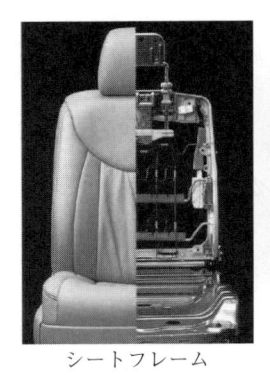

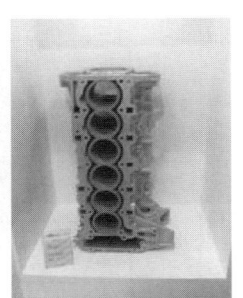

シートフレーム　　　オイルパン　　　エンジンブロック

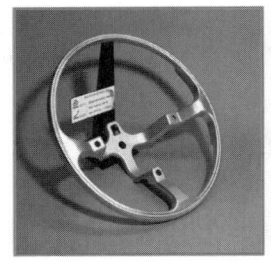

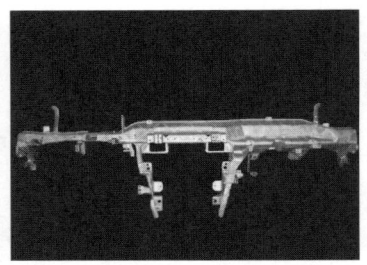

ハンドル　　　ステアリングメンバ

図3.5 マグネシウムの用途例（自動車用）（日本マグネシウム協会 提供）

図3.6 マグネシウムの用途例（家庭用電気機器，携帯電子部品）
（日本マグネシウム協会 提供）

3.2 マグネシウムの用途例および需要　　105

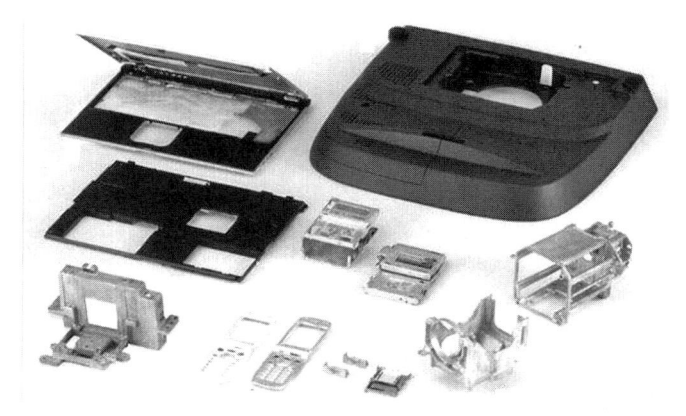

図3.7 マグネシウムの用途例（マグネシウムダイカスト）
（日本ダイカスト協会 提供）

表3.2 マグネシウム合金の用途

用途分野	用途部品・製品	合　金
航空・宇宙	ジェットエンジン部品，車輪，窓枠，人工衛星フレーム，ヘリコプター部品	ZK51A QE22A AZ32A
原子力	燃料被覆材	AZ92A EZ33A HK31A
陸上輸送機器	自動車・二輪車・雪上車などのクランクケース，ギヤボックス，カバー類，車輪，自転車のフレーム，ハブ	AZ63A AZ91，AZ92A AS41 AM100A
荷役機器	運搬車，パレット，ドックポート，手押車	AZ91 AZ31
工業機械・工具	工作用治具，定盤，水準器，機械部品，捺染枠，印刷ロール，印刷板，紡績機レバー	AZ63A AZ91
電気・通信機器	携帯無線受発信機ボディ，電気ドリルのハウジング，電算機部品，ステレオピックアップ，スピーカフレーム，海難救助電池，VTR部品	AZ91
農林鉱業機械	チェーンソー・農薬散粉機・芝刈機・さく岩機・釘打機のクランクケースハウジング，燃料タンク，コンクリートカッタのメインケース・カバー類	AZ63A AZ51A AZ91
事務用機器	タイプライタ・テレックス・複写機のハウジング類，パソコンのハウジング	AZ63A AZ91
光学用機器	カメラ・映写機　双眼鏡のボディ・テレビカメラのフレーム，鏡筒，引伸機	AZ63A AZ91
レジャー・スポーツ用品	野球バット，キャッチャマスク，テニスラケット，洋弓ハンドル，ゴルフ道具運搬車，釣用リール，スキー靴，バドミントンジョイント	AZ63A AZ91
雑貨・その他	カバンのフレーム，椅子，キャタツ，ライター，鉛筆削，鋳枠，車椅子のフレーム，義足，ペーパナイフ，発火石	AZ31，AZ81 AZ91 AZ63A

106   3. マグネシウムおよびその合金

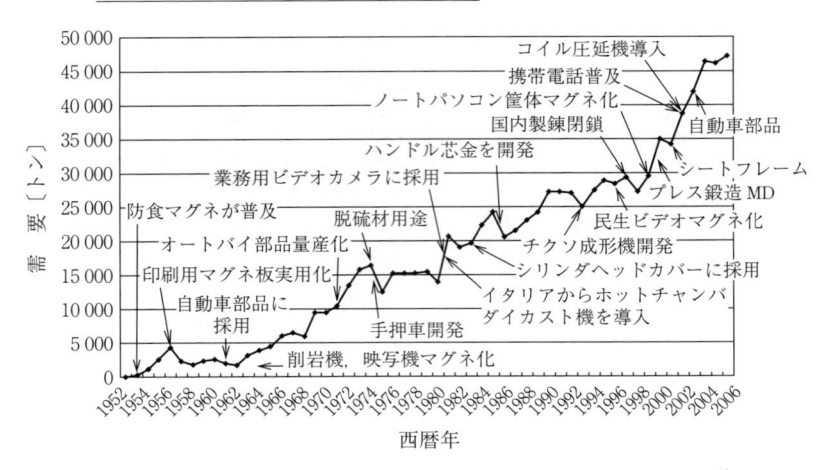

図 3.8 日本における 1950 年以降のマグネシウム地金需要の推移 [5]

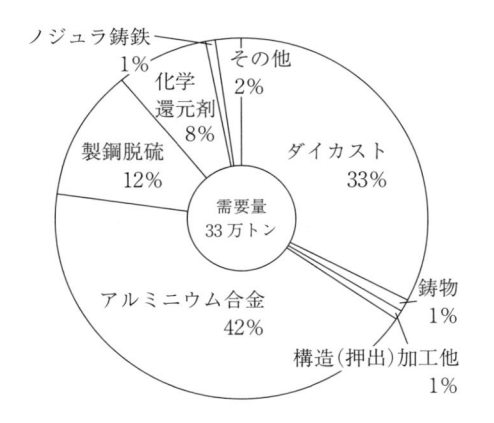

図 3.9 世界のマグネシウム地金用途別構成(2001 年) [6]

3.3 マグネシウムの製造

　これまでにマグネシウムの各種製錬法が工業的に開発されている。製錬法を図 3.10 に示す。大別すると，熱還元法と電解法に分けられる。
　〔1〕**熱還元法**　　熱還元法は，さらに炭素還元法，カーバイト還元法，アルミニウム還元法，ケイ素還元法などに分類される。これらのうち，ケイ素

3.3 マグネシウムの製造

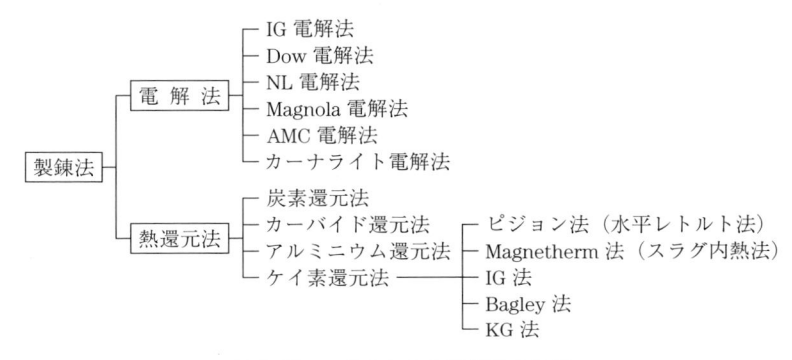

```
               ┌─ IG 電解法
               ├─ Dow 電解法
       ┌ 電解法 ┼─ NL 電解法
       │       ├─ Magnola 電解法
       │       ├─ AMC 電解法
       │       └─ カーナライト電解法
製錬法 ┤
       │       ┌─ 炭素還元法
       │       ├─ カーバイド還元法        ┌─ ピジョン法（水平レトルト法）
       └ 熱還元法┼─ アルミニウム還元法    ├─ Magnetherm 法（スラグ内熱法）
               └─ ケイ素還元法 ─────────┼─ IG 法
                                        ├─ Bagley 法
                                        └─ KG 法
```

図 3.10 マグネシウム製錬法の分類

還元法のピジョン法（Pidgeon法）が最も有名であり，世界的に広く利用されている。ピジョン法の流れを**図 3.11**に示す。この方法は原料にドロマイトを用い，焼成して焼成ドロマイトとする。または，海水から得た MgO に生石灰

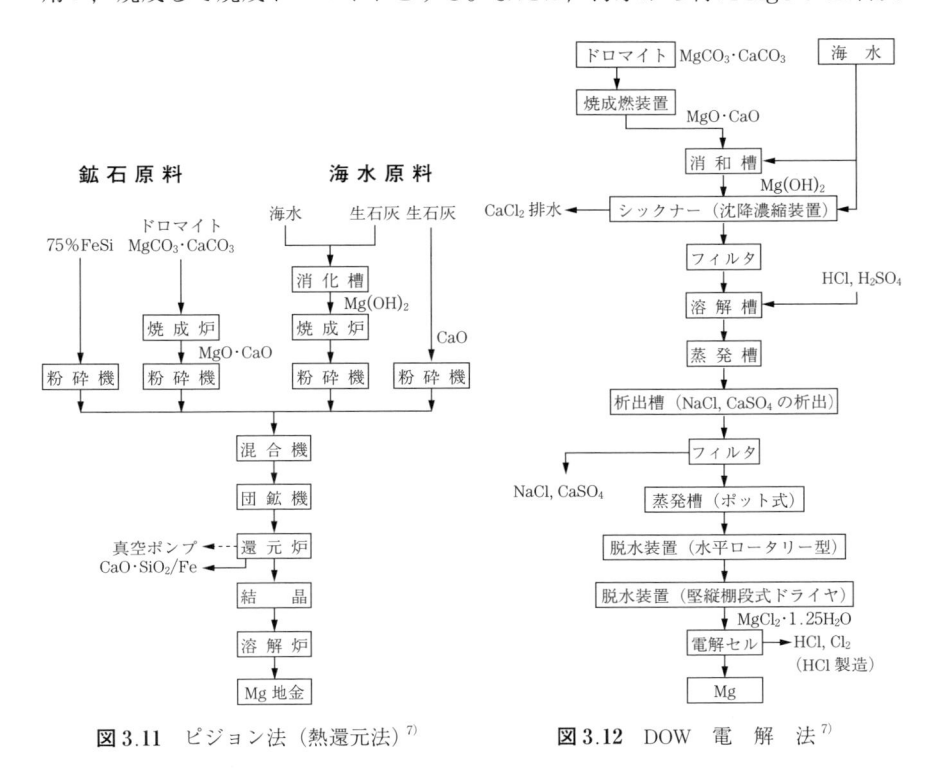

図 3.11 ピジョン法（熱還元法）[7]

図 3.12 DOW 電 解 法[7]

を加えた合成ドロマイトに還元剤としてフェロシリコンを混合して団鉱（ブリケット）をつくり，これを真空中で加熱還元し，生成したマグネシウム蒸気を得る方法である．

〔2〕 **電 解 法**　電解法の代表的なものに Dow 法がある．希薄な $MgCl_2$ 溶液を濃縮して $MgCl_2$ の含水塩粉末とし，さらに脱水して $MgCl_2 \cdot 1.25H_2O$ の組成としてこれを電解し，マグネシウムを得る大量生産方法の技術である（**図 3.12**）．

3.4　マグネシウム合金の分類

マグネシウムには，Al, Zn, Mn, Zr（ジルコニウム）など種々の元素が添加される．各元素をアメリカの ASTM 規格では記号として表し，合金の種類が簡便にわかるようにしている．**表 3.3** に各種合金元素名，記号および添加目的を示す．

表 3.3　マグネシウム合金に添加される主要元素と添加目的 [8]

元素名	記号	添加目的	備考
アルミニウム	A	鋳造性，機械的性質および耐食性の改善	最も一般的な添加元素，1～9%添加，晶出物（$Mg_{17}Al_{12}$；β 相）の分散強化による強度および耐食性の改善，Al 含有量の増加により伸びおよび衝撃値が低下する．
銅	C	機械的性質の改善	添加による耐食性劣化の恐れあり
トリウム	H	結晶粒の微細化，機械的性質および耐熱強度の改善	Zr との共存で結晶粒微細化
ストロンチウム	J	耐熱強度の改善	Al_4Sr 相の晶出，高温鋳造
ジルコニウム	K	結晶粒の微細化，熱間加工性の改善	Al 含有合金では結晶粒粗大化
リチウム	L	結晶構造の変換，軽量化	高酸化性
マンガン	M	耐食性の改善	Al と化合物を形成，その中へ Fe, Ni および Cr を固溶，安全な添加範囲は 1% 以下，(Fe + Ni + Cr)/Mn 比を一定値にすることが重要
銀	Q	耐熱強度の改善	
希土類	E	機械的性質および耐熱強度の改善，耐食性が若干向上	古くからの耐クリープ成分であり，0.1～4% 添加（$Mg_{12}Ce$ 相の晶出）．重希土類元素（La, Ce, Pr, Nd, Gd など）の効果は大
ケイ素	S	鋳造性，耐熱強度およびクリープ強度の改善	金属間化合物 Mg_2Si 相を形成して結晶粒界に微細に分散，Al 含有量が少ないほど効果大
スズ	T	機械的性質，クリープ強度および耐食性の改善	Mg_2Sn の晶出，鋳造性劣化
ガドリニウム	V	機械的性質の改善	新しく発見された添加元素
イットリウム	W	結晶粒の微細化，耐熱強度の改善	Zr との共存で効果大
カルシウム	X	クリープ強度の改善，燃焼防止	熱間割れおよび焼付き増加，鋳造性およびリサイクル性の低下
亜鉛	Z	鋳造性，機械的性質および耐食性の改善	2～5% の含有で鋳造割れ感受性が顕著

3.4 マグネシウム合金の分類

マグネシウム合金では Al や Zn が一般に広く添加されている。**表 3.4**に代表的な合金系，合金記号（ASTM，JIS）を示す。ASTM の記号は成分がわかりやすいため，国際的に広く使われている。

表 3.4 各種マグネシウム合金系と合金記号（ASTM および JIS）

合 金 系	ASTM 記号	JIS 記号
Mg-Al	AM60A AM60B AM100A	MD2A MD2B MC5
Mg-Al-Zn	AZ63A AZ81A AZ91A AZ91B AZ91C AZ91D AZ91E AZ92A	MC1 — MDC1A MDC1B MC2 MD1D MC2B MC3
Mg-Zn-Zr	ZK51A ZK61A	MC6 MC7
Mg-Zn-RE	EZ33A ZE41A	MC8 MC10
Mg-Th	HK31A HZ32A ZH62A	— — —
Mg-Ag	QE22A	MC9
Mg-Al-Si	AS41A	MD3A
Mg-Zr	K1A	—

〔補足〕 元素の対応記号
Al：A，Zn：Z，Zr：K，Mn：M，RE：E，Th：H，Ag：Q，
Si：S，Li：L，Y：W

ASTM による合金名は，主要金属元素の元素記号の頭文字と合金元素量（質量％）を用いて表示される。例えば，AZ91D 合金の場合，アルミニウム（Al）を 9％，亜鉛（Zn）を 1％含むことを意味し，最後の「D」は開発された順番を示している。

3.4.1 展伸用合金

マグネシウムには，その結晶構造から常温での塑性加工性が劣るため展伸材にはほとんど合金が用いられる。**表 3.5** に展伸用マグネシウム合金の合金名，質別および特色を示す。表に示されるように，展伸材としては Mg-Al-Zn 系，Mg-Zn-Zr 系および Mg-Mn 系が主要な合金系である。この他に，耐熱性を改

表3.5 ASTMの展伸用マグネシウム合金の特色[9]

区分	合金名 ASTM	合金名 JIS相当合金	質別	合金の特色
板材	AZ31B	—	H24	中程度の強度をもつ。
板材	ZM21	—	O	成形性および減衰能に優れる。
板材	ZM21	—	H24	中程度の強度をもつ。
押出棒材・形材	AZ10A	—	F	中程度の強度をもち,低コストである。
押出棒材・形材	AZ31B	—	F	中程度の強度をもつ。
押出棒材・形材	AZ31C	MB1, MS1	F	中程度の強度をもつ。
押出棒材・形材	AZ61A	MB2, MS2	F	強度に優れ,コストは中程度である。
押出棒材・形材	AZ80A	MB3, MS3	T5	強度がAZ61A-F材より優れる。
押出棒材・形材	M1A	—	F	低強度から中程度強度まで幅があり,耐食性および減衰能に優れる。
押出棒材・形材	ZC71A	—	T6	強度および延性に優れ,コストは中程度である。
押出棒材・形材	ZK21A	—	F	中程度の強度をもち,溶接性に優れる。
押出棒材・形材	ZK31	—	T5	高強度であり,溶接性は中程度である。
押出棒材・形材	ZK40A	—	T5	高強度であり,ZK60Aより押出性に優れる。溶接はできない。
押出棒材・形材	ZK60A	MB6, MS6	T5	高強度であるが,溶接はできない。
押出棒材・形材	ZM21	—	F	中程度の強度であり,成形性および減衰能に優れる。
鍛造材	AZ31B	—	F	中程度の強度をもち,成形性に優れる。自由鍛造はほとんど行われず。
鍛造材	AZ61A	—	F	強度がAZ31B-F材より優れる。
鍛造材	AZ80A	—	T5	強度がAZ61A-F材より優れる。
鍛造材	AZ80A	—	T6	耐クリープ性がAZ80A-T5材より優れる。
鍛造材	M1A	—	F	耐食性に優れ,低強度から中程度の強度をもつ。自由鍛造はほとんど行われず。
鍛造材	ZK31	—	T5	高強度をもつ。溶接性は中程度である。
鍛造材	ZK60A	—	T5	強度はAZ80A-T5材と同一であるが,高延性である。
鍛造材	ZK61	—	T5	AZ60A-T5材と類似である。
鍛造材	ZM21	—	F	中程度の強度をもち,成形性および減衰能に優れる。

善したMg-希土類元素(RE)系,塑性加工性の改善を目的に結晶構造をHCPからBCCに変化させたMg-Li系合金がある。展伸用合金では,加工性を高めるため,添加量を若干少なくしている。

3.4.2 鋳物用・ダイカスト用合金

代表的な鋳造用合金としては，鋳造性と強度増大のために Al, Zn, 結晶粒微細化のために Zr, 耐熱性をもたせるために希土類元素が添加されている（**表3.6**）。

表3.6 ASTMのマグネシウム合金鋳物・ダイカストの特色 [10]

区分	合金名	質別	合金の特色
砂型・金型鋳物	AZ63A	T6	室温における強度，延性および靭性に優れる。
	AZ81A	T4	鋳造性，延性および耐圧性に優れる。
	AZ92A	T6	強度があり，耐圧性に優れる。
	HK31A	T6	鋳造性および 623 K までのクリープ特性に優れ，耐圧性がある。
	HZ32A	T5	鋳造性および 533 K までのクリープ特性が HK31A-T6 と同等以上。耐圧性がある。
	K1A	F	減衰能に優れる。
	QH21A	T6	鋳造性，延性および耐圧性に優れる。423 K までのクリープ特性と耐力および耐圧性に優れる。
	ZE63A	T6	特に，強度，薄肉，欠陥のない鋳物の製造に使用する。
	ZH62A	T5	高温における耐力に優れる。
ダイカスト	AE42	F	強度および 423 K までのクリープ特性に優れる。
	AM60A	F	AM50A-F に類似の特性をもつが，強度はわずかに優れる。
	AS41A	F	AS21-F と類似の特性をもつ。降伏強さおよびクリープ特性は劣るが，鋳造性および強度は優れる。
	AZ91A	F	鋳造性に特に優れ，耐力にも優れる。

用途からは，以下のように分類される。

一般構造用合金：Mg-Al 系合金（AM 系），　Mg-Al-Zn 系（AZ 系）
高　力　合　金：Mg-Zn-Zr 系合金（ZK 系），Mg-Cu-Zn 系合金（ZC 系）
耐 熱 性 合 金：Mg-RE-Zr 系合金（EZ 系），Mg-Zr-RE-Ag 系合金（QE 系）
　　　　　　　　Mg-Y-RE 系合金（WE 系），Mg-Al-Si 系合金（AS 系）
　　　　　　　　Mg-Al-RE 系合金（AE 系）
制　振　合　金：Mg-Mn 系合金（M 系）

112   3. マグネシウムおよびその合金

　ダイカスト用合金の場合も，鋳造性，機械的性質および耐食性の改善のために Al および Mn を添加している（**表3.7**）。また，その他の合金元素としては Zn，Si，RE が添加されている。以下に代表的なダイカスト用合金系を示す。

　　Mg-Al-Zn 系：AZ91A，AZ91B，AZ91D

　　Mg-Al-Mn 系：AM20A，AM50A，AM60A，AM60B

　　Mg-Al-Si 系：AS21，AS41A，AS41B

　　Mg-Al-RE 系：AE42

表3.7 マグネシウム合金ダイカストの種類と記号 [11]

種　　類	記　号	ASTM 相当合金	合金の特色	使用部品例
マグネシウム合金ダイカスト1種B	MDC1B	AZ91B	耐食性は1種Dよりやや劣る。機械的性質がよい。	チェーンソー，ビデオ機器，音響機器，スポーツ用品，自動車，OA機器，コンピュータなどの部品，その他汎用部品
マグネシウム合金ダイカスト1種D	MDC1D	AZ91D	耐食性に優れる。その他の特性は1種Bと同等	
マグネシウム合金ダイカスト2種B	MDC2B	AM60B	伸びおよび靭性に優れる。鋳造性がやや劣る。	自動車部品，スポーツ用品
マグネシウム合金ダイカスト3種B	MDC3B	AS41B	高強度に優れる。鋳造性がやや劣る。	自動車エンジン用部品
マグネシウム合金ダイカスト4種	MDC4	AM50A	伸びおよび靭性に優れる。鋳造性がやや劣る。	自動車部品，スポーツ用品
マグネシウム合金ダイカスト5種	MDC5	AM20A	伸びおよび靭性に優れる。	自動車部品
マグネシウム合金ダイカスト6種	MDC6	AM21A	高強度に優れる。鋳造性がやや劣る。	自動車エンジン用部品

3.5　マグネシウムの調質

　マグネシウムおよびその合金の熱処理はアルミニウム合金と同様に，多岐にわたっている。現在，JIS あるいは ASTM の質別記号が用いられている。これは基本的にはアルミニウムの場合と同様である。

3.6 代表的製造プロセスと関連現象，およびミクロ組織の特徴

〔1〕 **展伸用合金**　各種展伸加工用素材として，ビレットが広く使用されている。耐食性で問題となる不純物や介在物の混入を避け，また，塑性加工性向上のために結晶粒を微細化することが求められる。ビレットはアルミニウム合金同様に半連続鋳造法により製造される。図2.18に半連続鋳造法（DC鋳造法）の概略を示す。これにより，φ6～12インチのビレットが作製されている。一方，**図3.13**にマグネシウム板の圧延工程例を示す。合金溶湯からホットコイルを製造し，仕上げ圧延を経て幅切断および表面仕上げを行い，製品コイルとする。仕上げ圧延は，一般的に材料温度で約200℃以上の熱間で行われる。

〔2〕 **鋳物・ダイカスト用合金**　マグネシウムの鋳造法には各種のものが

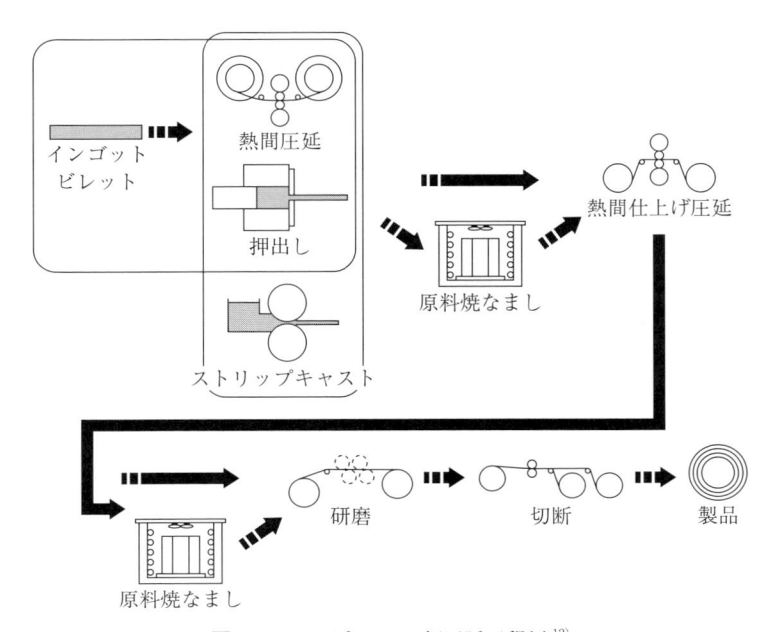

図3.13 マグネシウム板圧延工程例[12]

ある。鋳型の差異から，砂型鋳造法，金型鋳造法，シェルモールド法，石膏鋳造法，ロストワックス法などがある。また，注湯法の差異から，重力鋳造法，低圧鋳造法，ダイカスト法などがある。

（1）**砂型鋳造法**　鋳型に砂を用いる。そのため，大型製品を比較的容易につくることが可能である。また，鋳造後に鋳型を壊して製品を取り出すため，製品形状の自由度が高い。ただし，鋳型を壊すため鋳型の再利用はできず，少量生産に適する方法である（図2.30に砂型鋳造法の概略図を示す）。

（2）**ダイカスト**　ダイカストは，精密な金型（ダイス）に溶融合金を圧入して高精度で鋳肌の優れた鋳物を，短時間に大量生産する鋳造方式である。ダイカストマシンは，一般にコールドチャンバマシンとホットチャンバマシンの2種類に分類される。ダイカストマシンの構成を図2.32に示す。

（3）**チクソモールディング**　マグネシウム合金の新しい成形法の観点から，半溶融スラリーを射出成形するプロセスが開発されている。半溶融金属のチクソトロピー性とインジェクションモールディングを合わせてチクソモールディング法と呼ばれている。チクソモールディング法ではマグネシウム合金を液相線温度以下の半溶融スラリーの状態で射出成形することが可能である。**図3.14**にチクソモールディング成形機の構造を示す。スクリューによってせん断加工が加えられた半溶融スラリーはチクソトロピー性によって流動性に富

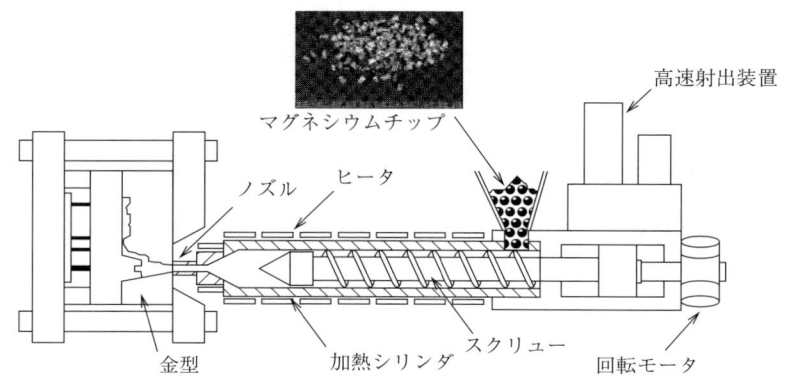

図3.14　マグネシウム射出成形機（チクソモールディング成形機）の構造[13]

み，これを射出成形法によって成形することで成形品へのガスの巻込みを最小限にとどめることができる。

（4） 製造コストと品質　各種製造プロセスにおけるコストと品質（靱性）の位置づけを**図 3.15** に模式的に示す。ダイカストは低コストであるが，品質としては，通常，低い状態にある。一方，真空ダイカストやスクイズキャスティングはコストは増大するが，品質は向上する。また，半凝固・半溶融加工プロセスは高品質が得られる手法であることがわかる。鍛造は高い品質が得られるが，コストは高くなる。現状では，マグネシウム合金の多くはダイカスト法により製造されている。高品質へのニーズが高まってくれば，種々の製造プロセスが利用されるものと考えられる。

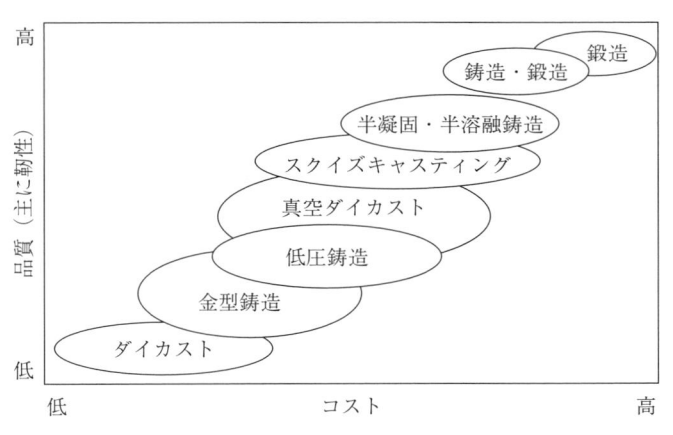

図 3.15　コストと品質面から見た各種製造プロセスの位置づけ

3.7　製造工程における基礎現象およびミクロ組織

マグネシウム合金では，大部分が Mg-Al 系（AM 系）および Mg-Al-Zn（AZ 系）合金であり，これらの合金系の状態図の特徴をまず見る。

3.7.1 Mg-Al, Mg-Al-Zn 合金状態図

Mg-Al 二元系状態図を**図 3.16** に示す。Mg 側の状態図より，Mg 中に Al は最大 12.7％固溶すること，共晶温度は 710 K（437℃）であることがわかる。また，α-Mg 相と平衡する相は $Mg_{17}Al_{12}$ 化合物相であり，共晶組成は 32.3％である。$Mg_{17}Al_{12}$ 相は平衡相であり，特に，準安定相は認められていない。Mg 中の Al の固溶度が大きいことが合金元素として Al が有用であることと関係している。

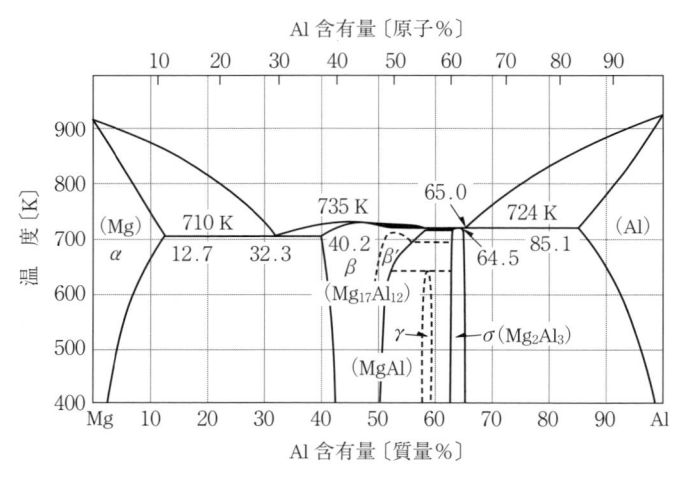

図 3.16 Mg-Al 二元系状態図

図 3.17 に Mg-Al-Zn 系液相面，**図 3.18** に 25℃における相関係，**図 3.19** に溶解度面を示す。**図 3.20** に示すマグネシウム側の常温における相関係から，合金中の Al と Zn の量によって第 2 相の化合物 $Mg_{17}Al_{12}$ や $Mg_{32}(Al, Zn)_{49}$ や MgZn が単独または複数で関係する。これらの合金の相関係を**図 3.21** に示す。これより，AZ63A 以外のすべての合金は第 2 相として $Mg_{17}Al_{12}$ が関係するが，AZ63A は $Mg_{17}Al_{12}$ と $Mg_{32}(Al, Zn)_{49}$ が関係することがわかる。

3.7 製造工程における基礎現象およびミクロ組織   117

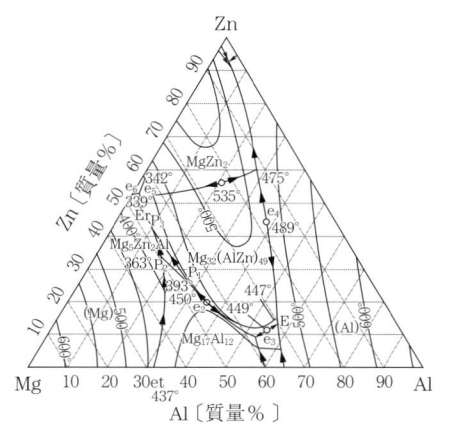

図 3.17　Mg-Al-Zn 系状態図（液相面）[14]

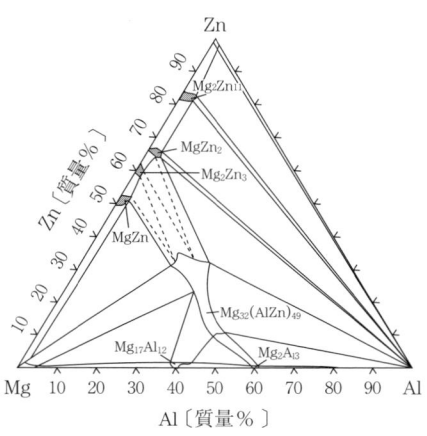

図 3.18　Mg-Al-Zn 系状態図（25℃等温切断面）[14]

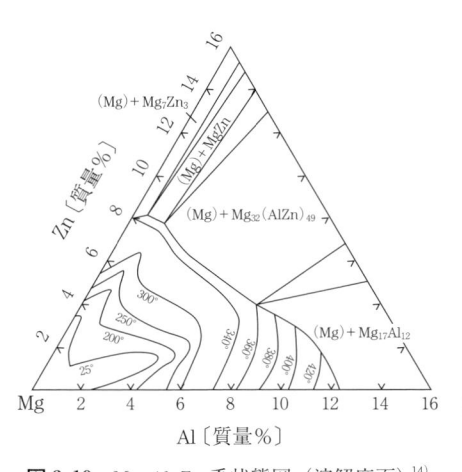

図 3.19　Mg-Al-Zn 系状態図（溶解度面）[14]

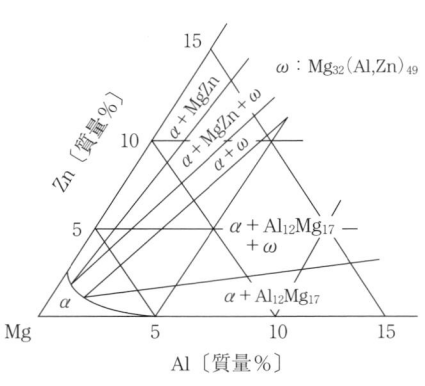

図 3.20　Mg-Al-Zn 系状態図（マグネシウム側の常温における相範囲）[14]

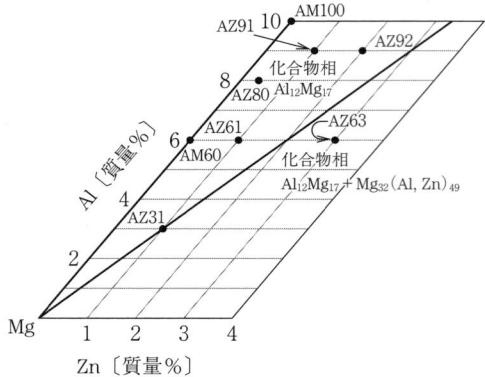

図3.21 Mg-Al系およびMg-Al-Zn系合金組成に対する相の区分[14]

3.7.2 回復・再結晶

〔1〕**加工硬化,回復・再結晶**　図3.22に純マグネシウム,Mg-ZnおよびMg-Al合金を10%冷間圧延後,焼なましたときの軟化曲線を示す。これらの合金では100〜150℃の温度で軟化が起こる。表3.8に実用合金の再結晶温度を示す。また,表3.9に実用合金の焼なまし温度の例を示す。なお,参考までに,残留応力除去の熱処理条件についても表3.10に示す。

〔2〕**結晶粒の微細化**　加工と焼なましにより再結晶を起こさせ,結晶粒を微細にすることができる。図3.23にAZ31合金について,各冷間加工(冷

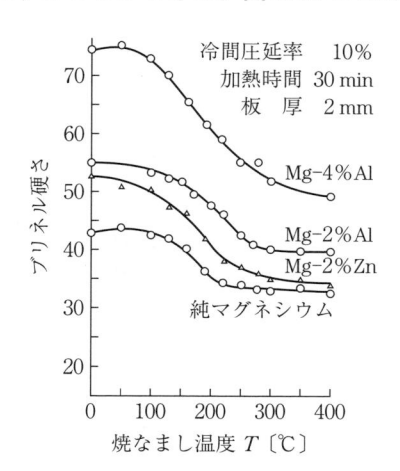

図3.22 マグネシウム板の等時焼なまし曲線[15]

表3.8 実用マグネシウム合金の再結晶温度

合　金	冷間圧延率〔％〕	再結晶温度〔℃〕	焼なまし時間〔h〕
AZ31B, AZ31C	15	205	1
AZ61	20	288	1
AZ80A	10	345	1
M1A	20	260	1

表3.9 各種展伸用マグネシウム合金の焼なまし温度

合　金　名	焼なまし温度〔℃〕
AZ31B, AZ31C	345
AZ61A	345
AZ80A	385
ZK60A	290

表3.10 各種展伸用マグネシウム合金の残留応力除去熱処理

合　金　名	熱　処　理	
	温度〔℃〕	時間〔min〕
板　材		
AZ31B-O	345	120
AZ31B-H24	150	60
押出材		
AZ31B-F	260	15
AZ61A-F	260	15
AZ80A-F	260	15
AZ80A-T5	200	60
ZC71A-T5	330	60
ZK21A-F	200	60
ZK60A-F	260	15
ZK60A-T5	150	60

間圧延）後に400℃で焼なまししたときの結晶粒径を示す。これより，冷間圧延率が増大するほど結晶粒径は急激に小さくなり，平均粒径が約4μm以下の微細粒が得られることがわかる。また，40％および62％の圧延後に焼なまししたときの結晶粒組織を示す。62％圧延，焼なまし材で均一に微細な結晶粒が得られることがわかる。

図3.24に純マグネシウムおよびMg-2％Al合金の0.2％耐力と$d^{-1/2}$の関係を示す。いずれの温度においても両者には直線関係があり，ホール・ペッチの関係が成り立っている。また，低温ほど直線の傾きが大きくなる。**図3.25**にマグネシウムの伸びの結晶粒径依存性を示す。結晶粒径が小さくなると，伸びが著しく増大することがわかる。すなわち，結晶粒径を小さくすることは強度

120   3. マグネシウムおよびその合金

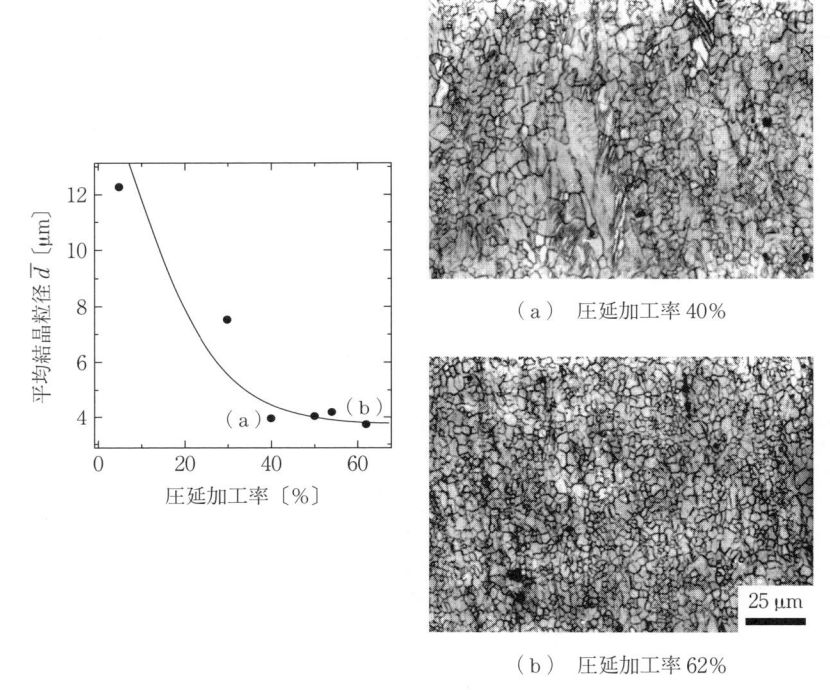

（a）　圧延加工率 40 %

（b）　圧延加工率 62 %

25 μm

図 3.23　AZ31 マグネシウム合金の圧延加工率と平均結晶粒径の関係

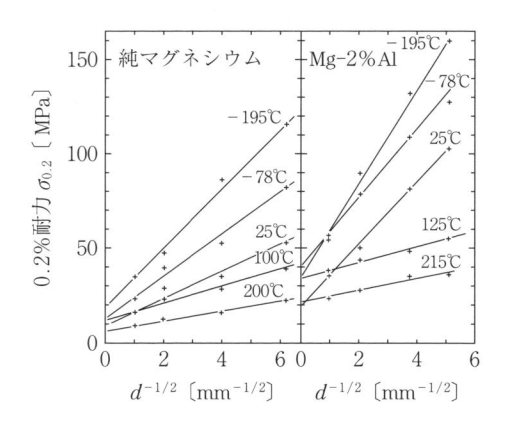

図 3.24　純マグネシウムおよび Mg-2%Al 合金の 0.2 % 耐力の結晶粒径依存性 [16]

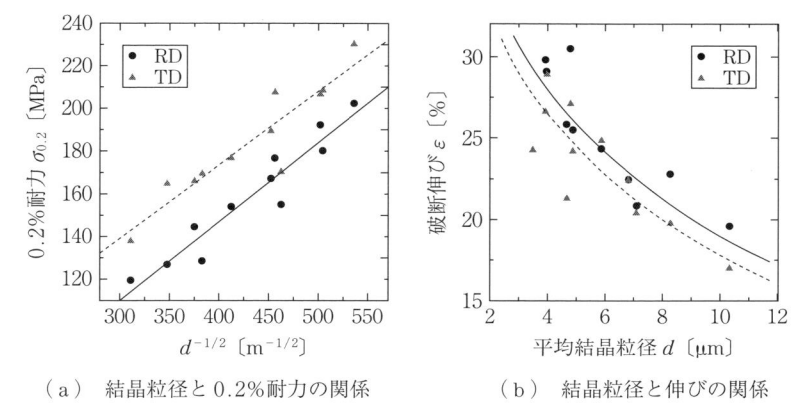

3.7 製造工程における基礎現象およびミクロ組織　*121*

（a）結晶粒径と0.2%耐力の関係　　　　（b）結晶粒径と伸びの関係

図 3.25　AZ31マグネシウム合金の結晶粒径と0.2%耐力および伸びの関係
（RD：圧延方向，TD：圧延横方向）

と伸びの両方の増大に有効である。

3.7.3　熱処理および時効挙動

各種実用マグネシウム合金，すなわち，鋳造用合金および展伸用合金（押出用合金）の熱処理を**表 3.11**に示す。ここで，質別記号Tは熱処理を示し，以下の処理状態に対応する。

T4：溶体化処理後，自然時効した状態

T5：高温の製造工程から冷却後，人工時効した状態

T6：溶体化処理後，人工時効した状態（T61処理はT6処理をさらに調整した状態）

なお，F材は製造のままのものを示す。さらに，各種実用合金の具体的な熱処理条件（溶体化処理条件，時効処理条件）を**表 3.12**に示す。

〔1〕**溶体化処理**　　合金元素の偏析を解消し，溶質元素の十分な固溶を確保するために行う。溶体化温度は共晶温度直下の温度とするのがよい。溶体化温度が高くなると共晶融解などが起こり，膨れやボイドが発生するため注意が必要である。溶体化温度までの昇温はゆっくりとし，過熱による部分溶解などが起こらないように注意する。昇温時間は製品の大きさや肉厚，合金成分など

表3.11 各種マグネシウム合金の熱処理

合金名	熱処理			
鋳造合金				
AM100A	T4	T5	T6	T61
AZ63A	T4	T5	T6	
AZ81A	T4			
AZ91C	T4		T6	
AZ92A	T4		T6	
EZ33A		T5		
EQ21A			T6	
QE22A			T6	
WE43A			T6	
WE54A			T6	
ZC63A			T6	
ZE41A		T5		
ZE63A			T6	
ZK51A		T5		
ZK61A	T4		T6	
押出合金				
AZ80A		T5		
ZC71A		T5	T6	
ZK60A		T5		

表3.12 各種マグネシウム合金の熱処理温度および時間

合金名	調質	溶体化処理 温度〔℃〕	溶体化処理 時間〔h〕	時効処理 温度〔℃〕	時効処理 時間〔h〕	合金名	調質	溶体化処理 温度〔℃〕	溶体化処理 時間〔h〕	時効処理 温度〔℃〕	時効処理 時間〔h〕
鋳造合金 AM100A	T4 T6 T61 T5	424	16-24	232 218 232	5 25 5	QE22A	T6	525	4-8	204	8
						WE43A	T6	525	4-8	250	16
						WE54A	T6	527	4-8	250	16
AZ63A	T4 T6 T5	385	10-14	218 260	5 4	ZC63A	T6	440	4-8	200	16
						ZE41A	T5			329	2
						ZE63A	T6	480	10-72	141	48
AZ81A	T4	413	16-24			ZK51A	T5			177	12
AZ91C	T4 T6 T5	413	16-24	168 168	16 16	ZK61A	T6 T5	499	2	129 149	48 48
AZ92A	T4 T6 T5	407	16-24	218 260	5 4	押出合金 AZ80A	T5			177	16-24
						ZC71A	T6 T5	430	4-8	180 180	16 16
EZ33A	T5			175	16	ZK60A	T5			150	24
EQ21A	T6	520	4-8	200	16						

を考慮して決める。また，溶体化時間としては，非平衡相の溶解や偏析の解消に必要な時間とする。鋳造組織が微細であれば，短時間で所定の均一組織が得られるため，有利である。溶体化処理炉の温度および酸化防止の雰囲気には十分に注意する。マグネシウムは400℃以上の高い温度で長時間保持すると酸化が進行し，場合によっては発火することもある。そのため，酸化防止の雰囲気が必要である。

〔2〕 **焼入れ** マグネシウム合金製品は，通常，大気中で冷却が行われる。製品の肉厚が厚いときには強制空冷が必要となる。また，場合によっては，60～95℃の水に焼入れしたり，油焼入れをする。なお，焼入れによりひずみなどの発生がないように工夫する必要がある。

〔3〕 **時効析出処理** 過飽和固溶体から種々の析出を起こさせる目的で時効処理を施す。合金系や時効温度に依存してさまざまな相の析出現象が起こる。析出には各相のTTT曲線（C曲線）に析出が最も早く起こるノーズ温度がある。この温度を目安に時効温度を決める。なお，時効析出の基礎的現象については，2.6.4項〔2〕で述べた。

〔4〕 **各種マグネシウム合金の時効挙動** 合金の固溶度が温度の低下とともに減少する場合は過飽和状態を解消するため時効析出が起こる。時効析出過程や析出組織は合金系や時効温度，また，添加元素の有無などによって変化する。マグネシウム合金の時効析出過程は複雑な場合が多く，十分には解明されていない。以下に代表的なマグネシウム合金の時効析出過程を述べる。

（1） **Mg-Al系合金** Mg-Al二元合金の析出過程は

$$\alpha \rightarrow \beta \ (Mg_{17}Al_{12}) \tag{3.1}$$

であり，GPゾーンや中間相などの準安定相は形成されず，直接安定相が析出する。β相の結晶構造はBCCであり，結晶粒内に析出する連続析出と粒界反応型の不連続析出とにより形成される。それぞれの析出組織を**図3.26**に示す。β相はα-Mg母相の底面にラス状に析出し，不連続析出はノジュラー組織（またはセル状組織）を形成する。母相との方位関係は，連続析出では主として，$[111]_\beta \ // \ [2\bar{1}\bar{1}0]_{Mg}$，$[0\bar{1}1]_\beta \ // \ [0001]_{Mg}$であり，一部，$[2\bar{1}1]_\beta \ // \ [2\bar{1}\bar{1}0]_{Mg}$，$[11\bar{1}]_\beta \ //$

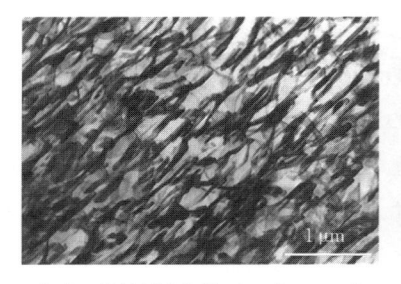

124   3. マグネシウムおよびその合金

(a) 連続析出組織（170℃，20 h） 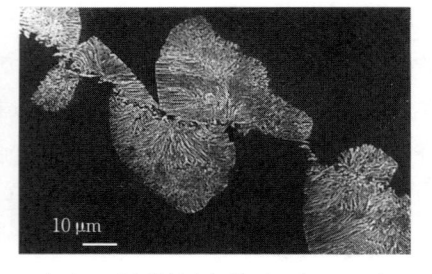　　　(b) 不連続析出組織（170℃，20 h）
図 3.26　Mg-9%Al 合金の連続析出組織と不連続析出組織 [17]

$[0001]_{Mg}$ の方位関係も存在する。一方，不連続析出は連続析出での主要な方位関係と類似の方位関係をもつものと，それ以外のものとが存在することが報告されている。Mg に Al を固溶させると格子ひずみが発生し，大きな固溶硬化が得られる。また，時効析出により顕著に時効硬化する。

図 3.27（a）に Mg-9%Al 合金の時効硬化曲線を示す。これは連続析出および不連続析出を含む平均硬さを示したものであり，おおむね S 字型の硬化となる。不連続析出領域のみの硬さを図（b）に示す。不連続析出は時効の比較的初期から起こるが，時効の進行とともに連続析出も生じ，両者は競合する。また，両析出形態はつねに共存するのではなく，組成および時効温度によって異なる。**図 3.28** に析出の C 曲線を示す。ノーズ温度はほぼ 230℃ であり，図 3.27 の時効硬化曲線において 523 K（250℃）で最も速く時効硬化することと対応する。

Mg-Al-Zn 合金（AZ91 合金）の時効硬化曲線の例を**図 3.29** に示す。この合金でも Zn 含有量は Al より少なく，基本的な析出過程は Mg-Al 二元合金と同一である。しかしながら，Mg-Al-Zn 合金では Mg-Al 合金に比べ，時効が促進され，また，強度もある程度増大する。さらに，AZ92 合金および AZ63 合金の種々の温度での時効硬化曲線を**図 3.30** に示す。また，Cu を微量添加すると時効硬化が促進される。これは，Cu が β 相 $Mg_{17}Al_{12}$ の核生成を促進するためと考えられている。Mg-Al 合金に Ca（カルシウム）あるいは Si を添加すると

3.7 製造工程における基礎現象およびミクロ組織

（a）時効硬化曲線

（b）ノジュール領域の硬さ

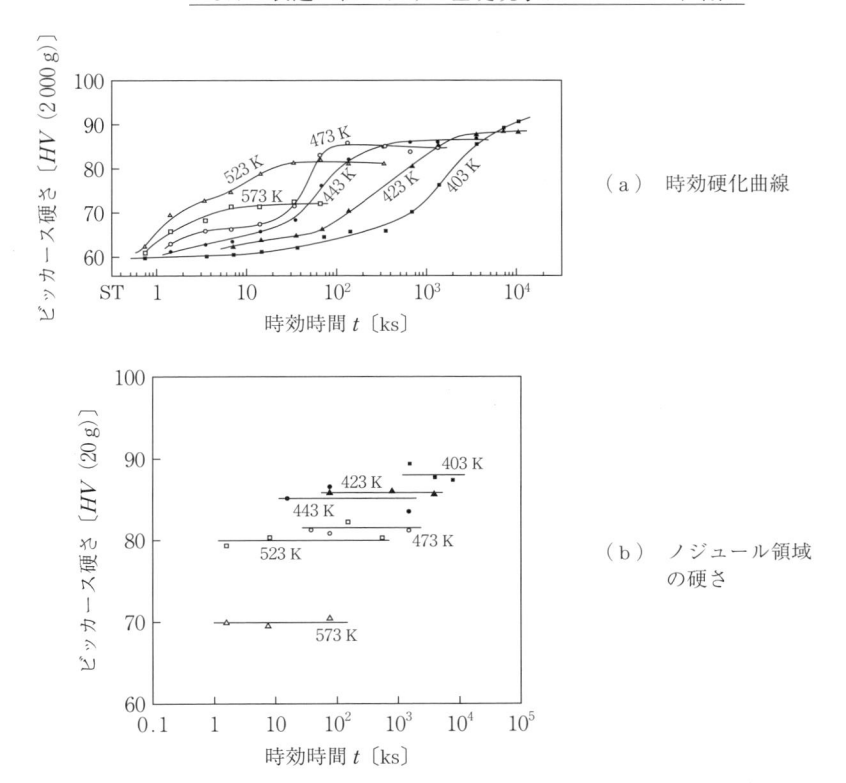

図 3.27 Mg-9%Al 合金の時効硬化曲線およびノジュール領域の硬さ[17]

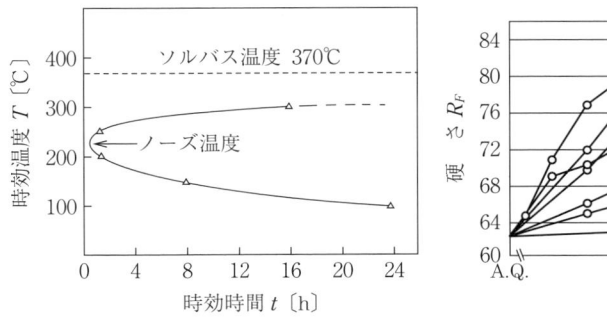

図 3.28 Mg-9%Al 合金の析出 C 曲線[18]

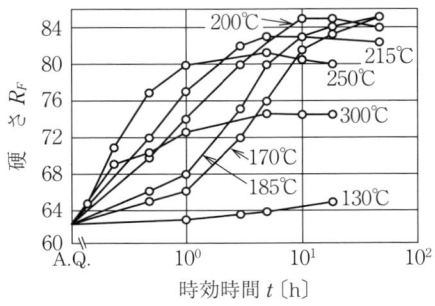

図 3.29 Mg-9%Al-1%Zn（AZ91）合金の時効硬化曲線[19]

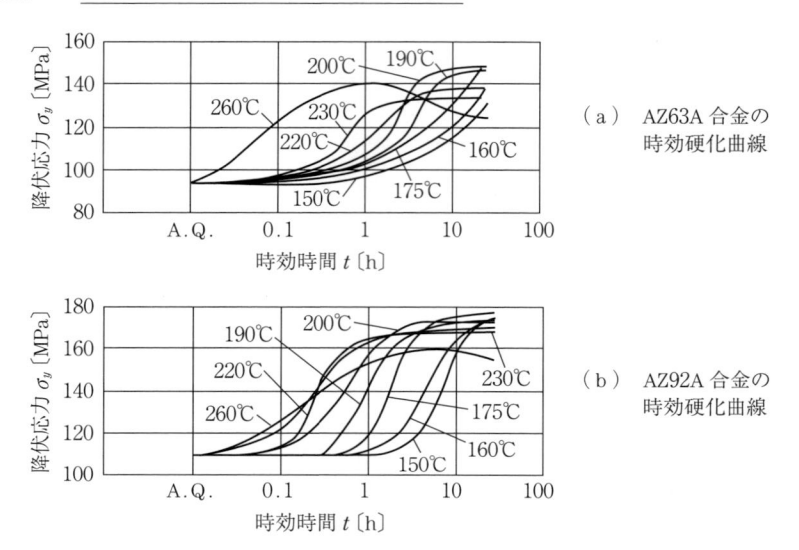

図 3.30 AZ63A 合金および AZ92A 合金の各温度における時効硬化曲線[20]

クリープ強度が増大する。これは，Mg_2Ca や Mg_2Si の析出によるものである。また，RE 元素を添加すると，比較的安定な組織が得られ，クリープ強度が増大する。

（2）**Mg-Zn 系合金**　Mg-Zn 二元合金の析出過程は

$$\alpha \rightarrow GP \text{ゾーン} \rightarrow \beta'_1 \rightarrow \beta'_2 \rightarrow \beta \tag{3.2}$$

となることが知られている。ここで

GP ゾーン：板状（整合），$\{0001\}_{Mg}$ 面上に析出

$\beta'_1(MgZn_2)$：棒状（整合），六方晶，$\{0001\}_{Mg}$ 面上に垂直，($a = 0.52$ nm, $c = 0.85$ nm)

$\beta'_2(MgZn_2)$：板状（半整合），$\{0001\}_{Mg}$ 面上に析出，$(11\bar{2}0)_{\beta2'} // (10\bar{1}0)_{Mg}$，六方晶 ($a = 0.52$ nm, $c = 0.848$ nm)

$\beta(Mg_2Zn_3)$：三方晶系（非整合），($a = 1.724$ nm, $b = 1.445$ nm, $c = 0.52$ nm, $\gamma = 138°$)

である。

このように，Mg-Zn 合金の析出過程は複雑であり，4 段階の過程があると考

えられている。強度が最大となるのは β_1' 相の段階である。また，低温で予備時効を行い，GP ゾーンを形成させてから高い温度で時効すると β_1' 相は微細となる。**図 3.31** に Mg-4%Zn 合金の時効硬化曲線を示す。β_1' は棒状をしており，析出相周囲の界面に整合ひずみが存在し，析出強化に有効である。Mg-Zn 合金に希土類元素を微量添加すると β_2' 相の析出が抑制され，過時効が遅くなる。また，Cu を添加すると時効硬化が増大し，また，高温強度も高くなる。これは Cu 添加により，β_1' 相や β_2' 相の析出密度が増大することによる。Mg-Zn 合金に Ag（銀）や Ca を微量添加すると時効硬化が促進され，また，硬さも増大する。

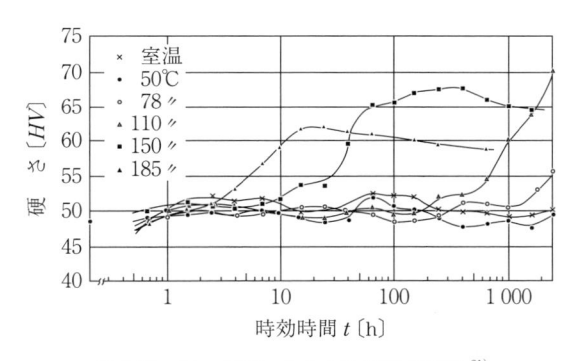

図 3.31 Mg-4%Zn 合金の時効硬化曲線[21]

図 3.32 に Mg-Zn 合金に Ag や Ca を添加した合金の時効硬化曲線を示す。Ag 添加により時効硬化が増大し，さらに，Ca 添加によりいっそうの硬さ増加が認められる。**図 3.33** および**図 3.34** に Mg-Zn 合金および Ca 添加合金の析出組織および析出形態の模式図を示す。棒状の β_1' 相および板状の β_2' 相が形成され，Ca，Ag などの添加により析出相は微細となる。Ca や Ag は析出相内に含まれることが明らかにされており（**図 3.35**），核生成・成長に直接影響を及ぼすことが示唆される。

一方，押出しや圧延による加工と熱処理とを組み合わせる析出制御も有効である。加工による結晶粒の微細化と時効時の析出の促進が期待される。

（3） Mg-Mn 系合金 Mg-Mn 合金では時効硬化はきわめてわずかであ

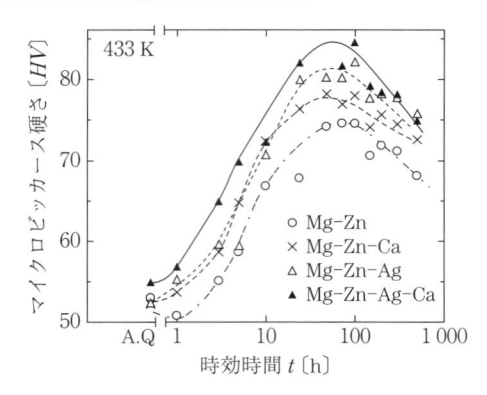

図 3.32 Mg-6%Zn 合金および 0.6%Ag および 0.6%Ca を単独あるいは複合添加した合金の 160℃ での時効硬化曲線[22]

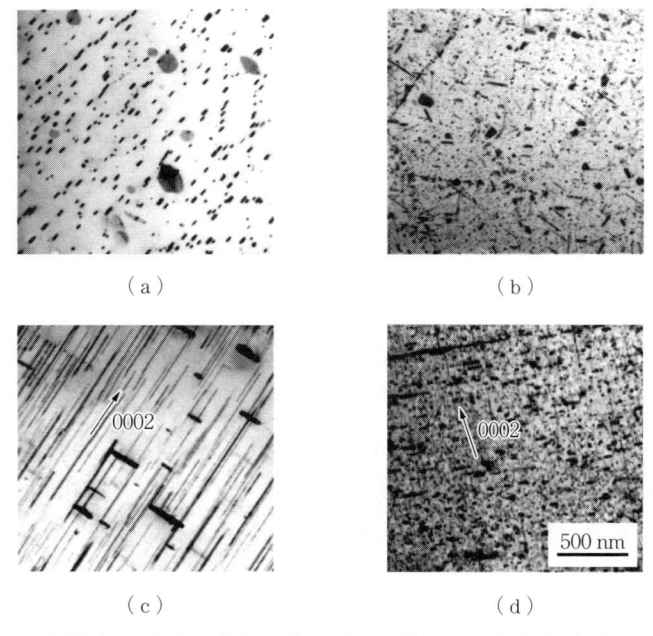

写真 (a), (b) は母相の [0001] に平行に，写真 (c), (d) は母相の [11$\bar{2}$0] に平行に撮影

図 3.33 Mg-4%Zn 合金（図 (a), (c)）および Mg-4%Zn(Zr)-0.35%Ca 合金（図 (b), (d)）を 177℃ で約 10^4 ks 時効したときの電顕組織[23]

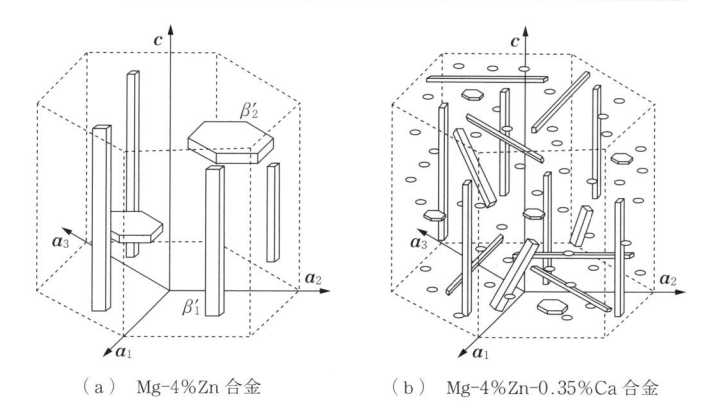

(a) Mg-4%Zn 合金　　　　(b) Mg-4%Zn-0.35%Ca 合金

図 3.34 Mg-Zn 合金に形成される析出組織（過時効状態）の形態（母相との関係で示す）[23]

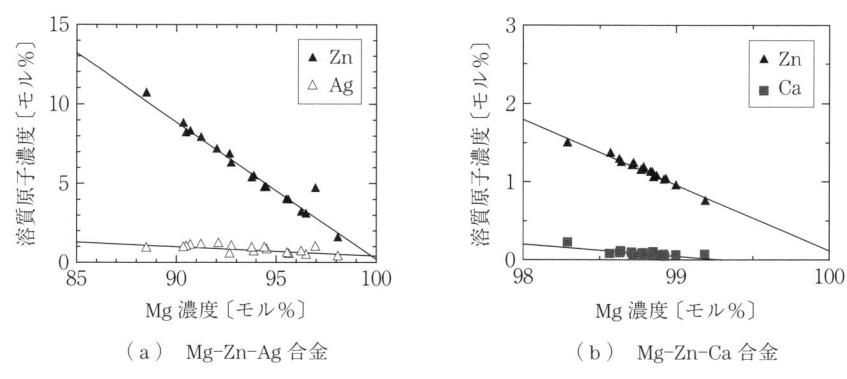

(a) Mg-Zn-Ag 合金　　　　(b) Mg-Zn-Ca 合金

Cliff-Lorimer プロットにより，直線の勾配が負であることがわかり，Ag，Ca が析出相に含まれることがわかる

図 3.35 Mg-Zn 合金に Ag あるいは Ca を微量添加した合金の析出相の EDS 分析結果[22]

る。析出過程は

$$\alpha \rightarrow \alpha\text{-Mn（立方晶）} \tag{3.3}$$

であり，準安定相は認められていない。α-Mn 相は棒状であり，棒は $[0001]_{\text{Mg}}$ および $\langle 2\bar{1}\bar{1}0 \rangle_{\text{Mg}}$ 方向に平行であり，Mg 母相とはつぎの二つの方位関係があることが報告されている。

① $\{111\}_{Mn} // \{0001\}_{Mg}$　② $\{111\}_{Mn} // \{11\bar{2}0\}_{Mg}$
　$\{1\bar{1}0\}_{Mn} // \{10\bar{1}0\}_{Mg}$　　$\{1\bar{1}0\}_{Mn} // \{0001\}_{Mg}$

また，析出物は主として転位線上に析出する。Mn は通常，単独では添加されず，Al などとともに添加される。したがって，Al が同時に添加される場合には，MnAl，MnAl$_6$，MnAl$_4$ などの化合物が形成される。

(4) **Mg-RE 系合金**　Mg-RE 系合金では顕著な時効硬化を示す場合が多い。特徴的なことは時効初期に六方晶の規則構造である D0$_{19}$ 型構造（Mg$_3$Cd 型構造）がおおむね形成されることである（Cd はカドミウム）。

(a) **Mg-Y 系合金**　Mg-Y 二元合金の時効析出過程は

$$\alpha \rightarrow \beta'' (\text{D0}_{19} \text{型規則構造}) \rightarrow \beta' 相 (\text{BCO 構造}) \rightarrow \beta (\text{Mg}_{24}\text{Y}_5 : \text{BCC 構造}) \quad (3.4)$$

となっている（Y はイットリウム）。β'' 相は母相の Mg が局所的に規則化することにより進展する。β' 相は中間相であり，初期は整合，後期は半整合となる。整合 β' の結晶構造は底心斜方晶であり，母相とは，$[001]_{\beta''} // [0001]_{Mg}$，$[100]_{\beta'} // [\bar{2}110]_{Mg}$，$[010]_{\beta'} // [01\bar{1}0]_{Mg}$ となっている。平衡相 β は長時間時効したときに粒界上および粒内に析出する。

(b) **Mg-Y-Nd 合金**　Mg-Y 合金では時効初期にはあまり硬化せず，途中段階から急激に硬化するが，Nd（ネオジム）を添加すると初期から硬化する。析出過程は複雑であり

$$\alpha \rightarrow \beta'' (\text{D0}_{19} \text{型規則構造}) \rightarrow \beta' 相 (\text{BCO 構造}) \rightarrow \beta (\text{FCC 構造}) \quad (3.5)$$

となる。ここで，

　β'' 相：D0$_{19}$ 型規則構造，$[0001]_{\beta''} // [0001]_{Mg}$，$(01\bar{1}0)_{\beta''} // (01\bar{1}0)_{Mg}$

　β' 相：Mg$_{12}$NdY，底心斜方晶（BCO 構造），$[001]_{\beta'} // [0001]_{Mg}$，$(100)_{\beta'} // (\bar{2}\bar{1}10)_{Mg}$

　β 相：Mg$_{14}$Nd$_2$Y，面心立法晶，$[1\bar{1}1]_{\beta} // [1\bar{2}10]_{Mg}$，$(011)_{\beta} // (0001)_{Mg}$

となる。β'' および β' 相は基本的には Mg-Y 合金と類似のものであり，Nd は Y の一部を置換したものと考えられる。図 **3.36** に Mg-8%Y 合金，Mg-5%Y-4%Sm-0.5%Zr 合金および Mg-5%Y-4%Nd-0.5%Zr 合金の時効硬化曲線を示す（Sm はサマリウム）。なお，Mg-Y-Nd-Zr 合金は 300℃ 程度までクリープ強度

(a) Mg-8Y 合金

(b) Mg-5Y-4Sm-0.5Zr 合金

(c) Mg-5Y-4Nd-0.5Zr (WE54) 合金

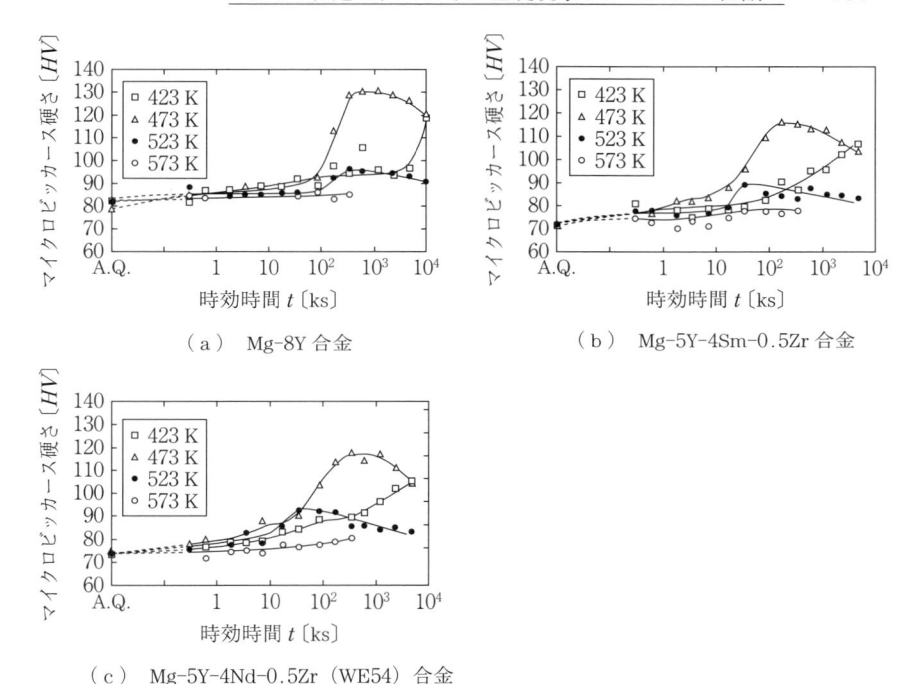

図 3.36 Mg-8%Y, Mg-5%Y-4%Sm-0.5%Zr および Mg-5%Y-4%Nd-0.5%Zr(WE54) 合金の時効硬化曲線[24]

が優れる。Mg-Nd 合金の時効過程も上記の式 (3.5) に示される過程を経ると考えられているが，詳細は必ずしも明らかではない。Mg-Y-Nd 系合金（WE54 合金）の析出組織を図 3.37 に示す。

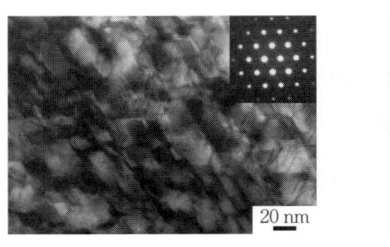

(a) 低倍率

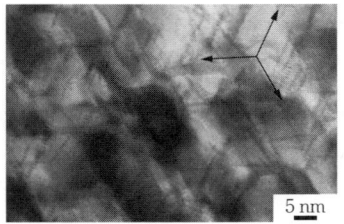

(b) 高倍率

図 3.37 WE54 合金の β' 相の電顕組織および回折パターン（473 K, 346 ks 時効，電子線入射方向 // $\langle 0001 \rangle$）

（c）Mg-Ce 合金　　Mg-1.3%Ce 合金の時効硬化曲線を**図 3.38** に示す（Ce はセリウム）。また，析出過程は

$$\alpha \rightarrow \text{中間相} \rightarrow \beta \text{相}\,(\text{Mg}_{12}\text{Ce},\,\text{六方晶}) \tag{3.6}$$

とされているが，中間相の構造や変態過程については明らかとはなっていない。Zn を添加すると析出硬化は大きくなる。

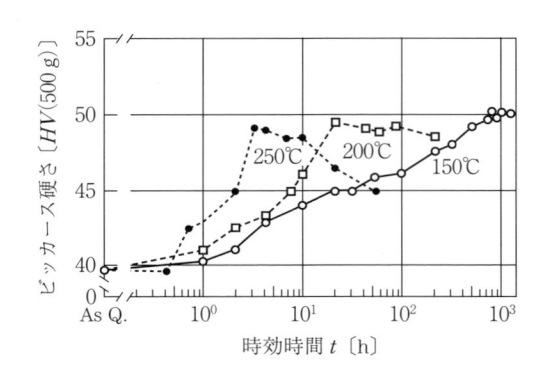

図 3.38　Mg-1.3%Ce 合金の時効硬化曲線[25]

（5）Mg-Th 合金　　Mg-Th 合金の時効析出過程は，十分明らかにされていないが，つぎのように考えられている（Th はトリウム）。

$$\alpha \rightarrow \beta'' \text{相}\,(\text{DO}_{19}\text{型規則構造}) \rightarrow \beta \text{相} \tag{3.7}$$

ここで

β'' 相：円板状，六方晶（整合），$\{10\bar{1}0\}_{\text{Mg}}$ 面上

β 相　：$\text{Mg}_{23}\text{Th}_6$，FCC（非整合，$a = 1.43$ nm）

この他に，β 相の前段階に半整合の β_1' 相（六方晶）あるいは β_2' 相（FCC）の形成も考えられている。これらの析出相は熱的安定性が高い。なお，2%Th を含む合金は放射性を有するとされ，特別な対応が求められるため，使用は制限される。

（6）Mg-Ca，Mg-Ca-Zn 合金　　Mg-Ca 合金の析出過程については十分には調べられていない。安定相として Mg_2Ca が析出する。Mg_2Ca は六方晶で $a = 0.623$ nm，$c = 1.012$ nm となっている。Mg-1%Ca 合金に 1%Zn を添加すると時効硬化が著しく増大する。Mg-1%Ca 合金では比較的粗大な析出物であ

るのに対して，Mg-1%Ca-1%Zn 合金では微細な析出物となっている。Zn 添加の効果は明らかではないが，Zn が析出物中に含まれているものと考えられる。なお，Mg-1%Ca-1%Zn 合金の鋳造材では2種類の六方晶の板状化合物が認められている。格子定数はそれぞれ，

① $a = 0.623$ nm, $c = 1.012$ nm ② $a = 0.556$ nm, $c = 1.042$ nm

であり，母相との方位関係はいずれも

$(0001)_p // (0001)_{Mg}$, $[2\bar{1}\bar{1}0]_p // [10\bar{1}0]_{Mg}$

となっている。

また，Mg-Al 合金に Ca を添加すると高温強度が増大する。特に，Ca/Al 比が約 0.8 以上のとき，Ca 添加合金は著しく高い硬さとなる。これは，Mg_2Ca が析出し，この析出相が高温強度に有効であるためと考えられる。

（7） Mg-Ag-RE(Nd) Mg-RE(Nd)-Zr 合金などに Ag を添加すると時効硬化性が増大する。Ag 濃度が 2% 以下では析出過程は Mg-RE 合金と同様であり，一方，Ag 濃度が 2% 以上では，$Mg_{12}Nd_2Ag$ が析出する。Mg-Ag-RE(Nd) 合金の析出過程は複雑であり，十分には解明されていない。析出過程として，つぎの過程が考えられている。

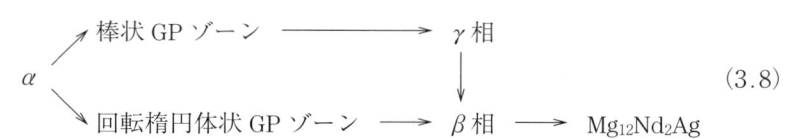

$$\alpha \begin{array}{l} \nearrow \text{棒状 GP ゾーン} \longrightarrow \gamma \text{相} \\ \\ \searrow \text{回転楕円体状 GP ゾーン} \longrightarrow \beta \text{相} \longrightarrow Mg_{12}Nd_2Ag \end{array} \quad (3.8)$$

棒状 GP ゾーン：整合，(0001) 面上に垂直

回転楕円体状 GP ゾーン：整合，$(0001)_{Mg}$ 面に平行

γ 相：棒状（整合），六方晶，$[0001]_{Mg}$ に平行，($a = 0.963$ nm, $c = 1.024$ nm)，
 （$D0_{19}$ 型構造の可能性もある）

β 相：等軸状（半整合），六方晶，$(0001)_\beta // (0001)_{Mg}$, $(11\bar{2}0)_\beta // (10\bar{1}0)_{Mg}$,
 ($a = 0.556$ nm, $c = 0.521$ nm)

$Mg_{12}Nd_2Ag$：複雑なラス状（非整合），六方晶

これらの各析出相で最高硬さが得られるのは γ 相と β 相が共存するときである。Mg-Ag 系合金として，QE22（Mg-2.5Ag-2RE-0.7Zr）合金などがあり，

航空機用素材として活用されている。析出過程は Mg-RE 合金に類似している。

(8) Mg-Li-Zn 合金　Li 含有のため，さらに軽量の合金となる。Li 含有合金は比剛性および比強度に優れる。Al，Zn および RE を添加した合金が検討され，これまで，LA141 合金や LS141 合金などが開発されている。時効硬化特性については，未解明の部分が多い。

以上のように各種マグネシウム合金において，時効熱処理を施すとさまざまな析出相が形成されることが示される。**表3.13** に各種合金で形成される準安定相および安定相についてまとめる。

表3.13　各種マグネシウム合金の析出相およびそれらの結晶系

合金系	初期構造 （GP ゾーンなど）	中期構造（中間相）	後期構造（安定相）
Mg-Al	—	—	β 相：$Mg_{17}Al_{12}$（立方晶） 連続析出および不連続析出する。
Mg-Zn	GP ゾーン：板状（整合）	β_1' 相：$MgZn_2$（六方晶，整合） β_2' 相：$MgZn_2$（六方晶，整合）	β 相：Mg_2Zn_3（三方晶系，非整合）
Mg-Mn	—	—	α-Mn（立方晶） 棒状
Mg-Y	β'' 相：DO_{19} 型規則構造	β' 相：底心斜方晶	β 相：$Mg_{24}Y_5$（体心立方晶）
Mg-Nd	GP ゾーン：棒状（整合） β'' 相：DO_{19} 型規則構造	β' 相：面心立方晶	β 相：$Mg_{12}Nd$（体心正方晶）
Mg-Y-Nd	β'' 相：DO_{19} 型規則構造	β' 相：$Mg_{12}NdY$（底心斜方晶）	β 相：$Mg_{14}Nd_2Y$（面心立方晶）
Mg-Ce	—	中間相（？）	β 相：$Mg_{12}Ce$（六方晶）
Mg-Gd, Mg-Dy	β'' 相：DO_{19} 型規則構造	β' 相：斜方晶	β 相：$Mg_{24}Dy_5$（立方晶）
Mg-Th	β'' 相：DO_{19} 型規則構造		β 相：$Mg_{23}Th_6$（面心立方晶）
Mg-Ca, Mg-Ca-Zn			Mg_2Ca（六方晶），Zn 添加により微細析出
Mg-Ag-RE (Nd)	GP ゾーン：棒状および回転楕円体状	γ 相：棒状（六方晶，整合） β 相：等軸状（六方晶，半整合）	$Mg_{12}Nd_2Ag$：複雑なラス状（六方晶，非整合）
Mg-Sc	—	—	MgSc

3.8　代表的実用合金および諸特性

各種実用マグネシウム合金を鋳物材および展伸材に分類し，規格による引張強さ・降伏強さと伸びの関係を**図3.39** に示す。鋳造材と展伸材を比較すると

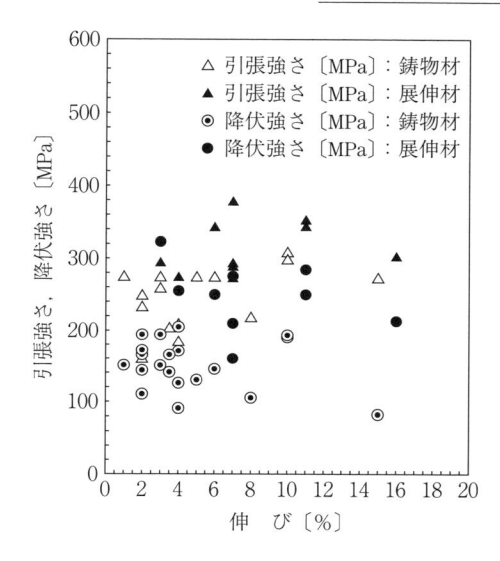

図 3.39 各種マグネシウム合金の引張強さ,降伏強さと伸びの関係[26]

展伸材が強度はやや高い。また,伸びについては,強度が高いほど伸びはやや小さくなる傾向にあるが,それほど大きな変化はない。これらの値が規格に示されている代表的実用マグネシウム合金の標準的な機械的性質である。

3.8.1 展伸用合金

主な展伸用合金として,Mg-Al-Zn 系,Mg-Zn-Zr 系および Mg-Mn 系合金がある。また,耐熱性のある Mg-Th 系,Mg-RE (希土類元素) 合金,および結晶構造を BCC に変化させた Mg-Li 系合金がある。加工性を確保するため,合金成分の添加量は少なくしてある。

〔1〕 **Mg-Al-Zn 系合金**　マグネシウムに Al や Zn を添加すると機械的性質が向上し,また,加工性もよくなる。**図 3.40** に圧延材の機械的性質を Al および Zn 添加量に関係づけて示す。約 3% 添加まで引張強さおよび伸びが増大する。加工性および耐食性などを考慮して,展伸材では AZ31 合金 (Al:3%,Zn:1%) がよく使われる。実用合金として AZ31B,AZ61A,AZ80A 合金などがあるが,AZ31B 合金が最も広く使われている。また,不純物元素の許容範囲の広い AZ31C 合金もある。

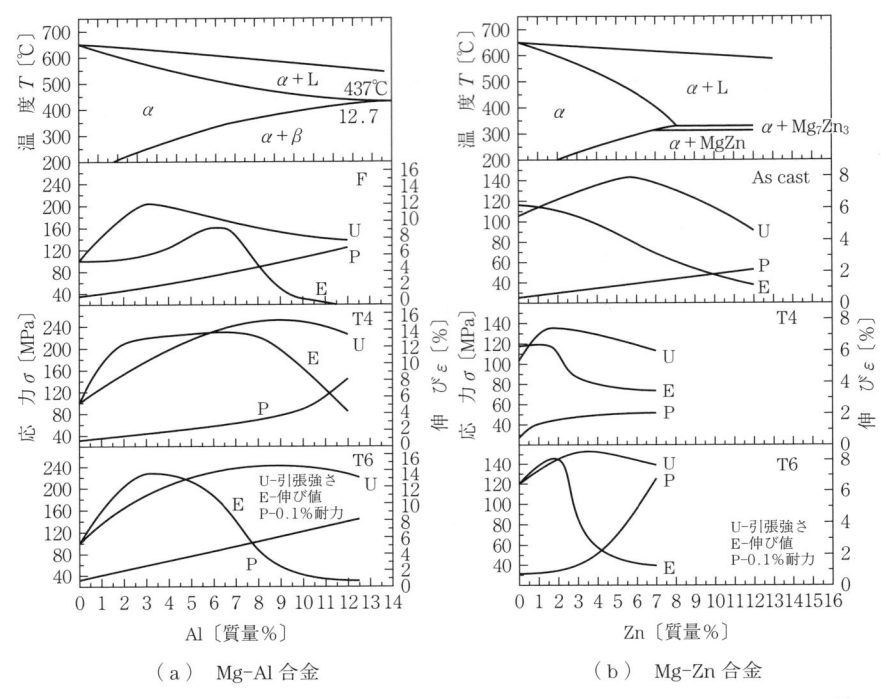

図 3.40 Mg-Al および Mg-Zn 合金における機械的性質の Al および Zn 添加量依存性[27]

〔2〕**Mg-Zn-Zr 系合金** 基本的には Zn を添加し，機械的性質の改善を図っている合金である。また，熱間加工での割れ防止のため，1% 以下の Zr を添加する。また，Zr を添加すると凝固中に Zr が初晶として晶出し，これが α-Mg 相の異質核となり，結晶粒が微細化される。これにより，合金の加工性が向上する。ZK60A 合金が代表的合金である。この合金は時効処理により高強度化されるため，T5，T6 処理が施される。

〔3〕**Mg-Mn 系合金** Mn を 1～2% 添加した合金で，耐食性が良好である。

〔4〕**Mg-Li 系合金** マグネシウムに 6% 以上の Li を添加すると体心立方晶（BCC）の β 相が晶出する。β 相が晶出すると冷間加工性が良好となる。また，Li を 12% 以上添加すると全体が体心立方晶の β 相となり，冷間加工性

はさらに向上する．図3.41にAl-Li系状態図と冷間圧延限界および密度の関係を示す．Li含有量の増加とともに密度は低下し，冷間圧延限界は増大することがわかる．

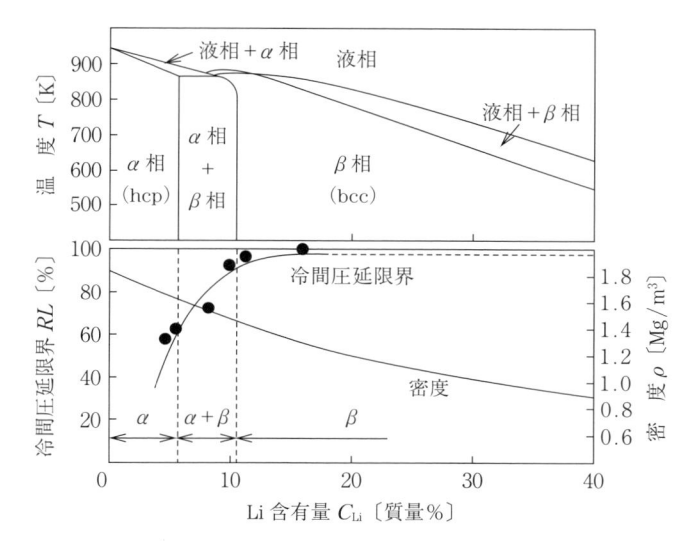

図3.41 Mg-Li二元系状態図，およびリチウム含有量と冷間圧延限界および密度の関係[28]

3.8.2 鋳物用・ダイカスト用合金

〔1〕 **Mg-Al系合金**（AM100A）　α-Mg固溶体とβ-$Mg_{17}Al_{12}$化合物の共晶系で，最大固溶度12.7%（共晶温度437℃）である．

〔2〕 **Mg-Al-Zn系合金**（AZ63A, AZ81A, AZ91E, AZ92A）　この合金系はAZ系であり，最も広く使用されている代表的なマグネシウム合金である．特に，Alを9%，Znを1%含むAZ91合金が多く使用されている．AZ系では，α-Mg固溶体とβ-$Mg_{17}Al_{12}$相が晶出する．また，Zn含有量が多くなると$Mg_{32}(Al, Zn)_{48}$化合物相も晶出する．

〔3〕 **Mg-Zn系合金**（ZK51, ZK61A）　基本的には，α-MgとMgZn化合物がバランスする構成相となる．340℃ではZnは6.2%固溶する．時効処理に

より準安定相が析出し，時効硬化する．Zr の添加により結晶粒は微細化する．なお，Zr 添加による結晶粒の微細化は Al や Mn を含むマグネシウム合金では認められない特徴である．ZK61A 合金は実用鋳造用マグネシウム合金で最大の比強度をもち，また，強度と靭性に優れた高力合金である．

〔4〕 **Mg-RE 系合金**（EZ33, ZE41, QE22A, WE54A, WE43A）　希土類元素（RE 元素）を添加したマグネシウム合金である．RE 元素としてミッシュメタル（Ce, Nd などを含む）を添加する．これらの合金は 200～300℃ での強度が高く，また，クリープ強度に優れる耐熱マグネシウム合金である．

3.9　工業材料としての特性（実用合金）

マグネシウム合金材料として，砂型鋳物，ダイカスト材および展伸材（押出形材）について引張強さと伸びの関係を**図 3.42** に示す．ダイカスト材では砂型鋳物に比べ伸びが良好となっている．展伸材は強度と伸びのバランスに優れている．ただし，押出形材には温度によって表面割れなどが生じやすく注意を要する．また，**表 3.14** および**表 3.15** に展伸材および砂型鋳物の各種質別の機械的性質を示す．

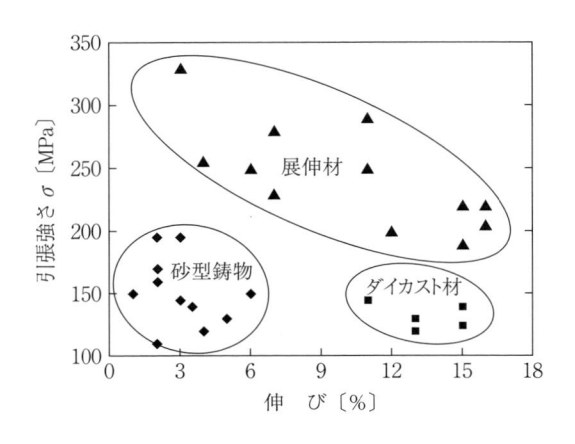

図 3.42　マグネシウム合金の延性と強度の関係[29]

3.9 工業材料としての特性（実用合金）

表3.14 マグネシウム合金展伸材の機械的性質（JIS規格）

区分	合金	質別	引張強さ [MPa]	0.2%耐力 [MPa]	伸び [%]	硬さ [HB]	せん断強さ [MPa]
押出棒材	AZ31A(MB1)	F	245	147	10	49	126
	AZ61A(MB2)	F	275	167	10	60	137
	AZ80A(MB3)	F	294	196	9	60	147
		T5	336	226	4	82	167
	M1A	F	216	—	3	44	126
	ZK60A(MB6)	F	294	216	5	75	167
		T5	304	245	4	82	176
押出管・形材	AZ31B(MT, MS1)	F	216	108	8	46	—
	AZ61A(MT, MS2)	F	245	108	7	50	—
	M1A	F	196	—	2	42	—
	ZK60A(MS6)	F	275	196	5	75	—
		T5	314	265	4	82	—
圧延板材	AZ31C(MP1)	F	216	108	8	52	—
	AZ31B	H26	265	196	4	73	157
		H24	255	176	6	—	—
		O	216	108	12	56	147
	HK31A	H24	235	177	4	57	147

表3.15 マグネシウム合金砂型鋳物の機械的性質（JIS規格）

合金	質別	引張強さ [MPa]	0.2%耐力 [MPa]	伸び [%]	硬さ [HB]	せん断強さ [MPa]
AM100A(MC5)	F	137	—	—	53	126
	T4	235	—	6	52	137
	T6	235	108	2	60	147
AZ63A(MC1)	F	167	69	4	50	126
	T4	235	78	7	55	118
	T5	167	78	2	55	118
	T6	235	108	3	73	137
AZ91C(MC2)	F	126	69	—	52	126
	T4	235	78	7	53	118
	T6	235	108	3	66	137
AZ92A(MC3)	F	137	69	—	65	126
	T4	235	78	6	63	137
	T5	137	78	—	69	126
	T6	235	126	1	86	147
ZK51A(MC6)	T5	235	137	5	70	177
ZK61A(MC7)	T5	265	177	5	70	177
EZ33A(MC8)	T5	137	98	2	50	—
ZE41A	T5	196	126	25	—	—
HK31A	T6	186	88	4	55	—
HZ32A	T5	186	88	4	57	—
ZH62A	T5	245	147	4	70	—
QE22A	T6	245	177	2		157

3.9.1 高温強度

図 3.43 および図 3.44 に砂型鋳物用合金の高温での引張強さ，耐力およびダイカスト用合金のクリープ強度を示す。砂型鋳物用合金では RE を含む WE54 合金が高温強度に優れることがわかる。

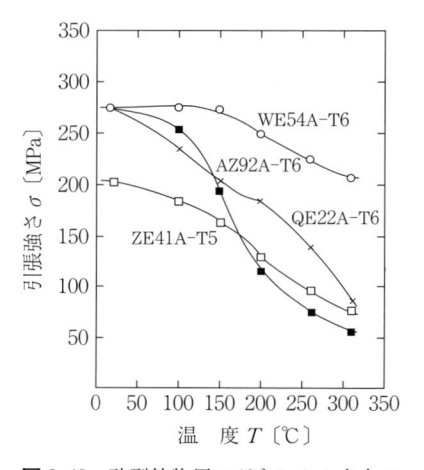

図 3.43 砂型鋳物用マグネシウム合金の高温引張特性 [30]

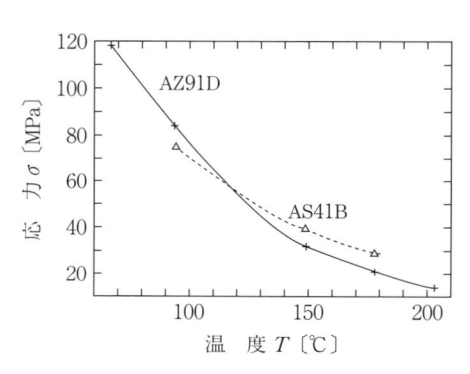

図 3.44 ダイカスト用マグネシウム合金（AZ91D, AS41B 合金）のクリープ強度（100 時間で 0.5% ひずみを生ずる応力） [31]

一方，ダイカスト合金においては，Al と Si を含む AS41B 合金がクリープ強度が大きいことがわかる。図 3.45 に高強度マグネシウム合金および耐クリープ性マグネシウム合金の開発の流れを示す。RE 元素の添加はマグネシウム合金の高強度化および耐熱性向上に有効であり，開発が進められてきた。純マグネシウムのクリープ変形の特徴を示す変形機構領域図を図 3.46 に示す。温度およびせん断応力に依存して転位運動や拡散が寄与する変形が生ずる。また，Mg-Al 系および Al-Mg 系合金の無次元化したクリープ速度を図 3.47 に示す。

一方，RE 元素は高価であることから，RE 元素を含まない耐熱性合金の研究開発が行われている。図 3.48 は AM50 合金に 1.7% 程度の Ca を添加した合金の 200℃，80 MPa 負荷のクリープ速度-時間曲線を示す。これより，Ca 添加合金ではクリープ速度が大幅に減少し，かつ，破断寿命が大幅に伸びているこ

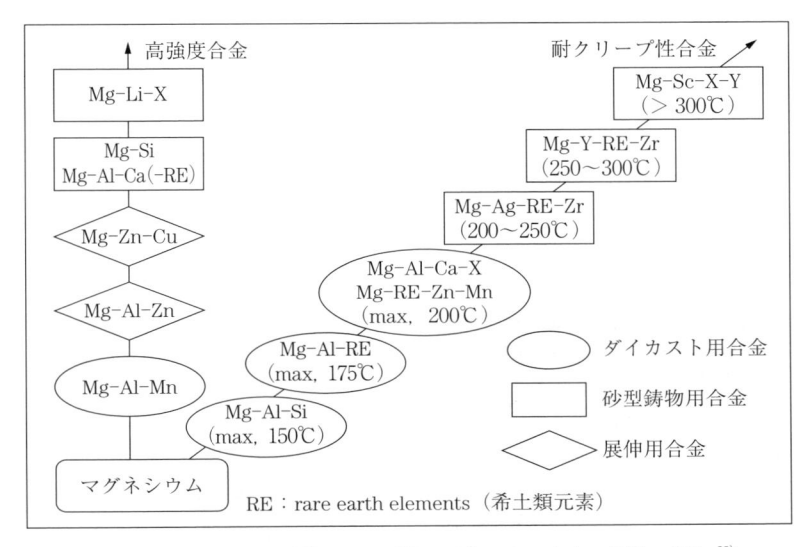

3.9 工業材料としての特性（実用合金） 141

図3.45 高強度および耐クリープ性マグネシウム合金の開発の流れ[32]

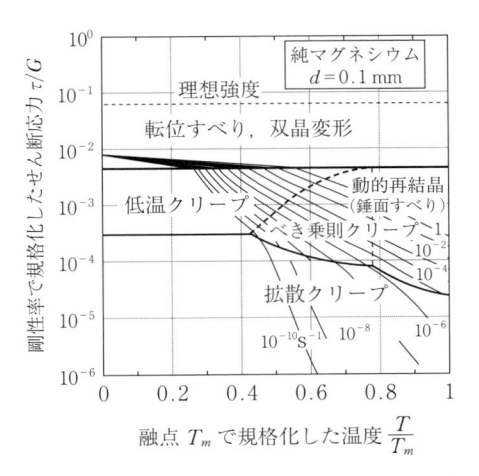

図3.46 純マグネシウムの変形機構領域図[33]

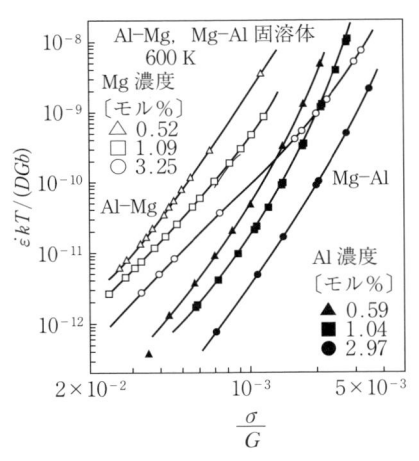

図3.47 Mg-Al系およびAl-Mg系合金の無次元化したクリープ速度[34]

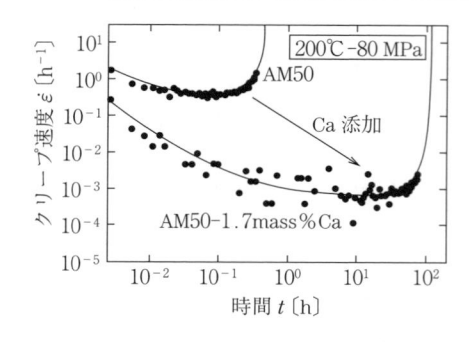

図 3.48 Mg-Al 合金（AM50）および Mg-Al-Ca 合金（AM50-1.7%Ca）の 200℃，80 MPa でのクリープ速度-時間曲線

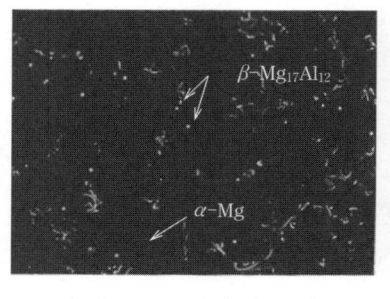

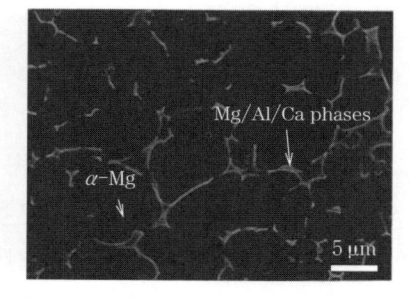

（a） Mg-Al 合金（AM50）　　（b） Mg-Al-Ca 合金（AM50-1.7%Ca）
図 3.49 Mg-Al 合金（AM50）および Mg-Al-Ca 合金（AM50-1.7%Ca）の SEM 組織写真

とがわかる。これは Ca 添加合金では図 3.49 に示すように Ca 系の化合物相が結晶粒界を被覆するためである。Ca はマグネシウムの難燃化にも有効である。

3.9.2 疲労強度

図 3.50 に各種マグネシウム合金の疲労強度と引張強さの関係を示す。展伸

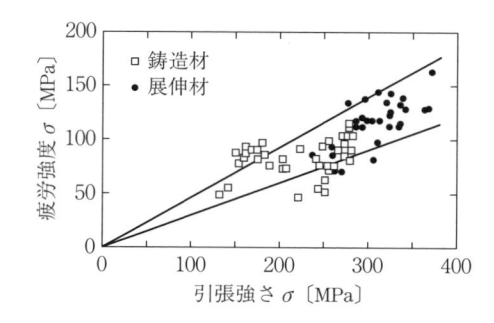

図 3.50 マグネシウム合金の疲労強度と引張強さの関係[35]

材および鋳物材ともに両者には正の相関があり，引張強さの大きな合金では疲労強度も大きいことがわかる。

3.9.3 結晶粒径の影響

マグネシウム合金の機械的性質は室温，高温ともに，初期結晶粒径に依存する。図3.24に純マグネシウムおよびMg-2%Al合金の耐力と結晶粒径の関係をすでに示した。耐力 σ と $d^{-1/2}$ は直線関係があり，いわゆるホール・ペッチの関係に従っていることがわかる。また，プレス成形が通常行われる200～300℃の温度範囲では結晶粒径の小さい材料のほうが延性が大きい。したがって，結晶粒径を小さくする合金成分の調整やプロセスが有効となる。

3.9.4 減　衰　能

マグネシウムは減衰能に優れる。**図3.51**に各種金属材料の減衰係数と強度

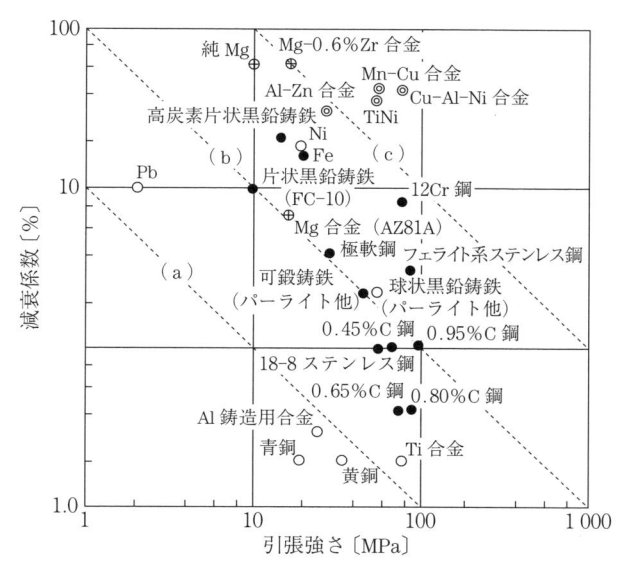

⊕ マグネシウム，◎ 制振合金材料，● 鉄鋼材料，○ 非鉄材料
（a）：非鉄金属材料，（b）：鉄鋼材料，（c）：制振合金（$\alpha = 100$）

図3.51　各種金属材料の減衰係数と強度[37]

の関係を示す。一般に重い材料ほど減衰能が高いが，マグネシウムは例外的に軽量であっても高減衰能をもつ特徴的な金属材料である。すなわち，マグネシウムあるいはマグネシウム合金は軽量高減衰能合金として有用である。

3.9.5 溶　接　性

マグネシウム合金においても，アルミニウム合金などに用いられている接合法はほとんど適用可能である。マグネシウム合金の溶接に広く適用されているのはティグ溶接（tungsten inert gas welding，TIG）とミグ溶接（metal inert gas welding，MIG）である。これらの溶接法による各種マグネシウム合金の溶接性の良否を**表3.16**に示す。

表3.16　各種マグネシウム合金の溶接性[38]

	合　金　名	溶接性		合　金　名	溶接性
鋳造材	AM100A	B+	展伸材	AZCOML	A
	AZ63A	C−		AZ10A	A
	AZ81A	B+		AZ31B, C	A
	AZ91C	B+		AZ61A	B
	AZ92A	B		AZ80A	B
	EK30A	B		HK31A	A
	EK41A	B		HM21A	A
	EZ33A	A		HM31A	A
	HK31A	B+		ZE10A	A
	HZ32A	B		ZK21A	B
	K1A	A		ZK60A	D
	QE22A	B	〔注〕A：優，B：良，		
	ZE41A	B−	C：普通，D：悪い		
	QH21A	B			
	ZH62A	C−			
	ZK51A	D			
	ZK61A	D			

3.9.6 耐食性

マグネシウムの耐食性は，添加元素や不純物の含有量の影響を大きく受ける。図 3.52 に 3% 食塩水中におけるマグネシウム二元合金の耐食性に及ぼす含有元素の影響を示す。耐食性は腐食速度で示してある。これより，Fe，Ni（ニッケル），Co（コバルト），Cu などは極微量でも腐食が著しく進行することがわかる。このため，これらの元素の含有量を ppm レベルに制御した合金が開発されている。例えば，AZ91D 合金，AM60B 合金，AS41B 合金などである。Zn，Ca および Ag はやや腐食を進行させる。また，Na（ナトリウム），Si，Pb（鉛），Sn（スズ），Mn，Al，Cd は 5% 程度までの含有は腐食の進行にほとんど影響を及ぼさない。なお，純マグネシウムは実用金属中で最も低い電位を示す。したがって，マグネシウムを他の金属と接触させると犠牲金属として作用し，他の金属の腐食を防止する。図 3.53 に，特に鉄の含有量と腐食速度の関係を示す。鉄が約 0.015% を超えると急速に腐食速度が増大することがわかる。したがって，耐食性の観点から鉄の不純物量はこれ以下に抑えることが重要である。

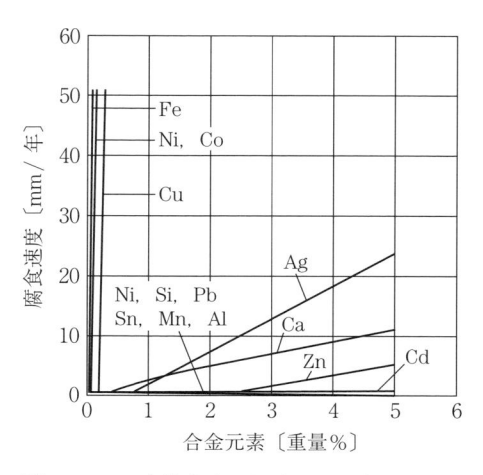

図 3.52　3% 食塩水中におけるマグネシウムの耐食性に及ぼす合金元素の影響[39]

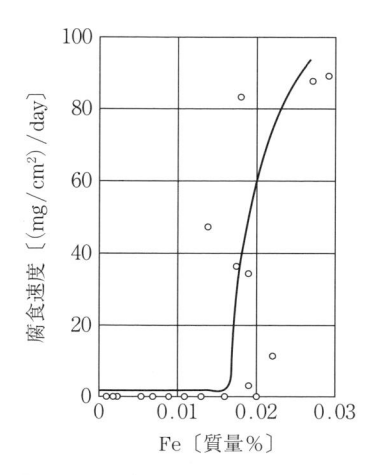

図 3.53　工業用純マグネシウムを 3%NaCl に繰り返し浸漬したときの腐食速度に及ぼす鉄濃度の影響[40]

3.10 マグネシウムの安全対策

　マグネシウムは，400℃以上の高温になると，発火や燃焼を起こしやすくなるため，注意や対策が必要となる。溶解に際しては，設備の不燃構造化や換気性をよくし，また，水分を吸収しやすいものは周辺に置かないように注意する。さらに，防燃ガスの適切な使用や吸湿性の高いフラックスの密閉保管などにも十分に配慮する。

　マグネシウム合金の大きな塊は簡単に燃えることはないが，切屑や粉体になると簡単に発火する。したがって，切断，機械加工，研磨作業においては火花を避けるようにしなければならない。特に，集じん機での粉じん爆発を避けるため，防爆対策が必要である。マグネシウムは白煙と閃光を発して燃焼する。適切な消火剤や金属火災用消火器を備えておくことが必要である。また，マグネシウムに着火したときには絶対に水または一般の消火器を用いてはならない。水が作用すると水素ガスが発生し，爆発が起こる。

4 チタンおよびその合金

4.1 チタンとは

チタンは原子番号 22 で密度は $4.54\,\mathrm{g/cm^3}$ と鉄の約 1/2 である。クラーク数の順位は 10 番目に位置し,資源的には十分に存在している元素である。代表的な特徴をまとめると,以下のようである。

① 密度が鉄の約 1/2 (密度:$4.54\,\mathrm{g/cm^3}$) で軽い, ② 融点が高い (融点:1 668℃), ③ 同素変態がある (同素変態点:885℃,低温側:最密六方晶 (HCP),高温側:体心立方晶 (BCC)。結晶構造を**図 4.1** に示す), ④ ヤング

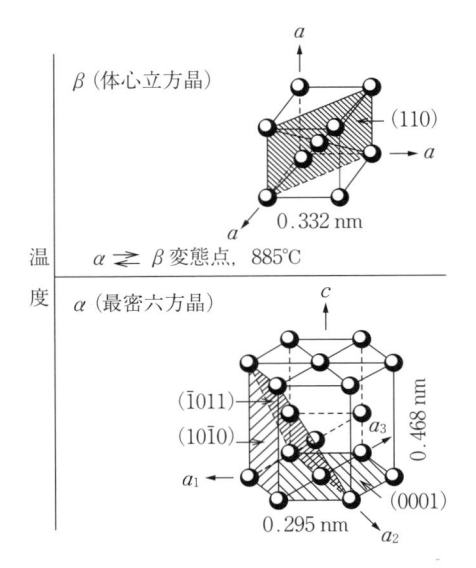

図 4.1 チタンの結晶構造[1]

率が鉄の約 1/2，⑤ 電気伝導度および熱伝導度が低い，⑥ 熱膨張率が小さい（鉄の約 2/3，アルミニウムの約 1/3），⑦ 機械的性質に優れる，⑧ 耐食性にきわめて優れる。

表 4.1 に純チタンの物理的性質をアルミニウム合金（7075 合金）およびマグネシウム合金（AZ31 合金）と比較して示す。さらに，比強度の温度依存性や比強度と破壊靱性を他の合金と比較したものを**図 4.2**（a），（b）に示す。特

表 4.1 純チタン，アルミニウム合金（7075 合金）およびマグネシウム合金（AZ31 合金）の物理的性質の比較[2]

	純チタン	アルミニウム合金 (7075-T6)	マグネシウム合金 (AZ31)
融 点〔K〕	1 941	749〜911	838〜905
結晶構造	1 158 K 以下：HCP 1 158 K 以上：BCC	FCC	HCP
密度〔10^3 kg/m^3〕	4.54	2.80	1.78
原子番号	22	13 (Al)	12 (Mg)
原子量	47.90	26.97	24.32
ヤング率〔MPa〕	10.64×10^4	7.14×10^4	4.46×10^4
ポアソン比	0.34	0.33	0.35
電気比抵抗〔$\times 10^{-8}$ Ω·m〕 (293 K)	47〜55	5.75	9.3
導電率〔IACS〕	3.1	30.0	18.5
熱伝導率〔W/(m·K)〕	17.2	121.3	96.2
熱膨張係数（293〜373 K）	9.0×10^{-6}	23.6×10^{-6}	26.0×10^{-6}
比熱〔kJ/(kg·K)〕（室温）	0.54	0.96	1.05

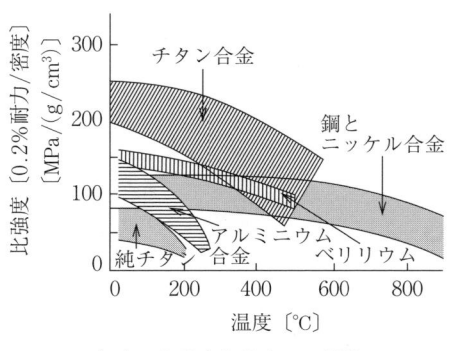

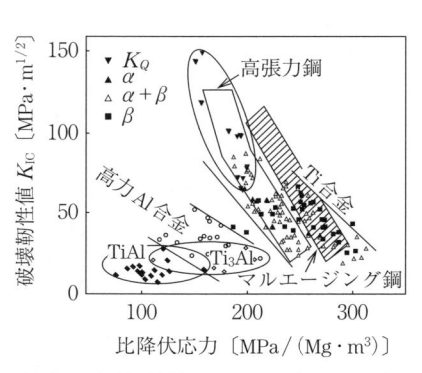

（a）比強度と温度の関係[3]　　（b）破壊靱性値と比降伏応力の関係[4]

図 4.2 チタンおよびチタン合金と各種金属材料との特性の比較

に，チタン合金は比強度が大きく，耐熱性に優れ，破壊靭性とのバランスにも優れることがわかる。表4.2にチタンの長所と短所をまとめて示す。以上のようにチタンの特性を生かしてさまざまな構造材料，耐熱材料，耐食材料，機能材料などにチタンは利用されている。

表4.2 チタンの長所と短所[5]

性　　質	長　　所	短　　所
密度が$4.54\,\mathrm{g/cm^3}$	比強度が大	
ヤング率が小	ばね性がよい。	たわみやすい。
高いr値	深絞り性に優れる。	
一様伸びが小（n値が小）		張出し加工性が劣る。
熱容量が小	急速加熱・冷却ができる。	冷めやすい。
酸素との反応性が大	耐食性・耐水素吸収性に優れる。	熱間スケールが生成しやすい。
物が付きにくい。	付着物を除去しやすい。	接着性が劣る。
水素を吸収しやすい。	水素貯蔵材に適す。	水素脆化を生ずる。

4.2　チタンの用途例および需要

　チタンおよびチタン合金の用途例を図4.3に示す。航空機のジェットエンジンのブレード，自動車用コンロッド，サスペンションスプリング，各種ボルト，二輪車エンジン用バルブ，メガネフレーム，ゴルフヘッドなどに利用されている。また，建築・土木用や鋳造品などにも使われている。さらに，図4.4に示すように，人工股関節，人工膝関節，歯科インプラントなど多くの生体用・医療用材料に使われている。表4.3に，チタン展伸材の用途例を示す。

　つぎに需要の推移について見てみる。日本における年間チタン展伸材出荷量の1963年以降の推移を図4.5に示す。年による変動はあるものの出荷量は年とともに増大していることがわかる。また，図4.6にチタン展伸材の世界と日本の需要を比較して示す。世界的には宇宙航空向けと軍用を合わせると約50％となっている。次いで，工業用，民生用となっている。日本では，出荷量の約半分は輸出されており，残りの半分が図4.6の構成になっている。それによ

150   4. チタンおよびその合金

（a） 航空機用ターボファンエンジン
（b） モータサイクルエンジン部品 
（c） コンロッド
（d） メガネフレーム 
（e） ゴルフヘッド

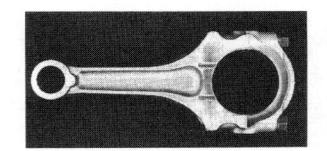

図 4.3　チタンの用途例 [6]

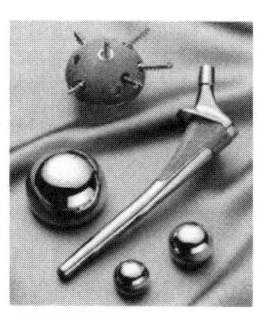

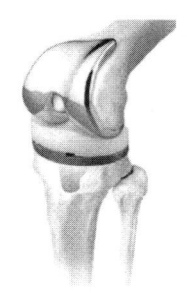

人工股関節　　　　　　　　人工膝関節
（a） 整形外科インプラント

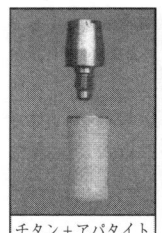

チタン＋アパタイト　　チタン＋アパタイト　　生体活性ガラス　　チタン
（b） 歯科インプラント

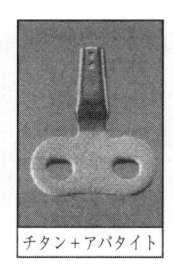

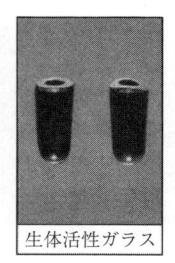

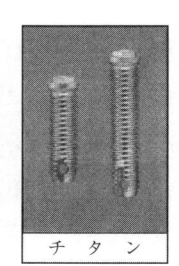

図 4.4　チタンの生体用材料への適用 [7]

4.2 チタンの用途例および需要

表4.3 チタン展伸材用途分類[8]

産業分野	使用分野	具体的使用部位
航空・宇宙	ジェットエンジン部品	圧縮機、ファン用ブレード、ディスク、ケーシング、ベーン、スタブシャフト
	機体部品	主脚ブラケット、スポイラ、エンジンナセル、バルクヘッド、スパー、ファスナ
	ロケット、人工衛星、ミサイルなどの部品	燃料タンク、ロケットチャンバ、ロケットブースタ、ウインチ
化学・石油化学、電解工業、製紙工業、食品工業、公害関連機器など	尿素、酢酸、アセトアルデヒド、メラミン、アジピン酸、テレフタル酸、高度サラシ粉、無水マレイン酸、硝酸、苛性ソーダ、塩素、製塩、パルプ、製紙、表面処理、非鉄金属製錬、製鉄、メッキ用治具類、電解槽、排ガス、排液など	熱交換器、反応塔、貯留槽、バルブ、ポンプ、配管、三重管、送風機、攪拌器、凝縮器、圧力容器、ニーダ、電解電極、計測機器、電極、電解槽、メッキ用治具類、減菌装置など
電力・造水	原子力、火力、地熱発電、蒸発法海水淡水化装置、海洋温度差発電	蒸気復水器管、管板、ターピンブレード、熱交換器、配管 伝熱管
海洋・エネルギー	石油・天然ガス掘削	ライザパイプ、検層機器
	石油精製、LNG関連	熱交換器
	深海船、救助艇	耐圧殻、インバータ容器、構造部材、熱交換器
	水産物養殖	漁網、熱交換器
核燃料	廃棄物処理、再処理、濃縮	酸回収蒸発缶、遠心分離器磁石カバー、放射性廃薬物収納容器
建築・土木	屋根、ビル外壁、港湾設備、橋梁、海底トンネル	屋根、外壁、飾り金具、手すり、防食被覆、エクステリア、モニュメント、標識、表札、鉄筋陰極防食用電極、工具類など
輸送機器	自動車部品(四輪、二輪)	コンロッド、バルブ、リテーナ、バルブスプリング、ボルト、ナット、ホイール、タンクローリ、マフラ
	船用部品	構造部材、熱交換器、マスト、船体、シュノーケルなど
	鉄道（リニアモータカー）	パンタグラフ、クライオスタット、超電導モータ、ブレーキなど
民生	通信・光学機器	カメラ、露光装置、現像装置、電池、海底中継器
	楽器・音響機器	ドラム、スピーカ伸銅板
	医療・健康機器	人工骨、人工関節、歯科材料、手術器具、ペースメーカ、車椅子、ステッキ、アルカリイオン整水器、歯ブラシ、スパイク、馬蹄、人工心臓弁
	自転車部品	フレーム、リム、スポーク、ペダル
	装飾具、装身具	時計、眼鏡フレーム、アクセサリー、はさみ、ピアス、ネクタイピン、カフスボタン、髪留り、ライター
	スポーツ・レジャー用品	ゴルフクラブヘッド、ゴルフクラブシャフト、テニスラケット、登山用具(バーナ、ピッケル、カラビナ、アイゼン、コッフェル、スキー板、スキーストック、アルミ缶、ボトル、スプレー、水筒、マリンレジャー用具(釣具、ボンベ)
その他		魔法瓶、中華鍋、フライパン、包丁、家具、筆記具、印鑑、名刺入れ、玩具、アート

152   4. チタンおよびその合金

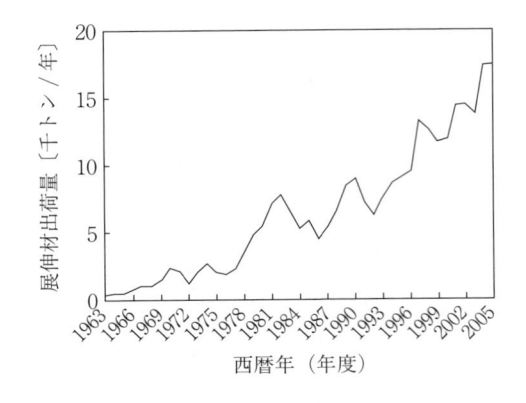

図 4.5 日本の年間チタン展伸材出荷量の推移[9]

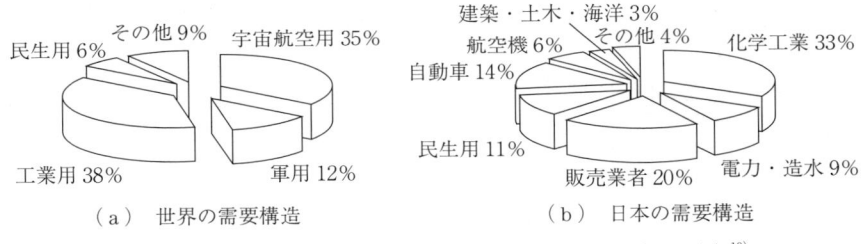

(a) 世界の需要構造

(b) 日本の需要構造

図 4.6 チタン展伸材の世界と日本の需要構造の違い（2005 年）[10]

れば，化学工業分野が最大で，次いで販売業者，民生用，自動車，電力・造水となっている。日本の場合，航空機用は約 6% を占めるのみである。

4.3 チタンの製造

金属チタンのインゴットは原鉱石（主成分は酸化チタン）から化学的方法によりチタンを抽出し，精製および溶解して製造される。

4.3.1 スポンジチタン（クロール法）

金属チタンの多くはマグネシウム熱還元法で生産されている。すなわち，チタン鉱石（酸化チタン）を塩素化して得られる四塩化チタン（$TiCl_4$）を金属マグネシウムで還元して金属チタン（スポンジチタン）を製造する方法であ

る。これは，発明者の名前からクロール法（Kroll process）と呼ばれる。**図4.7**にスポンジチタンの製造工程図を示す。

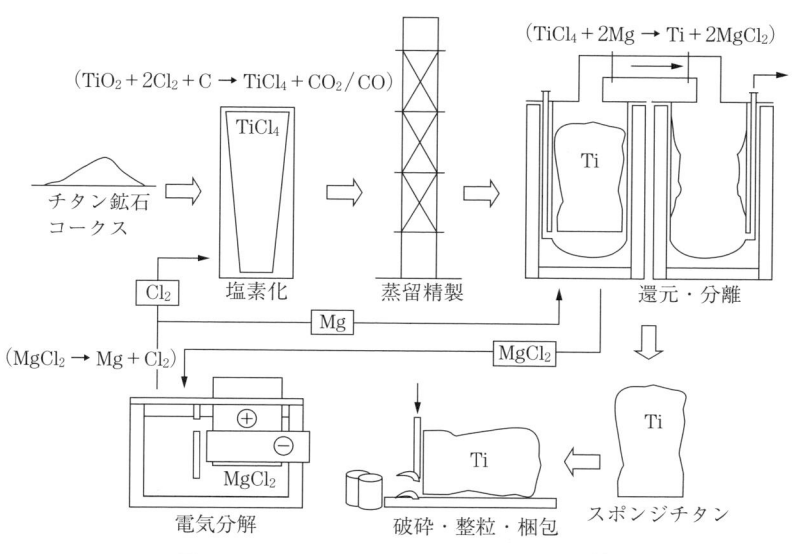

図4.7 スポンジチタンの製造工程フロー例[11]

〔1〕 **$TiCl_4$の製造工程（塩素化）**　$TiCl_4$はチタン鉱石を還元剤のコークス（C）とともに塩素ガス（Cl_2）と反応させて得られる。以下に反応過程を示す。

$$TiO_2 + 2Cl_2 + C \rightarrow TiCl_4 + CO_2/CO \tag{4.1}$$

なお，式（4.1）に示されるCO_2とCOの生成比は炉内の状況によって変化する。

〔2〕 **スポンジチタンの製造工程**　つぎに$TiCl_4$は以下のように溶融状態のマグネシウムと反応（還元）し，多孔質状の金属チタン（スポンジチタン）が得られる。

$$TiCl_4 + 2Mg \rightarrow Ti + 2MgCl_2 \tag{4.2}$$

不活性ガスを満たしたステンレス製反応容器に溶融状のマグネシウムを充填し，上方より液状の$TiCl_4$を滴化し，反応させてTiをつくる。反応中に副生す

る塩化マグネシウム（$MgCl_2$）は，反応容器から抜き出され，電解工程へ送られる。ここで，$MgCl_2$ は Mg と Cl_2 に分解・再生される。なお，スポンジチタンの内部には多くの Mg と $MgCl_2$ が含まれるため，これらを真空分離法などで分離除去する。

4.3.2 チタンインゴット

つぎに，スポンジチタンを融点（1 668℃）以上に加熱して溶解し，インゴットを製造する。金属チタンは酸素との親和力が強く，水冷した銅鋳型を用い，真空中または不活性雰囲気中で溶解する。溶解は，消耗電極式アーク溶解，電子ビーム溶解，プラズマアーク溶解などにより行われる（**表 4.4**）。

表 4.4 各種チタン溶解・鋳造方式の特徴 [12]

溶解方式（熱源）	特　　　徴	
	長　　　所	短　　　所
消耗電極式スカルアーク炉	・大型鋳物の鋳込みも可 ・装置維持費用が安価 ・溶解時間が短い。	・原料形状に制限 ・原料リサイクルが困難 ・溶湯の温度制御が不可
レビテーション（浮遊）溶解	・鋳物製造時間が短い。 ・原料リサイクルも可 ・ルツボからの汚染がない。	・設備費が高価 ・最大出湯量に制限
高周波誘導加熱（石灰ルツボ）	・原料リサイクルも可 ・汎用溶解炉の転用も可 ・均質合金の溶製が可	・ルツボからの汚染が懸念 ・溶解時間が長い。 ・消耗品（ルツボ）が高価
電子ビーム溶解	・原料リサイクルも可 ・ルツボからの汚染がない。 ・溶解雰囲気が良好	・設備費が高価 ・メンテナンスが煩雑 ・合金成分の調整が困難

消耗電極式アーク溶解（vacuum arc remelting，VAR）は広く使われている方法である。**図 4.8** に溶解装置の概略図を示す。金属チタン自体を消耗電極（陰極）とし，溶解浴（陽極）との間に真空状態で直流アークを発生させ，発熱・溶解する方法である。なお，品質の均質化を図るため，得られたインゴットを消耗電極として再度溶解を行う。

(a) VAR溶解炉の概略[13]　　　(b) 消耗電極式真空アーク溶解炉[14]

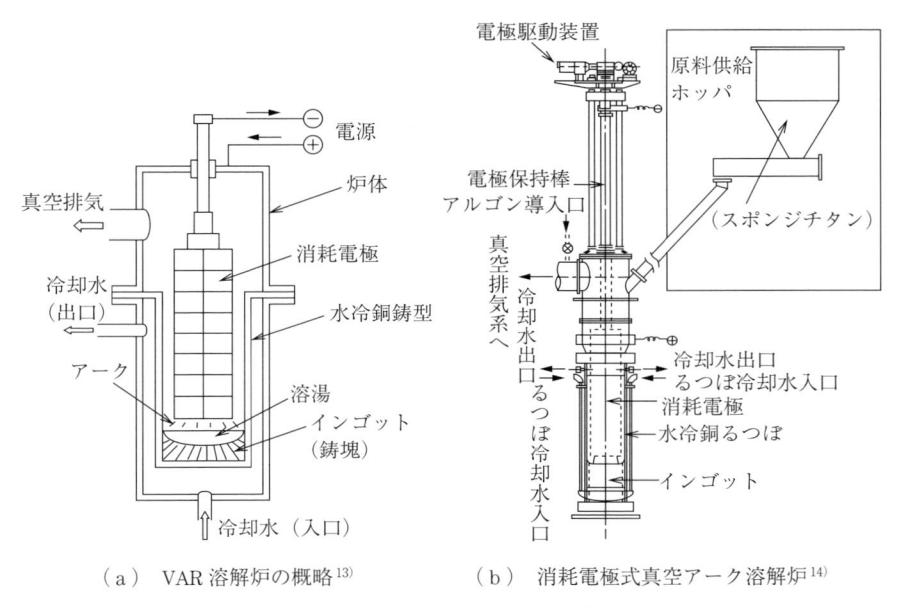

図4.8 消耗電極式真空アーク溶解炉

4.4　チタン合金の分類

チタン材料は，汎用材料と特殊材料に大別される。

汎用材料：板，棒，鍛造品に用いられる展伸材である。構造材料，容器材料，配管材料などに使用される。

(1) 工業用純チタン（CPチタン）
(2) 耐食チタン合金
(3) チタン合金（α合金，$\alpha + \beta$合金，β合金）

特殊材料：特定の目的に使用される特殊な性能のチタン材料である。

(1) 高純度チタン（薄膜形成用スパッタリングターゲット材）
    薄膜形成用スパッタリングターゲット材料として活用される。4N（99.99％），4N5（99.995％），5N，6Nのグレードがある。
(2) 機能性チタン合金（超電導材料，形状記憶合金，軽量耐熱合金，超弾

塑性合金など）

NbTi 系超電導合金，NiTi 系形状記憶合金，TiAl 系金属間化合物，超弾塑性合金などがある。

4.4.1　工業用純チタン（CP チタン）

国内で広く用いられているチタン材料である。不純物として O，N，C，Fe，H を含んでいる。CP チタン（commercially pure titanium）とも呼ばれる。純チタンの強度は，不純物元素の量に依存する。特に，O，Fe に依存する。JIS では，O，Fe が少なく，軟らかい1種から，O，Fe の多い硬い4種までの4種類が規定されている。国内で最も一般的に使用されるのは JIS 2 種材である。

4.4.2　耐食チタン合金

チタンの耐食性を向上させる有効な元素は，白金属元素の Pt，Pd，Ru である。また，Mo，Ni，Co，Cr などを複合微量添加した合金もある。これらの元素の微量添加により耐食性に有効な酸化皮膜の形成が促進される。これらは JIS や ASTM に規格化されている。

4.4.3　チ タ ン 合 金

チタン合金は，α 合金，$\alpha+\beta$ 合金，β 合金に分類される。α 合金は HCP 構造の α 相，β 型は BCC 構造の β 相に対応している。図 4.9 にチタン合金の模式的状態図と合金の分類を示す。ここで，室温の平衡状態で HCP の α 相から

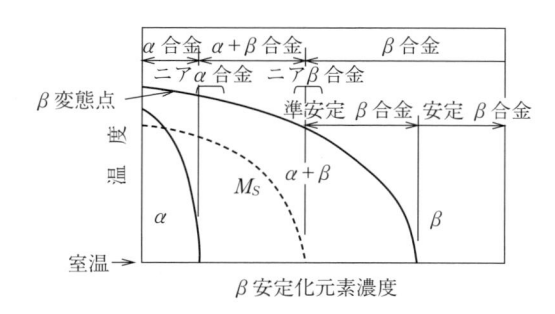

図 4.9　チタン合金の模式的状態図と合金の分類 [15]

なる α 合金，α 相と β 相の 2 相からなり，β 単相域から焼き入れた際にマルテンサイト変態する，あるいは拡散変態により α 相が生成する α + β 合金，β 単相域から焼き入れた際にマルテンサイト変態せず高温相である BCC の β 相がほぼ 100％残存する β 合金に大別される。この分類は β 相の安定度に基づいたものである。最近では，チタン合金の多様化に伴い，改良型純チタン，低合金，ニア α 合金，ニア β 合金などのように分類されることも多い。

チタン材料の性能は変態した相の結晶構造で決まる。上述のように，α 相は HCP，β 相は BCC 構造となっている。チタンの合金元素はこれらの α 相，β 相の安定化の違いで区別される。以下に各相の安定化に寄与する合金元素の例を示す。

　α 相安定化：Al，O，N，C
　β 相安定化：Mo，V，Nb，Fe，Cr，Ni
　中性型元素：Sn，Zr

これらのチタン合金は，結晶構造に対応づけて，α 合金，α + β 合金，β 合金に分類される。**図 4.10** に α，β 安定化元素および代表的合金を示す。

　α 合金：Al を積極的に活用している。溶接性，クリープ特性，低温特性に
　　　　　優れる。
　β 合金：常温で BCC 構造であり，加工性に優れる。溶体化時効処理により
　　　　　高強度化が可能である。
　α + β 合金：α 合金と β 合金の特徴をバランスよく組み合わせた合金であ
　　　　　り，代表例は Ti-6Al-4V 合金である。最も広く使用されているチタン
　　　　　合金であり，チタン合金の需要量の約 70％を占める。延性や靭性に
　　　　　優れ，また，高強度であるとともに加工性も良好である。さらに，溶
　　　　　接性も良好な合金である。α + β 合金は二相組織であり，組織の微細
　　　　　化，二相組織分率の最適化が可能である。超塑性現象を発現できる。

相安定性の制御を行う場合の各合金元素の影響の目安として，α 安定化元素については Al 当量，β 安定化元素については Mo 当量がそれぞれ用いられる。なお，JIS 規格では以下のように分類されている。

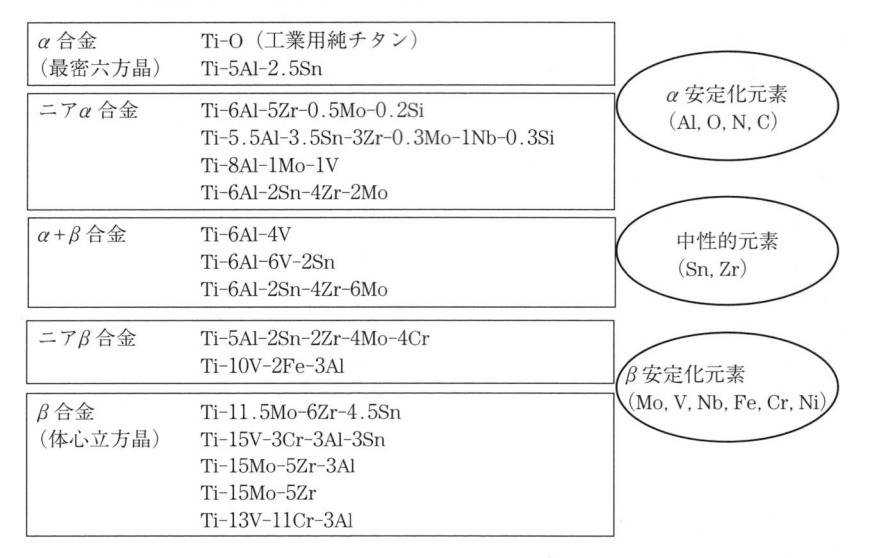

α合金 (最密六方晶)	Ti-O（工業用純チタン） Ti-5Al-2.5Sn	
ニアα合金	Ti-6Al-5Zr-0.5Mo-0.2Si Ti-5.5Al-3.5Sn-3Zr-0.3Mo-1Nb-0.3Si Ti-8Al-1Mo-1V Ti-6Al-2Sn-4Zr-2Mo	α安定化元素 (Al, O, N, C)
α+β合金	Ti-6Al-4V Ti-6Al-6V-2Sn Ti-6Al-2Sn-4Zr-6Mo	中性的元素 (Sn, Zr)
ニアβ合金	Ti-5Al-2Sn-2Zr-4Mo-4Cr Ti-10V-2Fe-3Al	β安定化元素 (Mo, V, Nb, Fe, Cr, Ni)
β合金 (体心立方晶)	Ti-11.5Mo-6Zr-4.5Sn Ti-15V-3Cr-3Al-3Sn Ti-15Mo-5Zr-3Al Ti-15Mo-5Zr Ti-13V-11Cr-3Al	

図4.10 実用チタン合金の構成相に基づく分類

(1) **チタン展伸材**

展伸材形状：板と条，継目無管，熱交換器用管，溶接管，棒，鍛造品，線

工業用純チタン：1種～4種

耐食チタン合金：11種～23種

α合金：50種（Ti-1.5Al）

α+β合金：60種および60E種（Ti-6Al-4V），
　　　　　61種および61F種（Ti-3Al-2.5V）

β合金：80種（Ti-4Al-22V）

(2) **外科インプラント用チタン材料規格**　　純チタン，Ti-6Al-4V，Ti-6Al-2Nb-1Ta，Ti-15Zr-4Nb-4Ta，Ti-6Al-7Nb，Ti-15Mo-5Zr-3Alの6種類が規格化されている。

(3) **鋳物用合金**　　チタンおよびチタン合金の鋳物のJIS規格を**表4.5**に示す。

表 4.5 チタンおよびチタン合金鋳物（JIS 規格）[16]

（単位：質量％）

種別	化 学 成 分									その他*	
	H	O	N	Fe	C	Pd	Al	V	Ti	個々	合計
2種	0.015 以下	0.30 以下	0.05 以下	0.25 以下	0.10 以下	—	—	—	残部	0.1 以下	0.4 以下
3種	0.015 以下	0.40 以下	0.07 以下	0.30 以下	0.10 以下	—	—	—			
12種	0.015 以下	0.30 以下	0.05 以下	0.25 以下	0.10 以下	0.12 ～0.25	—	—			
13種	0.015 以下	0.40 以下	0.07 以下	0.30 以下	0.10 以下	0.12 ～0.25	—	—			
60種	0.015 以下	0.25 以下	0.05 以下	0.40 以下	0.10 以下	—	5.50 ～6.75	3.50 ～4.50			

＊ その他の成分は，受渡当事者間の協定による。

種類（記号）	引 張 試 験			硬さ試験*
	引張強さ 〔N/mm²〕	耐 力 〔N/mm²〕	伸 び 〔％〕	HBW10/3000 または HV30
2種（TC340）	340 以上	215 以上	15 以上	110～210
3種（TC480）	480 以上	345 以上	12 以上	150～235
12種（TC340Pd）	340 以上	215 以上	15 以上	110～210
13種（TC480Pd）	480 以上	345 以上	12 以上	150～235
60種（TAC6400）	895 以上	825 以上	6 以上	365 以下

＊ (1) 耐力は，特に注文者の要求にあるものに限り適用する。
　(2) 硬さ試験は，ブリネル硬さまたはビッカーズ硬さのいずれかを測定する。

4.5　チタンおよびチタン合金の調質・熱処理の基礎

4.5.1　焼なまし処理および溶体化処理

　チタンの焼なまし処理も，基本的には内部ひずみの除去や加工組織の回復・再結晶を目的として行う。α合金においては，まず，α単相領域に加熱することにより加工組織を回復・再結晶させ，その後，常温に冷却する。また，β合金においては，まず，β単相領域に加熱する。これは溶体化処理でもあり，その後，室温まで急冷するとβ単相の過飽和固溶体となる。続いて，α＋β 2相領域で時効処理することにより，α相を析出させる。このα相の析出により大

きな強度上昇が得られる。一方，$\alpha+\beta$ 合金では，焼なまし処理および溶体化処理は $\alpha+\beta$ 2 相領域で行われる。ここで，加熱温度や保持時間により，α 相および β 相の組成は異なり，また，特性も異なることになる。

4.5.2 時効処理

上述のように，$\alpha+\beta$ および β 合金では溶体化処理後の時効処理により，β 相から α 相が析出し，合金が強化される。ただし，時効温度が低い場合には ω 相が生成し，脆化する。これは ω 脆性と呼ばれ，注意する必要がある。また，加工と熱処理を組み合わせる加工熱処理法により，α 相の析出組織を微細化することが可能である。これは，加工により導入された転位や変形双晶，亜粒界などが α 相の不均一核生成サイトとなり，優先析出するためである。

4.6　代表的製造プロセスとミクロ組織の特徴

以下に展伸材の製造および精密鋳造の工程について述べる。

4.6.1　展伸材の製造

〔1〕**熱間加工品の製造**　　チタンの熱間加工品は，チタン鋳塊を熱間で鍛造したり，圧延したりすることによって製造される（**図 4.11**）。スラブやブルーム，ビレットを経て，板や棒製品になり，さらに熱間鍛造や冷間プレス，機械加工などにより最終製品となる。なお，通常，熱間加工品は再結晶温度以下の 700℃ 程度で熱処理が施される。

〔2〕**冷間加工品の製造**　　チタンの冷間圧延工程を**図 4.12**に示す。熱間圧延された素材（熱延コイル）を焼なまし，回復・再結晶により軟化させる。また，熱延板の表面に生成するスケールを除去し，また，表面の酸素富化層を除去する（デスケーリング）。その後に冷間圧延を行い，コイル製品，板製品，条製品を製造する。

4.6 代表的製造プロセスとミクロ組織の特徴

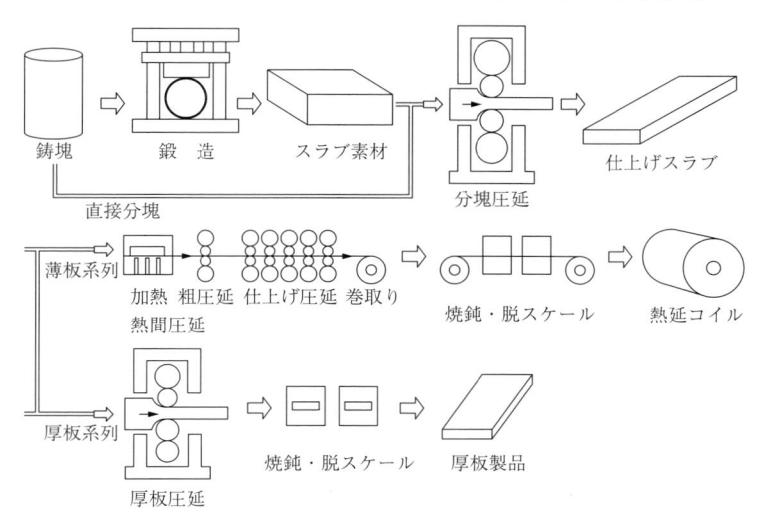

図 4.11 チタン熱間圧延製品の製造工程フロー[18]

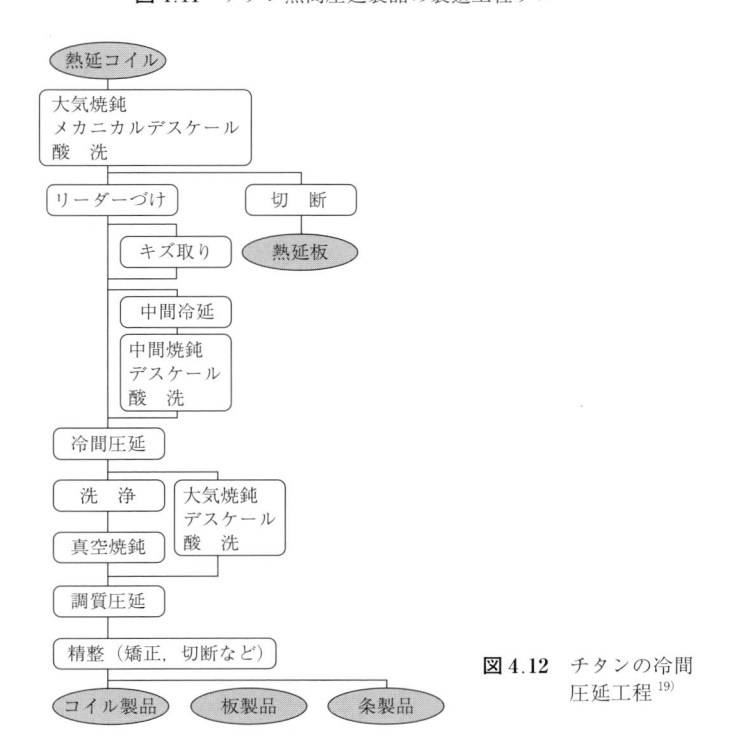

図 4.12 チタンの冷間圧延工程[19]

4.6.2 精密鋳造の工程

鋳造方法により砂型鋳造，金型鋳造，ダイカスト，精密鋳造などがある。チタンでは精密鋳造法としてロストワックス法が広く行われている。ロストワックス法は，量産性，寸法精度，表面粗度に優れており，複雑形状品の製造に適した鋳造方法である。精密鋳造の工程を**図 4.13** に示す。基本的な製造工程は，製品形状のワックス模型を鋳型材で型どり，その後，ワックスを溶出することにより作製した鋳型内に溶湯を流し込み，凝固後に鋳型を除去する。工程は以下のようである。

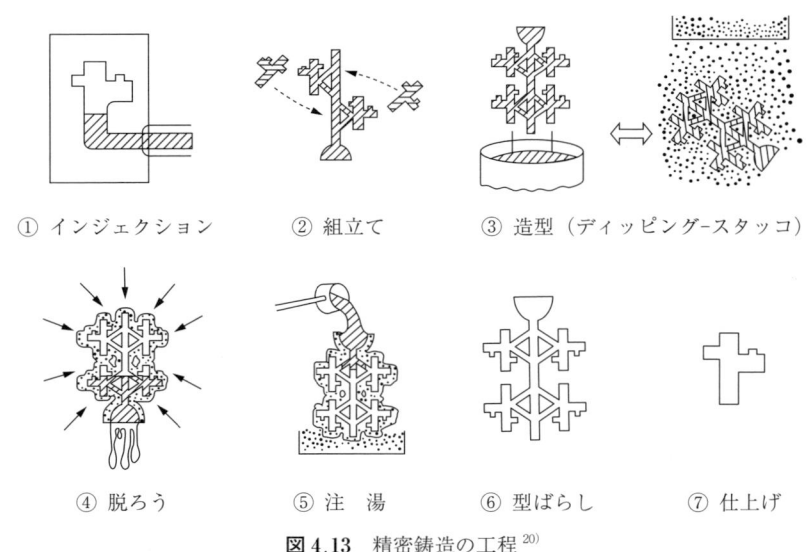

① インジェクション　② 組立て　③ 造型（ディッピング-スタッコ）

④ 脱ろう　⑤ 注　湯　⑥ 型ばらし　⑦ 仕上げ

図 4.13　精密鋳造の工程[20]

1) インジェクション：金型内に溶けたろうを射出成形し，ワックス模型を作製する。
2) 組立て：ワックス製の湯道周囲に模型を取り付ける（ツリーという）。
3) 造　型：ツリーをスラリーに浸漬塗布し，表面に耐火物粒をまぶす。続いて乾燥させる。この工程を数回繰り返す。
4) 脱ろう：オートクレーブ加熱により，ワックスを溶出する。続いて，鋳

型を高温で焼成し,残留ワックスと水分を除去する。
5) 注　湯：鋳型キャビティ内に溶湯を注ぐ。
6) 型ばらし：凝固完了後に鋳型を除去する。
7) 仕上げ：湯道から製品を切り離し,押し湯など不要部分を除去する。

　チタンの鋳造方法には種々のものがある。基本的には2章のアルミニウム合金で述べたとおりである。ただし,チタンの場合には,溶融チタンが活性であるため,溶融チタンとの反応性の低い材料を鋳型に用いたり,凝固での湯回り不良やピンホール欠陥を防ぐための工夫が行われている。

4.7　代表的実用合金および諸特性

4.7.1　工業用純チタン（CPチタン）

　純チタンに酸素,窒素,炭素が含まれると硬さが増大する。**図4.14**に硬さ（ブリネル硬さ）と含有量の関係を示す。いずれの場合も,わずかに含まれると硬さが直線的に増大することがわかる。さらに,**図4.15**に酸素含有に伴う種々の機械的性質の変化を示す。酸素量の増加とともに,耐力,引張強さは増大し,伸びは逆に減少する。0.2〜0.3%の酸素では,伸びは大きく減少せずに強度が増大するが,これ以上の酸素を含むと伸びは大きく低下する。

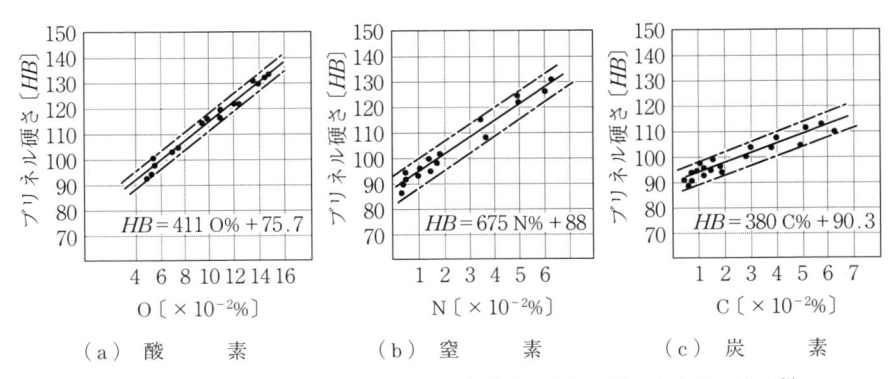

(a) 酸素　　$HB = 411\,O\% + 75.7$
(b) 窒素　　$HB = 675\,N\% + 88$
(c) 炭素　　$HB = 380\,C\% + 90.3$

図4.14　チタンのブリネル硬さに及ぼす酸素,窒素,炭素含有量の影響[21]

164　　4. チタンおよびその合金

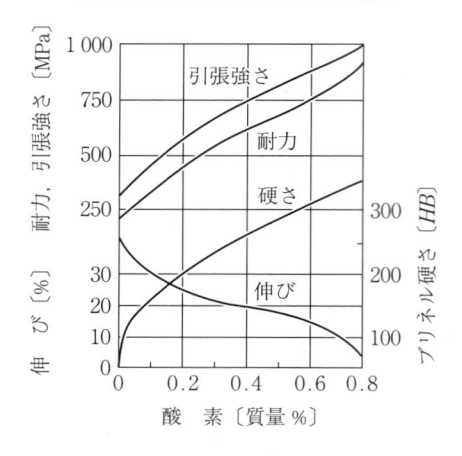

0.2〜0.3%の酸素はチタンを強化するが，それ以上は靭性に害を与える

図4.15 CPチタンの機械的性質と不純物酸素との関係[22]

4.7.2 α 合 金

図4.16にα合金の硬さの増量に及ぼす各種添加元素の影響を示す。これより特にFeやMoは硬さ増大にきわめて有用であることがわかる。また，VやAlの添加も有用であることがわかる。

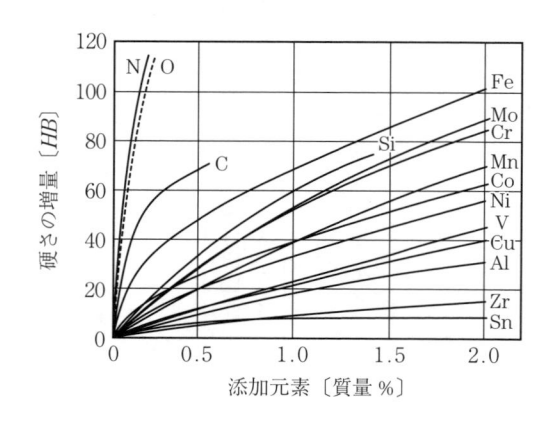

図4.16 チタン（α合金）の硬さに及ぼす添加元素の効果[23]

4.7.3 α + β 合 金

チタンにβ相安定化元素を添加するとα/β変態点が下降し，また，α+β2相領域が形成される。図4.17にα+β合金の状態図と熱処理の概略を示す。

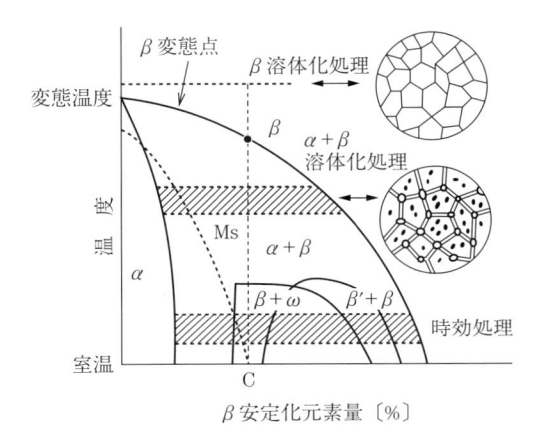

図4.17 α + β 合金の状態図と熱処理の概略[24)]

一般的には，β変態点直上のβ単相領域で鍛造して鋳造組織をこわし，つぎに，α + β 2相領域で均一等軸結晶粒の組織を得るため熱間加工が行われる。さらに，α + β 2相領域で溶体化処理を行い，急冷し，続いて673〜873 Kで時効処理するとβ相からα相が微細に析出する。なお，時効温度や時効時間が不適切な場合は中間遷移相としてω相（六方晶）が現れ，脆くなる。これはω脆性と呼ばれる。

α + β 合金の中で最も広く使われている合金はTi-6Al-4V合金であり，熱処理性，加工性，溶接性など全体的バランスに優れている。厚肉材では焼入れ性の観点からTi-6Al-6V-2Sn合金が用いられる。また，VやMoを減少させ，AlやSnを増大させると弾性定数が大きくなり，耐クリープ性が改善される。Ti-8Al-1V-1Mo合金はTi-6Al-4V合金より弾性定数が約10%大きく，クリープ強度もかなり大きくなる。なお，Al量が多くなるとα_2相（Ti_3Al）が析出し，脆くなるので熱処理に工夫が必要である。また，α + β 合金では加工と熱処理を組み合わせることにより（加工熱処理），微細結晶粒の2相組織が得られる。これにより，超塑性が発現する。超塑性現象を活用した超塑性加工により，航空機のフレーム構造材を一体構造で製造することが可能となる。

4.7.4　β 合 金

チタンに Mo や Fe などの β 相安定化元素を添加すると，**図 4.18** に示すように α/β 変態点が移り，添加量がある量以上になると β 相領域から急冷することによって，β 相は完全に室温で残留するようになる。この限界はほぼ室温における Ms 点近傍である。

表 4.6　常温まで β 相をもちきたすのに必要な β 安定化元素の最低含有量

合 金 元 素		最低含有量 [%]
β 固溶型元素	Mo	10
	V	14.9
	Nb	36
	Ta	45
共析型元素	Fe	3.5
	Cr	6.3
	Mn	6.4
	Co	7
	Ni	9

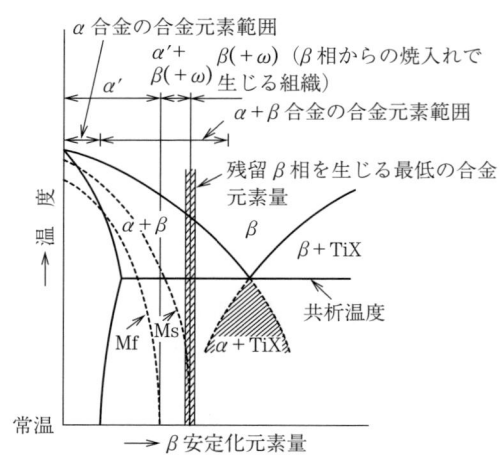

図 4.18　β 安定化チタン合金の平衡状態図と各相の関係[25]

β 相安定化元素には全率固溶体型の Mo，V，Nb，Ta などと，共析型の Fe，Cr，Mn，Co，Ni などがあるが，**表 4.6** に示すように共析型元素のほうが β 相残留に効率的である。ただし，共析型元素では高温保持中に共析分解や ω 相の析出により脆化することがある。通常，β 相安定化のためには Mo と V が用いられる。実用 β 合金には，Zr，Sn や Al が添加されることが多い。Zr と Sn は中性元素ではあるが，β 相の安定化に寄与すること，また，Al は ω 相の生成温度を下げ，生成時間を遅らせる効果があるためである。工業的に用いられる β 合金では残留 β 相により加工性を良好とし，さらに溶体化処理後の時効処理により α 相を微細かつ均一に析出させている。

4.8 工業材料の諸特性

4.8.1 チタンおよびチタン合金

表4.7に各種チタンおよびチタン実用合金の機械的性質を示す。**表4.8**に航空機機体用チタンの材質と適用を示す。機体部品ではTi-6Al-4V合金が代表的

表4.7 チタンおよびチタン合金の種類，組成および機械的性質 [26]

種類	合金組成	熱処理	引張強さ 〔MPa〕	0.2%耐力 〔MPa〕	伸び 〔%〕	備考
純チタン	CPチタン，JIS1種，O：0.15%以下	焼なまし	275～412	>167	>27	純チタン
	CPチタン，JIS2種，O：0.20%以下	焼なまし	343～510	>216	>23	純チタン
	CPチタン，JIS3種，O：0.30%以下	焼なまし	481～618	>343	>18	純チタン
α合金	Ti-5Al-2.5Sn	焼なまし	850	820	18	
	Ti-8Al-1V-1Mo	焼なまし	1 000～1 100	930～1 030	15～18	高強度
	Ti-6Al-2Sn-4Zr-2Mo-0.1Si	STA	892	—	15	耐熱耐クリープ
α+β合金	Ti-6Al-4V	焼なまし	990	910	14	はん用
		STA	1 170	1 100	10	加工・鋳造
	Ti-6Al-2Sn-4Zr-6Mo	STA	1 262	1 180	10	焼入改良
β合金	Ti-13V-11Cr-3Al	STA	1 270	1 200	8	強力
	Ti-15V-3Cr-3Sn-3Al	STA	1 310	1 220	8	強力，加工性
	Ti-11.5Mo-4.5Sn-6Zr	STA	1 382	1 313	11	強力，加工性

〔注〕STA：溶体化処理＋時効

表4.8 航空機機体用チタンの材質と適用 [27]

材質	引張強さ 〔MPa〕	適用
純チタン	345～550	ブラケット，ダクト，配管，非構造部材（良成形性，耐食性）
Ti-3Al-2.5V	860, 690	油圧配管，ハニカム材
Ti-6Al-4V	895	一般構造材・鍛造品，鋳造品，板などすべての形態
	895	破壊抵抗強度部材
	965	破壊抵抗強度部材・軍用機：F-22用鋳造品，ヘリコプタのロータ用鍛造品
		破壊抵抗用部品・軍用機：B-1, F-15, F-18
	1 100	ボルト，独立構造部品（高強度部品）
Ti-6Al-6V-2Sn	895	構造部品（初期非重要部品）
	1 100	軍用機用非重要部品
Ti-6Al-2Sn-4Zr-2Mo	895	鋳造品，鍛造品（耐熱材）
Ti-6Al-2Sn-2Zr-2Mo-2Cr	1 035	鍛造品，厚板（高強度高靱性材）
Ti-10V-2Fe-3Al	1 190	着陸装置用桁部品（鍛造品・高強度高靱性材）
Ti-15V-3Cr-3Al-3Sn	1 035	薄板（高強度，成形性），鋳造品（少量）
Ti-3Al-8V-6Cr-4Mo-4Zr	1 240～1 450	ばね

で，機体用チタン合金全体の80%以上と最も多く使用されている。また，最近の航空機にはチタン材の使用量が増える傾向にある。これは，最近，航空機用に炭素繊維複合材料の使用が増えるに伴い，アルミニウム合金では炭素繊維との間の電位差により腐食が問題となるため，チタンが使用されている。チタンは熱膨張係数が小さいことも有利に働いている。図 4.19 にチタン合金のタイプで整理した室温での降伏応力と破壊靱性の関係を示す。

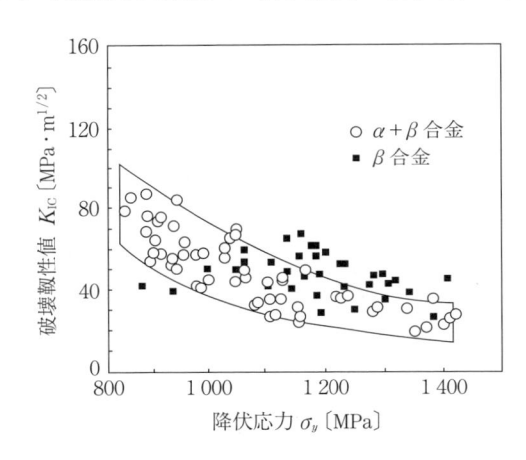

図 4.19 合金のタイプで整理した室温における降伏応力と破壊靱性[28]

4.8.2 超塑性材料

チタン合金にも超塑性現象が認められている。例えば，α 相結晶粒径が 3 μm 程度の Ti-6Al-4V 合金材では 900℃付近の温度で数百パーセントの伸びを示す。この他にも超塑性合金として Ti-4.5Al-3V-2Mo-2Fe 合金が開発されており，より低い温度でも超塑性が発現する。超塑性現象を活用すると，複雑な形状の部品を一工程で一体成形することが可能となる。例えば，超塑性ガス圧成形法などが活用されている。

4.8.3 粉末冶金合金

粉末冶金 (powder metallurgy，PM) は，粉末を成形，焼結することにより，最終製品形状に近いニアネットシェイプでの機械部品の量産を可能とするもの

である。特に，金属粉末射出成形（metal injection molding, MIM）は新しい金属加工技術として発展している。難加工材であるチタンやチタン合金に対して金属粉末射出成形（MIM）プロセスの発展が期待される。チタンの原料粉末は水素化脱水素法（hydride de-hydride, HDH），プラズマ回転電極法（plasma rotating electrode process, PREP），ガスアトマイズ法（gas atomization）などにより製造される。

4.8.4 チタンの陽極酸化

チタン表面に酸化皮膜が存在すると光の干渉効果により色を呈するようになる。色調は皮膜の厚さに応じて大きく変化する。陽極酸化法は，このような効果を利用してチタン表面に種々の色調を出現させ，チタンに意匠性を付与するものである。陽極酸化法では陽極にチタンを，陰極に例えばアルミニウムを用い，電解液として，例えば，1質量％のリン酸を用いて定電圧を付加すると，その電圧に対応した厚さのTiO_2皮膜が形成され，皮膜の厚さに対応した干渉光が出現する。図4.20，図4.21に，陽極酸化法の原理図，および陽極酸化電圧とチタン酸化皮膜の厚さの関係を示す。電圧の上昇に比例して膜厚が増加し，黄金色，茶色，青色，黄色，紫色，緑色，黄緑色，桃色へと変化する。本手法は，種々の装飾品に利用されている。

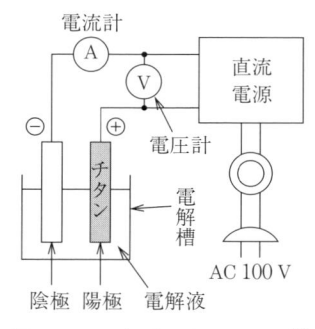

図4.20 陽極酸化法の原理図 [31]

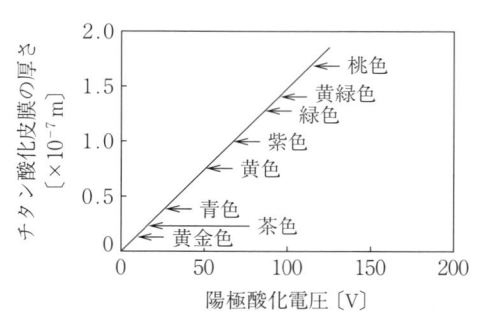

図4.21 陽極酸化電圧とチタン酸化被膜の厚さの関係 [31]

4.8.5 耐　食　性

チタンと各種耐食性材料（ステンレス鋼，ニッケル基合金，銅）の耐食性の比較を**表4.9**に示す。各種腐食性媒質において，チタンは優れた耐食性を示すことがわかる。

表4.9 チタンと各種耐食性材料の耐食性比較[32]

腐食性媒質	湿度〔%〕	温度	チタン	ステンレス鋼 (SUS316)	ニッケル基合金 (ハステロイC)	銅
塩　酸	5	室温	A	C	B	C
	10	沸点	C	C	C	C
硫　酸	5	室温	A	A	A	B
	10	沸点	C	C	C	B
硝　酸	30	室温	A	A	A	C
	68	沸点	A	B	C	C
酢　酸	100	室温	A	A	A	C
		沸点	A	A	A	C
苛性ソーダ	20	室温	A	A	A	A
	40	沸点	C	B	A	B
塩化第二鉄	30	室温	A	C	B	C
		沸点	A	C	C	C
塩化ナトリウム	飽和 (20℃)	室温	A	B	A	A
		沸点	A	C	B	B
硫化ソーダ	10	室温	A	A	A	C
		沸点	A	B	A	C
塩素ガス	100% (wet)	室温	A	C	C	C
硫化水素ガス	100% (wet)	室温	A	A	B	C

A：完全耐食（腐食速度0.13 mm／年　以下），B：使用可能の耐食（腐食速度0.13〜1.3 mm／年），C：耐食性なし（腐食速度1.3 mm／年　以上）

4.9　生体用および歯科用チタン合金

チタンは，生体適合性に優れ，人体にアレルギーなどを起こさないことから，生体用や歯科用材料として用途が広がっている。**表4.10**に生体用チタン合金の種類を示す。純チタンやTi-6Al-4V合金が当初使われていたが，V元素に毒性があることから近年NbやFeで置き換えた合金が開発されてきた。ま

表4.10 生体用チタン合金の種類[33),34)]

合金名	合金型	開発国	特徴
純チタン Grade 1 Grade 2 Grade 3 Grade 4	α		純度　　　　　　　　　強度　延性 　↓（N, Fe, O の微量上昇）　↓　↓ 低下　　　　　　　　　上昇　低下
Ti-6Al-4V ELI	$\alpha+\beta$		加工材
Ti-6Al-4V	$\alpha+\beta$		鋳造材
Ti-6Al-7Nb	$\alpha+\beta$	スイス	
Ti-5Al-2.5Fe	$\alpha+\beta$	旧西ドイツ	βリッチ
Ti-5Al-3Mo-4Zr	$\alpha+\beta$	日本	
Ti-15Sn-4Nb-2Ta-0.2Pd	$\alpha+\beta$	日本	
Ti-15Zr-4Nb-2Ta-0.2Pd	$\alpha+\beta$	日本	
Ti-13Nb-13Zr	ニア β	アメリカ	低剛性率
Ti-12Mo-6Zr-2Fe	β	アメリカ	低剛性率
Ti-15Mo	β	アメリカ	低剛性率
Ti-16Nb-10Hf	β	アメリカ	低剛性率
Ti-15Mo-5Zr-3Al	β	日本	低剛性率
Ti-15Mo-3Nb	β	アメリカ	低剛性率
Ti-35.3Nb-5.1Ta-7.1Zr	β	アメリカ	低剛性率
Ti-29Nb-13Ta-4.6Zr	β	日本	低剛性率
Ti-40Ta, Ti-50Ta	β	アメリカ	高耐食性

た，骨との力学的融合性を高めるため，弾性率を低くして骨に近づけるため，β合金が開発されるようになった．Ti-13Nb-13Zr などは低弾性率のβ生体用チタン合金である．歯科用チタン合金についても表4.11に示す．歯科用チタン合金には優れた鋳造性が求められる．

表4.11 歯科用チタン合金の種類と機械的性質[35)]

合金	プロセス	引張強さ〔MPa〕	耐力〔MPa〕	伸び〔%〕	ビッカース硬さ〔HV〕
Ti-20Cr-0.2Si	鋳造	874	669	6	318
Ti-25Pd-5Cr	鋳造	880	659	5	261
Ti-13Cu-4.5Ni	鋳造	703	—	2.1	—
Ti-6Al-4V	鋳造	976	847	5.1	—
Ti-6Al-4V	超塑性成形	954	729	10	346
Ti-6Al-7Nb	鋳造	933	817	7.1	—
Ti-Ni	鋳造	470	—	8	190

5 軽合金先進材料

5.1 複合材料

　合金の組織が単相組織ではなく，複数の組織で構成される複相組織あるいは複合組織である場合，それぞれ構成する相や要素の体積率，空間分布，形態などによって合金の特性は異なってくる．複合材料の場合，強化材の形態や配置によって種類が**図**5.1のように大別される．すなわち，粒子分散強化複合材料，短繊維強化複合材料，連続繊維強化複合材料である．粒子分散強化複合材料は等方的であるのに対し，連続繊維強化複合材料は異方性をもつ．**表**5.1に構造用の金属系複合材料で広く用いられる主な強化材を粒子，ウィスカ，繊維に分けて示す．ウィスカは大きな強度をもつきわめて細い短繊維である．また，**表**5.2に各種複合材料について形態，特徴，複合例などを示す．この表に

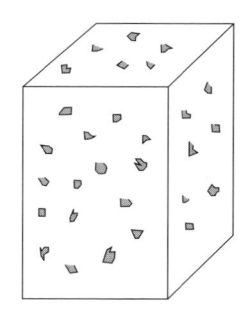

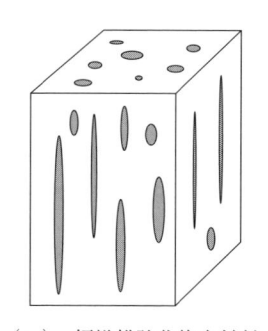

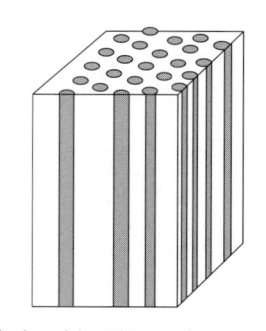

（a）　粒子分散強化複合材料　　（b）　短繊維強化複合材料　　（c）　連続繊維強化複合材料

図 5.1　強化材の形状による複合材料の分類

表5.1 構造用金属系複合材料における主な強化素材（粒子，ウィスカ，繊維）とマトリックス素材（金属，金属間化合物）

マトリックス素材	金　属	Al, Mg, Ti, Ni, Cu, Co, Fe などとそれらの合金
	金属間化合物	TiAl, Ti$_3$Al, Ti$_2$NbAl, Ni$_3$Al, NiAl, MoSi$_2$, Nb$_3$Al など
強化素材	粒　子	Al$_2$O$_3$, SiC, C(黒鉛), TiC, Y$_2$O$_3$, TiB$_2$, HfB$_2$
	ウィスカ	SiC, Si$_3$N$_4$, ほう酸アルミニウムなど
	繊　維	Si-C-O系，Si-Ti-C-O系，SiC, B, Al$_2$O$_3$, C(炭素)など

は積層型も含まれている。

つぎに，アルミニウムの代表的な複合材料である Al-Al$_2$O$_3$ 分散型複合材料について，Al$_2$O$_3$ 含有量と機械的性質の関係を**図5.2**に示す。Al$_2$O$_3$ 含有量の増加とともに，硬さ，引張強さ，耐力は増大し，一方，伸びは減少することがわかる。これらは複合化による一般的な効果を示すものである。また，Al$_2$O$_3$ の複合化はアルミニウムの耐熱性を向上させる。Al-Al$_2$O$_3$ 複合材料（SAP）について高温引張強さを他のアルミニウム合金と比較して**図5.3**に示す。これより，SAP は常温付近では超ジュラルミン（Al-Cu-Mg 合金）に比較して引張強さが低いが，高温になると最も引張強さが大きくなる。すなわち，耐熱性が優れる。

また，**表5.3**に SiC/Al 合金系複合材料の成形条件と引張強さおよび弾性率を示す。SiC の複合化により引張強さおよび弾性率が著しく増大することがわかる。ここで，連続繊維強化複合材料の場合について，強度，伸び，弾性率の体積率依存性について述べる。**図5.4**に引張方向が連続繊維に対して，直角の場合と平行の場合とを示す。直角の場合は等応力負荷となり，平行の場合は等ひずみ負荷となる。

等応力負荷の場合：

$$\varepsilon_{total} = \frac{\sigma}{E_B} V_f + \frac{\sigma}{E_{Al}} \left(1 - V_f\right) \tag{5.1}$$

$$\sigma = E_{comp} \varepsilon_{total} \tag{5.2}$$

$$\frac{1}{E_{comp}} = \frac{V_f}{E_B} + \frac{\left(1 - V_f\right)}{E_{Al}} \tag{5.3}$$

表5.2 複合材料の形態別分類,特徴,アルミニウム合金との複合例および研究・開発動向[1]

形 態	特 徴	複 合 例	研究・開発動向
連続繊維型	・繊維軸方向の強さ,ヤング率は高い。 ・繊維軸方向に直角方向の強さやヤング率は低い。	ボロン,炭素,炭化ケイ素,アルミナなどの連続繊維で強化あるいは共晶合金の一方向凝固	・プロセス制御で高温強度化 ・界面およびマトリックス制御による高温強さを改善 ・繊維軸に直角方向の特性改善 ・加工法・接合法の研究
短繊維型	・短繊維,ウィスカの3次元,2次元ランダム配向により,等方的となる。また,配向性を変えることが可能 ・加工性が他の複合材に比べ良好 ・ニアネットシェイプで作製可能	アルミナ短繊維や炭化ケイ素ウィスカで強化	・中・高温度域での特性調査・プロセス制御による特性改善 ・2次加工性の研究 ・耐摩耗性改善
粒子型	・等方性 ・比較的安価 ・加工性良好 ・ニアネットシェイプで作製可能	アルミナや炭化ケイ素を分散	・プロセス制御による特性改善 ・耐摩耗性,強さ,ヤング率改善 ・中・高温度域での特性調査 ・2次加工性・接合性研究
連続繊維+粒子・ウィスカ型	・繊維の分散・分散性良好で高強度化が可能 ・繊維に直角方向の特性良好	炭化ケイ素,炭素繊維などの連続繊維と炭化ケイ素,アルミナの粒子やウィスカで強化	・プロセス制御による特性改善 ・強化機構に関する基礎研究 ・高温強度改善
積層型	・強い方向性のある一方向強化板材を積層することにより異方性の設計が可能	ボロンや炭化ケイ素で強化した一方向板材を角度を変えて積層	・層間応力に関する基礎研究 ・破壊靭性の評価研究 ・熱応力解析
3次元型	・設計形状に直接成形可能	人工連続繊維を3次元的に編み,マトリックスを含浸させる複合材。また,アルミニウムの酸化や化学反応を利用して形成させたアルミナとアルミニウムの混合複合材	・新しい製造法の模索 ・プロセス制御による特性改善 ・特性データの集積

5.1 複合材料

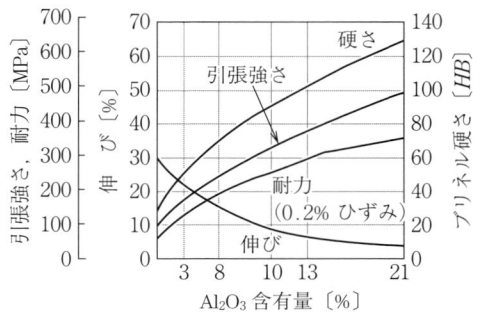

図5.2 Al-Al$_2$O$_3$ 分散型合金の Al$_2$O$_3$ 含有量と室温での機械的性質との関係[2]

図5.3 Al および SAP などの各種アルミニウム合金の高温引張強さ[2]

表5.3 SiC／Al 合金系複合材料の成形条件と引張強さおよび弾性率[3]

プリフォーム	成形条件				V_f [%]	ρ [×10^3 kg/m^3]	引張強さ [GPa]			弾性率 [GPa]	試料数
	方式	T_1/T_2 [K]	t_1/t_2 [min]	P [MPa]			平均	最大	最小		
SiC／6061 プラズマ溶射	熱間プレス	883	20	1.96	50	2.58	1.63	1.76	1.50	224	7
		823	30	29.4	48	2.63	1.39	1.56	1.08	199	10
SiC／6061／4343 プラズマ溶射	熱間プレス	853〜873	20	1.96	37	2.76	1.38	1.52	1.25	182	6
	温間プラテン	853/823	3/30	4.90	37	2.79	1.34	1.39	1.30	176	7
		853/773	3/30	4.90	39	2.76	1.42	1.57	1.28	193	6
		853/723	3/30	4.90	36	2.67	1.48	1.62	1.37	203	6

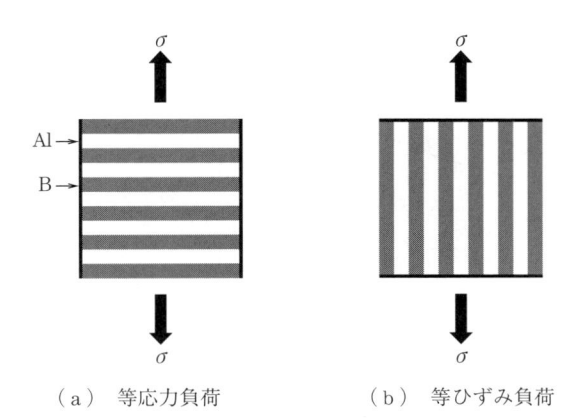

(a) 等応力負荷 (b) 等ひずみ負荷

図5.4 Al-B 系積層複合構造[4]

等ひずみ負荷の場合：

$$\sigma_{total} = E_B \varepsilon V_f + E_{Al} \varepsilon (1 - V_f) \tag{5.4}$$

$$E_{comp} = \frac{\sigma_{total}}{\varepsilon} \tag{5.5}$$

$$E_{comp} = E_B V_f + E_{Al}(1 - V_f) \tag{5.6}$$

ここで，E_{comp}，E_{Al}，E_B：複合材料，アルミニウムおよびホウ素の弾性率，σ，σ_{total}：負荷応力，ε，ε_{total}：ひずみ，V_f：ホウ素の体積率である。ただし，アルミニウム-ホウ素系複合材料を想定している。

等応力負荷および等ひずみ負荷の場合について，複合材料の弾性率とホウ素の体積率の関係を式 (5.3) および式 (5.6) を基にして**図 5.5** に示す。等ひずみ負荷の場合は体積率に比例して直線的に変化するが，等応力負荷の場合はこれより小さくなる。なお，短繊維強化複合材料や粒子分散強化複合材料の場合の弾性率の体積率依存性は，上述の二つの場合の間に位置する。**表 5.4** に金属基複合材料に用いられる代表的な強化繊維，およびそれらの引張強さ，弾性率，密度などを示す。

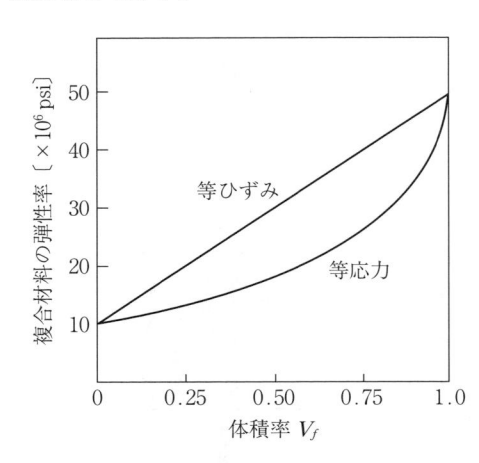

図 5.5 負荷形式による Al-B 系複合材料の弾性定数の変化[4]（1 psi = 6.89×10^{-3} MPa）

つぎに，これら金属基複合材料の製造法の概念を**図 5.6** に示す。具体的には種々の方法が行われているが，図 5.6 には，固相法，液相法，気相法および In-situ 製造法（その場製造法）を示す。また，固相法および液相法について

表5.4 金属基複合材料の代表的強化繊維[5]

繊維	引張強さ〔MPa〕	弾性率〔GPa〕	密度〔g/cm^3〕	直径〔μm〕
ボロン系（CVD法）				
B/W	3 432	392	2.46	100, 140, 200
B/C	3 237	363	2.23	100, 140
SiC/B/W	2 942	392	2.58	100, 145
B$_4$C/B/W	3 923	363	2.27	145
炭化ケイ素系				
SiC/W（CVD法）	3 090	422	3.16	100, 140
SiC/C（CVD法）	3 237	392	3.07	100
SiC（ポリマー焼成法）	2 452	177	2.55	10〜15
炭素系				
PAN系 高強度タイプ	2 844〜3 237	235〜265	1.70〜1.77	7〜9
高弾性率タイプ	2 256〜2 550	343〜392	1.82〜1.87	7〜9
ピッチ系 P55	2 060	383	2.02	5〜10
P75	2 060	520	2.06	5〜10
P100	2 060	687	2.10	11
アルミナ系				
Fiber FP	1 471	383	3.90	20
住化アルミナ	2 550	245	3.20	9

図5.6 金属基複合材料（MMC）の製造法を4種類に分類した場合の概念図

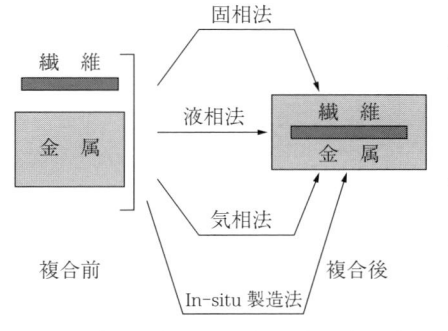

表5.5 複合化成形法

固相法/液相法	成形法
固相法	・ホットプレス法 ・ホットロール法 ・粉末冶金法（HIP法を含む） ・高温引抜き，押出法
液相法	・溶浸法 ・加圧鋳造法 ・真空鋳造法 ・ダイカスト法 ・コンポキャスティング法

は表5.5に示すようにそれぞれ種々の方法が行われている．なお，微細な組織をもつ複合組織には以下に述べる種々のものがあり，これらは新規の複合材料あるいはナノ結晶複合材料ということができる．

5.2 粉末冶金合金

通常の合金溶解からスタートする製造法（ingot metallurgy process，IM法）と異なり，粉末をまず作製し，粉末を固化成形してバルク材料とする製造法（powder metallurgy process，PM法）がある。PM法では，IM法ではできない高濃度合金，難加工合金，複合合金などを作製することができる。**表5.6**にアルミニウム粉の製造方法と形態を示す。粉末は，通常，ガスアトマイズ法で製造されることが多く，粉末は急冷凝固される。粉末形状にはフレーク，不規則粒状および球状がある。**表5.7**に急冷凝固粉の製造方法と冷却速度を示す。なお，**図5.7**にボールミルおよびアトライタを模式的に示す。また，ガスアトマイズ法の例を**図5.8**に模式的に示す。

表5.6 アルミニウム粉の製造方法と形態

製造方法		粉砕媒体	粉末形状	粒度〔μm〕
乾式粉砕	スタンプミル法	杵	フレーク	10〜200
	ボールミル法	鋼 球	フレーク	2〜200
湿式粉砕	ボールミル法	鋼 球	フレーク	2〜200
	アトライタ法	鋼 球	フレーク	2〜200
溶湯直接粉化	アトマイズ法	空 気	不規則粒状	5〜500
		不活性ガス	球 状	5〜500
	遠心噴霧法	遠心力	不規則粒状	25〜80

表5.7 急冷凝固粉の製造方法と冷却速度

製造方法		粉末の平均粒径〔μm〕	冷却速度〔K/s〕	特徴
ガスアトマイズ	エアアトマイズ	50〜100	$10^2 \sim 10^9$	涙滴状・酸化皮膜
	不活性ガス Subsonic	50〜120	$10^2 \sim 10^8$	球 形
	不活性ガス Ultrasonic	40〜80	$10^3 \sim 10^5$	球 形
遠心噴霧		70〜80	$10^4 \sim 10^5$	球形・ヘリウムガス
回転電極		100〜150	$10 \sim 10^2$	炉の耐火材による汚染がない。
回転カップ		20〜300	$10^5 \sim 10^8$	冷媒に水または有機物使用
双ロール		フレーク状	$10^4 \sim 10^7$	超急冷
単ロール		リボンまたはフレーク状	$10^7 \sim 10^8$	超急冷
アトマイズロール		フレーク状	$10^4 \sim 10^7$	超急冷粉・アトマイズにエア使用

5.2 粉末冶金合金

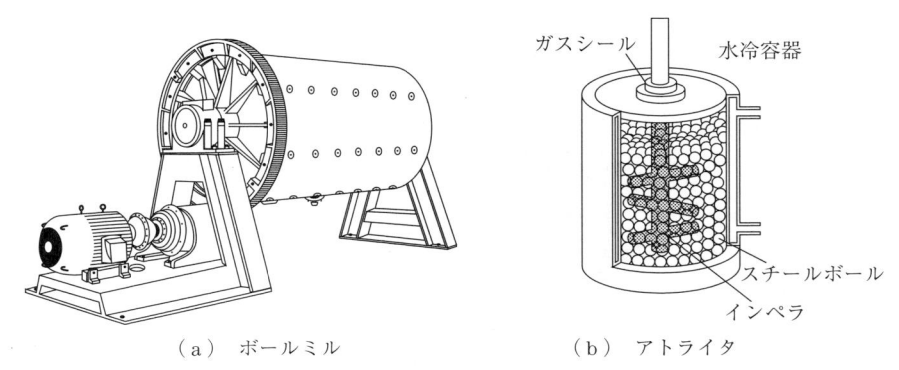

(a) ボールミル　　　　　(b) アトライタ

図5.7 ボールミルおよびアトライタの模式図[6]

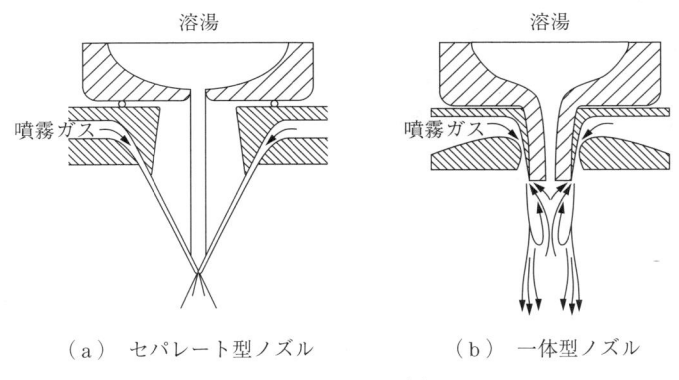

(a) セパレート型ノズル　　　　(b) 一体型ノズル

図5.8 ガスアトマイズ法の原理

溶湯は細いノズルを通過するときに噴霧ガス（空気，不活性ガスなど）により微細粉末になり，急冷されて凝固する。なお，急冷凝固については5.4節で後述する。**図5.9**に異なる噴霧媒体で製造したアトマイズ粉末の外観を示す。条件により，粉末の大きさや形状が異なる。**図5.10**にアトマイズ粉末の一部を拡大した写真を示す。粉末表面には細かい凝固組織が形成されている。この粉末の冷却速度は$10^3 \sim 10^5$℃/sとなっている。一方，**図5.11**に単ロール急冷凝固装置およびこれにより作製したアルミニウム合金のリボン状試料を示す。高速回転する銅製ロールにより急冷され，厚さが数μm程度の薄いリボン状試料が得られる。**図5.12**に急冷凝固粉末からバルク材を得る成形プロセスを示

180   5. 軽合金先進材料

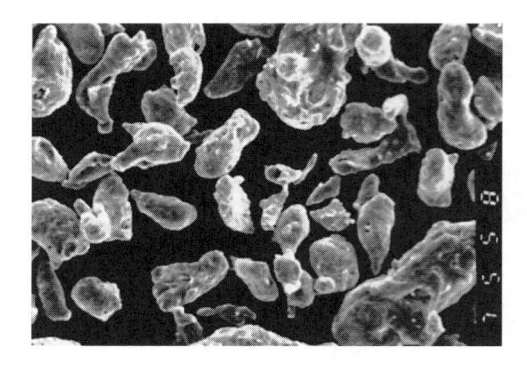

（a） エアーアトマイズ粉末

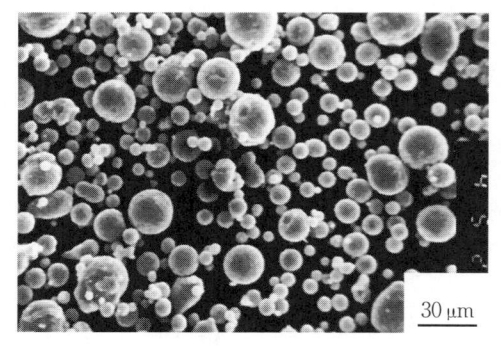

（b） アルゴンガスアトマイズ粉末

図 5.9　異なる噴霧媒体（空気，アルゴンガス）によるアトマイズ粉末の外観[7]

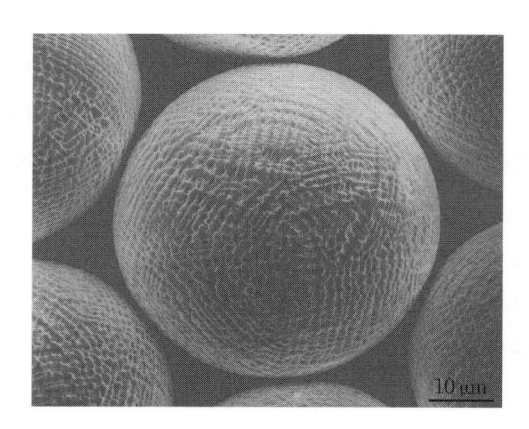

図 5.10　アトマイズ粉末の拡大写真

5.2 粉末冶金合金

(a) 単ロール急冷凝固装置

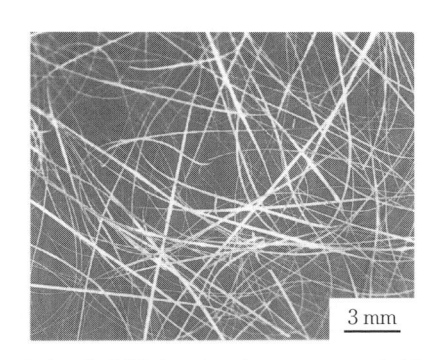

(b) 急冷凝固リボン（アルミニウム合金）

図 5.11　単ロール急冷凝固装置および急冷凝固リボン（アルミニウム合金）

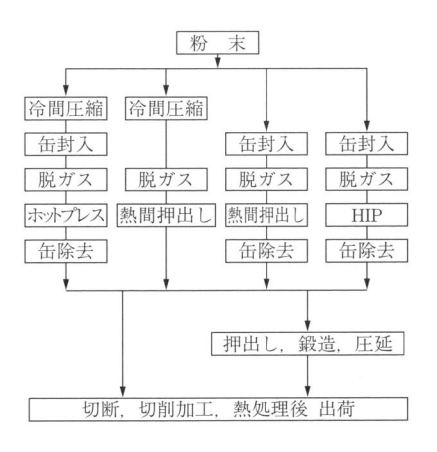

図 5.12　急冷凝固アルミニウム合金粉の成形方法

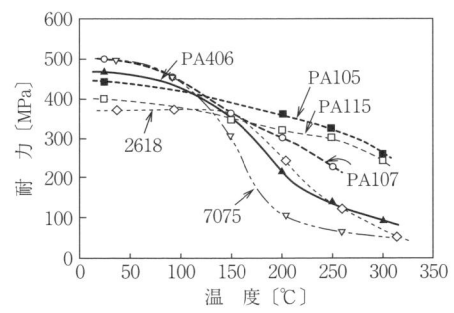

図 5.13　各種 PM アルミニウム合金の高温強度（100 h 保持後）[8]

PA105：Al-8%Fe-2%V-2%Mo-1%Zr
PA115：Al-8%Fe-1%V-1%Mo-0.75%Zr
PA107：Al-8%Fe-3%Si-V-Mg
PA406：Al-17%Si-6%Fe-4.5%Cu-Mg-Mn

す。

　粉末は缶封入され，脱ガス，ホットプレスなどの熱間加工を通じて，固化成形される。得られるバルク材の特徴として，きわめて微細な組織を有し，ま

た，金属間化合物相が分散する組織が得られる．このため，耐熱性や耐摩耗性に優れる材料となる．**図**5.13 に，各種 PM アルミニウム合金の高温強度を示す．合金には多量の Fe などの遷移金属元素が含まれている．図に示されるように，7075 合金（超々ジュラルミン）に比較して，高温強度がきわめて高いことがわかる．ただし，製造コストが高くなること，また，脆性傾向があることなどの課題もある．

図 5.14 に Ce を含む Al-Fe 系合金（Al-8mass%Fe-2mass%Ce 合金）を双ロールを用いて急冷凝固したときの組織および熱処理材の組織（透過型電子顕微鏡組織）を示す．より冷却速度の速いロール側（ゾーン A）では α-Al 相と微細な Al-Fe-Ce 準安定相からなり，一方，やや冷却速度の遅い中心部（ゾーン B）では金属間化合物相 Al_8CeFe_4 安定相で構成されるセル構造組織となっている．これらは熱的に安定な組織であるが，300～400℃で加熱すると組織は次第に分解し，新たな化合物相の形成や成長が起こる．双ロールで急冷凝固した Al-Fe 系合金リボンを細片化し，冷間圧縮，脱ガス後に，熱間押出しした材料（**図**5.15 の組織．Al_6Fe および Al_3Fe 化合物が分散）について，高温での

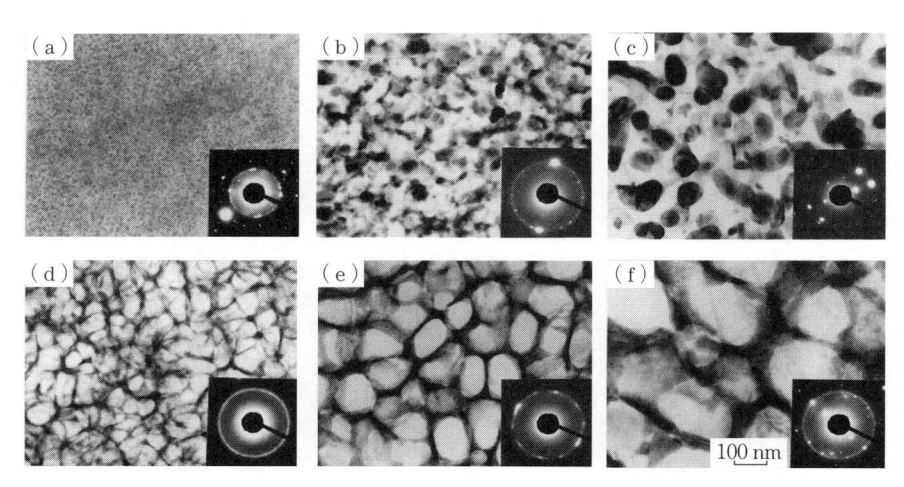

ゾーン A：（a）急冷凝固まま，（b）300℃，1 h，（c）400℃，1 h．
ゾーン B：（d）急冷凝固まま，（e）300℃，1 h，（f）400℃，1 h．

図 5.14　Al-8mass%Fe-2mass%Ce 急冷凝固合金の透過電顕組織[9]

5.2 粉末冶金合金

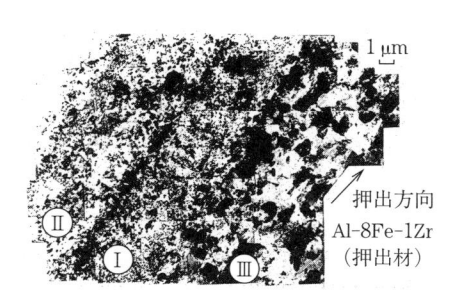

図5.15 Al-8mass%Fe-1mass%Zr合金押出材の電顕組織[10]

サイズの異なる分散相粒子の層が見える

押出方向
Al-8Fe-1Zr
（押出材）

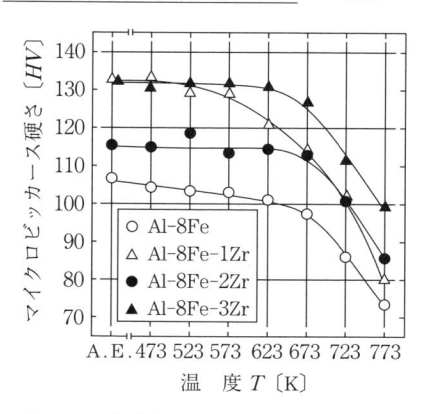

図5.16 各合金を473〜773Kで1hの等時焼なましたときの硬さの変化[10]
（A.E.：as-extruded）

安定性を図5.16に示す。各温度で1時間の加熱をした後の室温での硬さを示す。673K（400℃）程度まで軟化は起こらず，組織が安定であることを示している。また，Zrの添加は耐熱性の向上に有効であることもわかる。一方，Al-Fe二元系合金の急冷凝固PM材とIM材（押出材）の引張強さを図5.17に示す。IM材ではFe量に対して強度増加はあまり認められないが，PM材ではFe量とともに引張強さはほぼ直線的に増加している。Al-遷移金属の急冷凝固

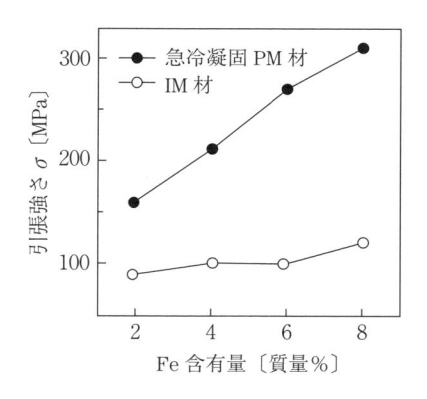

図5.17 Al-Fe系二元合金の急冷凝固PM材とIM材の引張強さ[11]

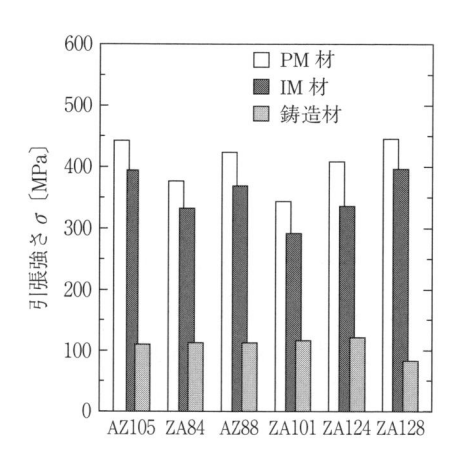

図5.18 Mg-Al-Zn三元系合金の鋳造材，IM材および急冷凝固PM材の引張強さ[11]

材では最大固溶限の拡大や微細な金属間化合物の生成などがあり，強度増大および耐熱性の向上が期待できる。また，図 5.18 に各種組成の Mg-Al-Zn 三元系合金について，急冷凝固 PM 材（押出まま材）の室温での引張強さを同一組成の IM 材および鋳造材と比較して示す。PM 材が最も高い引張強さを示している。以上のように，急冷凝固および PM 材とすることにより，高強度化および高耐熱性化を図ることが可能である。

5.3 メカニカルアロイング合金（MA 合金）

メカニカルアロイング（MA）法はボールミルによる粉末の粉砕・混合プロセスであり，溶解を伴わない固相合金化プロセスである。MA 法により種々の粉末を作製することができ，これらの粉末を用いた PM プロセスによりバルク状の材料を作製することができる。この方法により，通常の溶解では作製できない合金や複合粉末を作製することが可能である。MA 法は微細組織や非平衡組織の形成に活用され，また，ナノ材料作製に有効である。MA 法による粉末の形成過程を図 5.19 に模式的に示す。

MA プロセスでは各粉末の接合と破砕が関連しながら定常状態に至るものと考えられる。Al と Cu 粉末を使用する場合には，両方が高延性であり，初期に粉末は扁平化され，続いて平面同士が鍛接されていく。また，Al_2O_3 粉末を添加すると MA 粉末の破壊の起点が増大し，破砕が促進される。また，Al_2O_3 粒子はミリング時間の進行とともに粉末内部に取り込まれる。なお，MA 材では IM 材に比べ時効のピーク硬さに到達する時間は短くなるが，時効硬化量は著しく低下することが知られている。図 5.20 に Al-8%Fe 合金を基本に，溶製合金の切削粉，純 Al と純 Fe の粉，純 Al 粉と Fe_2O_3 粉を用いて，MA 処理し，作製した PM 材の引張強さを各試験温度に対して示す。MA 処理すると，例えば，IM 材の引張強さ（図 5.17）に比べ，引張強さが著しく増大していることがわかる。また，Al_3Fe 化合物の生成分散や Al_2O_3 の分散強化により，MA 合金の強度および耐熱性は大きく増大する。

(a) Al-4mass%Cu

初期の粉末　　扁平化　　粉末の接合　　等軸化

(b) Al-4mass%Cu/Al$_2$O$_3$

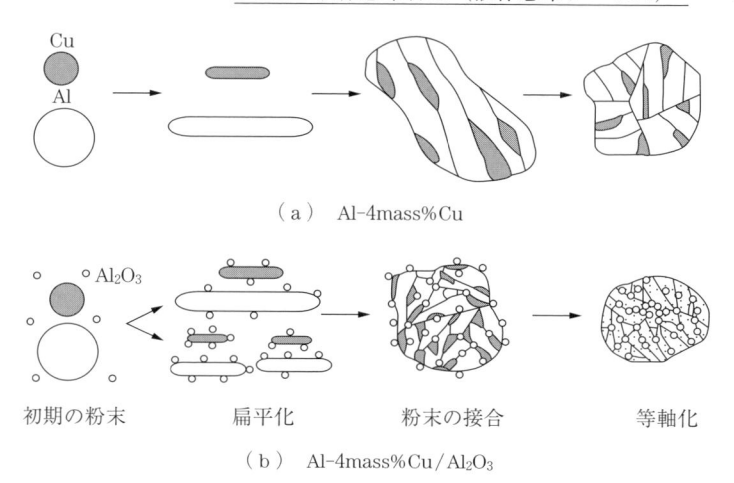

図5.19 メカニカルアロイング中の粉末粒子の変形および分散の模式的説明図[12]

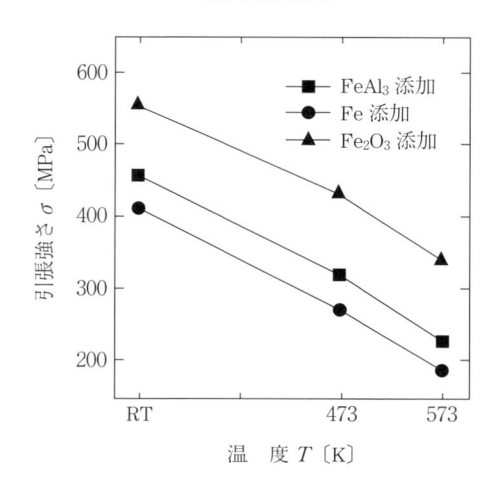

図5.20 MA法によるAl-8%Fe合金PM材の引張強さに及ぼす粉末原材料の影響[11]

5.4 液体急冷合金（液体急冷プロセス）

　液体急冷法は溶融状態から種々の方法で冷却して大きな過冷度の状態で凝固させ，リボン状や粉末などの形状にする方法である。冷却速度は通常の10^2 K/s以下に対して，10^4 K/s以上の冷却速度で急冷される。これにより，デンドラ

イト・結晶粒の微細化，晶出物の微細化，偏析の減少，固溶度の拡大，非平衡相や準結晶相の生成，アモルファス相の形成などが可能となる。単ロールによる急冷リボン材をつくる装置の概略図を**図5.21**（a）に示す。金属をるつぼ内で溶解し，るつぼの先端の細孔から高速で回転するロール上に噴出して凝固させ，連続したテープ材を作製する。図5.11にAl合金のリボン状試料の例を示す。リボン状試料の活用や，さらに，リボン状試料を固化成形して大きなバルク材を作製することも可能となる。また，双ロールを用いた急冷テープ材をつくることも可能であり，作製装置を図5.21（b）に模式的に示す。

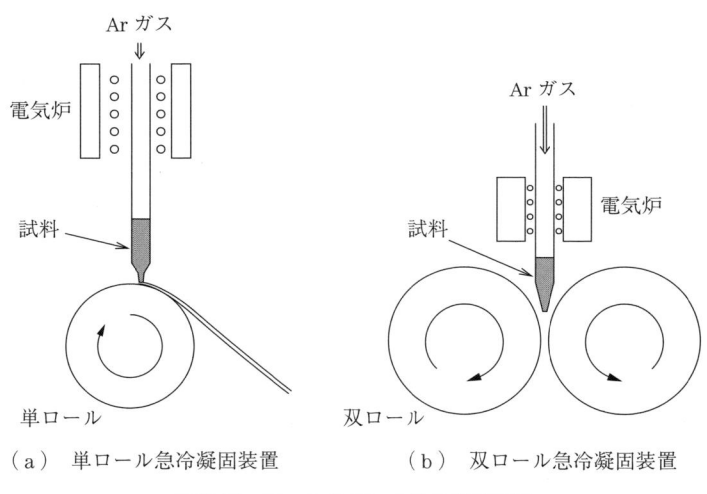

（a）単ロール急冷凝固装置　　　（b）双ロール急冷凝固装置

図5.21　ロールを用いた急冷凝固装置

また，すでに述べたように，アトマイズ法により急冷凝固粉末をつくることができる。図5.8がガスアトマイズ装置である。溶湯をるつぼ先端の細孔から噴出させ，そこに高圧のガスを吹き付けて噴霧状として，急冷凝固させる。図5.9は急冷凝固粉末の写真である。また，噴霧した液滴を連続的に堆積させて大きなビレットを作製するスプレーフォーミング法なども知られている。これらにより，通常では得られない微細組織や強制固溶合金を得ることができる。例えば，Al-Cu二元合金の共晶組成（33mass％Cu）の合金を単ロールあるい

5.4 液体急冷合金（液体急冷プロセス）　187

は双ロールを用いて急冷凝固したときの微細組織，非平衡組織，強制固溶体などの組織を**図 5.22**に示す。冷却速度は図（a）から図（e）の順に速くなる。図（a）は双ロール法により比較的遅い冷却速度で得られたα-Al相とAl_2Cu相（θ相）のラメラー組織を示し，ラメラー間隔は約 50 nm である。このラメラー間隔は，冷却速度が10^5 K/s 以上であることを示している。図（b）はラメラー組織がやや不規則化している組織を示す。さらに冷却速度が速くなると図（c）および図（d）のように微細なθ相が分散したバンド状の組織が形成される。また，より冷却速度が速くなると図（e）に示すように低倍率では均一な固溶体として観察される。このような領域を高分解能電子顕微鏡で観察すると図（f）に示すように，すでに微細な相分解組織が形成されている。すなわち，微細な周期構造が形成される。

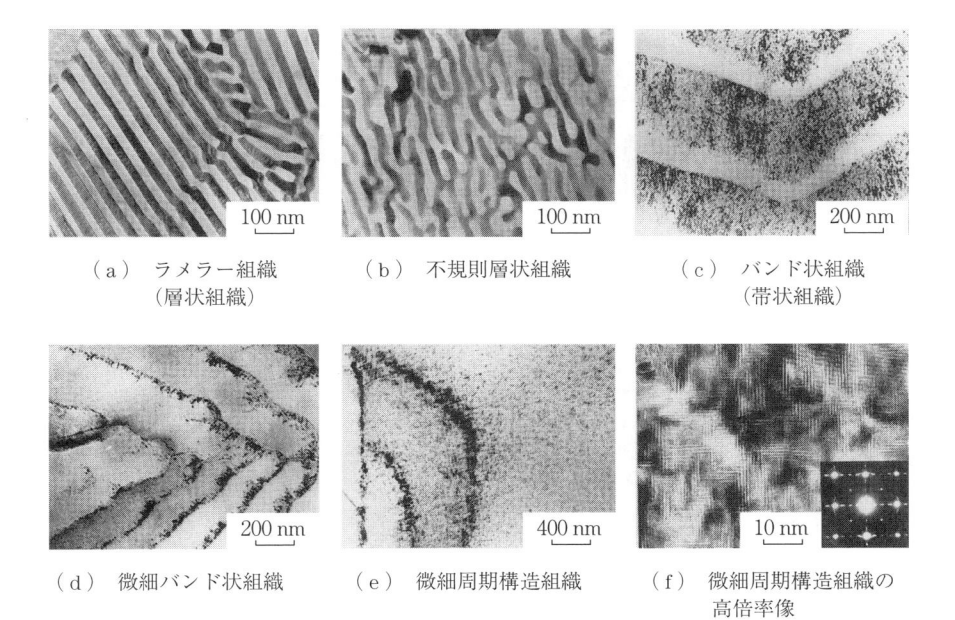

(a) ラメラー組織
（層状組織）

(b) 不規則層状組織

(c) バンド状組織
（帯状組織）

(d) 微細バンド状組織

(e) 微細周期構造組織

(f) 微細周期構造組織の
高倍率像

（a）〜（e）の順に冷却速度が速い

図 5.22　Al-33mass%Cu 合金急冷凝固材の透過電顕組織[13]

5.5 ナノ結晶材料

5.5.1 ナノ結晶分散アルミニウム合金

アルミニウム合金の高強度化,高性能化にナノ結晶構造を有する合金の製造が試みられている。ナノスケールの構造として,非平衡のアモルファス相の活用が代表例として知られている。ナノ結晶粒子分散アルミニウム合金として液相から,凝固速度制御およびアモルファス相の部分結晶化法により作製される。例えば,アモルファス相の $Al_{87}Ni_7Cu_3Nd_3$ 合金を 436 K で 60 s 熱処理すると,約 3 nm 径の FCC-Al 粒子がアモルファス中に約 25% の体積率で分散した組織が得られる。図 5.23 に種々のナノ結晶分散組織の模式図を示す。

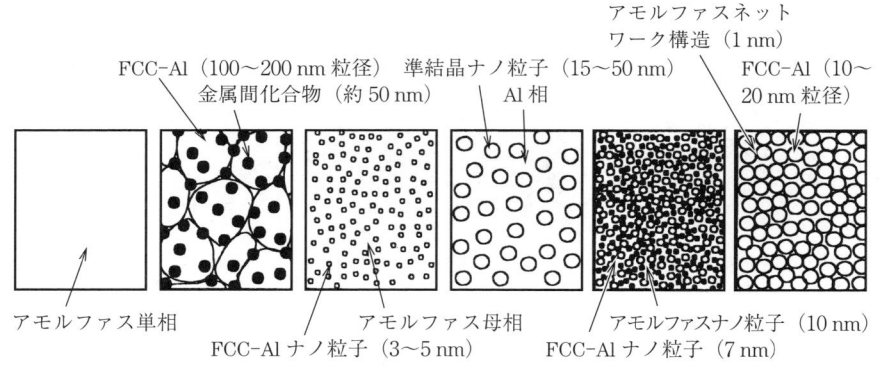

図 5.23 液体急冷および焼なまし処理によって得られたアルミニウム基合金の非平衡構造相および組織[14]

特徴として,以下のことが明らかにされている。

① ナノサイズの FCC-Al 相は転位などの格子欠陥をほとんど含まない完全結晶構造をしている。

② ナノ粒子と母相の界面は特定のファセットをもっておらず,等方的である。

③ 引張破断強さ σ_f は 1 470 MPa である。これはアモルファス相の $\sigma_f =$

5.5 ナノ結晶材料

1 100 MPa の約 1.5 倍になっている。

④ ナノ FCC-Al 相の体積率の増大とともに強度は増大し，体積率 $V_f = 25$ %で強度は最大となる。

⑤ 耐熱性にも優れる。

結晶相粒子の分散の代わりに，準結晶相粒子の分散も可能である。例えば，Al-Cr 系，Al-V 系，Al-Mn 系などで準結晶粒子分散が知られている。これらの合金系については液体急冷法や粉末冶金法により作製することが可能である。

図 5.24 に液体急冷した $Al_{100-x}M_x$（M：V, Cr, Mn, $x = 0\sim25at\%$）合金について，各種組織因子と耐力 $\sigma_{0.2}$ の関係を示す。ここで直線で示される関係は，次式で表される。

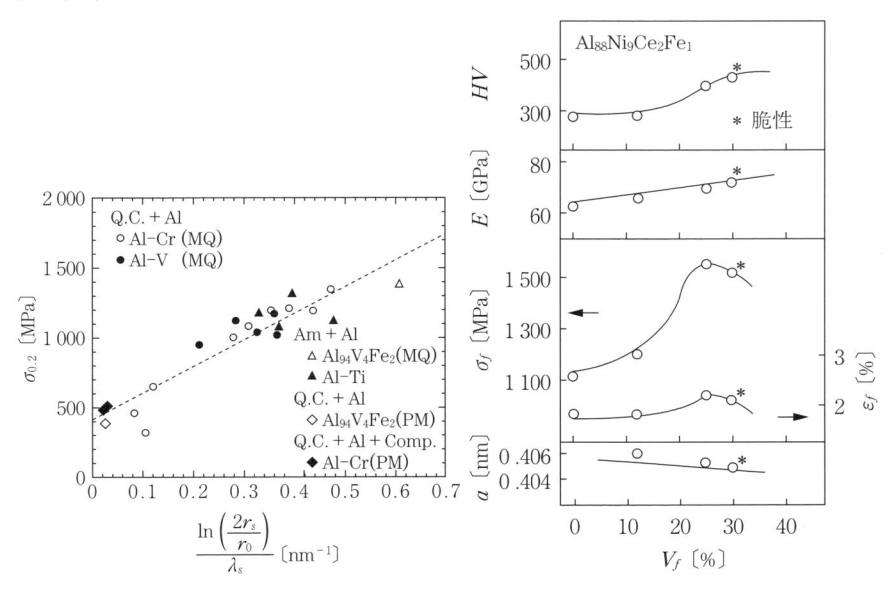

図 5.24 液体急冷 $Al_{100-x}M_x$（M：V, Cr, Mn, $x = 0\sim25at\%$）合金の組織[15]

図 5.25 アモルファス $Al_{88}Ni_9Ce_2Fe_1$ 合金を部分結晶化させて得たナノ Al 粒子分散複相合金の引張破断強度（σ_f），引張破断伸び（ε_f），ヤング率（E），ビッカース硬さ（HV）および Al 相の格子定数（a）の Al 相の体積分率（V_f）による変化[14]

$$\tau \propto \frac{\ln\left(\dfrac{2r_s}{r_0}\right)}{\lambda_s} \tag{5.7}$$

ここで，τ：せん断降伏強度，r_0：転位芯の半径（$2.86 \times 10^{-10}\,\mathrm{m}^{-1}$），$r_s$：分散粒子の平均半径，$\lambda_s$：粒子間隔，である．分散粒子が微細で，間隔が狭くなると強度は著しく増大する．

また，図 5.25 に $Al_{88}Ni_9Ce_2Fe_1$ アモルファス合金を部分結晶化させたナノアルミニウム粒子分散複相合金の機械的性質を示す．体積率 V_f が約 25％で，アモルファス単相合金に比べ約 1.5 倍も高い値となっており，また，ヤング率や硬さも増大している．

5.5.2 高強度ナノ結晶マグネシウム合金

近年，Mg-Y-Zn 系合金において高強度・高延性材が開発されている．すなわち，Mg-6.8％Y-2.5％Zn（mass％）合金の急冷凝固粉末を用いた粉末冶金法によるナノ結晶 RS PM（rapidly solidified powder metallurgy，急冷凝固粉末冶金）合金である．図 5.26 に最近の高強度マグネシウム合金の開発の流れを示す．IM 合金に比べ，RS PM 合金は強度が高くなっている．RS PM 合金ではアルミニウム合金の場合と同様に，ナノ結晶化により高い強度が得られている．図 5.27 に各種のナノ結晶 RS PM 合金の降伏強さと伸びの関係を示す．

また，さらに長周期積層（long period order，LPO）構造の $Mg_{97}Zn_1Y_2$ 合金が開発され，高い強度と伸びをもつ LPO 型合金がつくられている．LPO 構造の組織写真を図 5.28 に示す．マグネシウムの HCP 構造は AB，AB，AB，……の 2 周期の積層になっているのに対し，LPO 相は ACBCBCBACACACBABAB という 18 周期の積層になっている．Mg-Zn-RE（RE：希土類元素）では Zn と RE が 2 原子層濃化した 6 原子層のユニットが三つ重なって構成された 18 周期の積層構造（18R 型）をもっている．LPO 型ナノ結晶 $Mg_{97}Zn_1Y_2$ RS PM 合金は高温で高速超塑性を示すことも知られている．

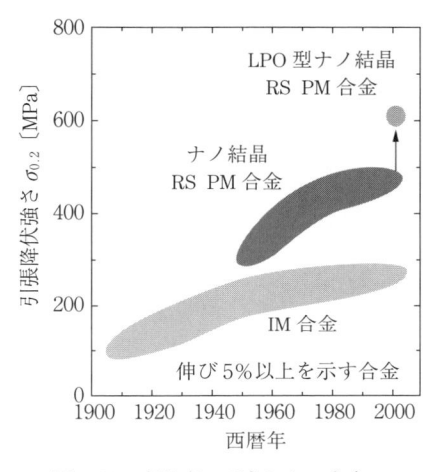

図 5.26 高強度マグネシウム合金の開発の歴史 [16]

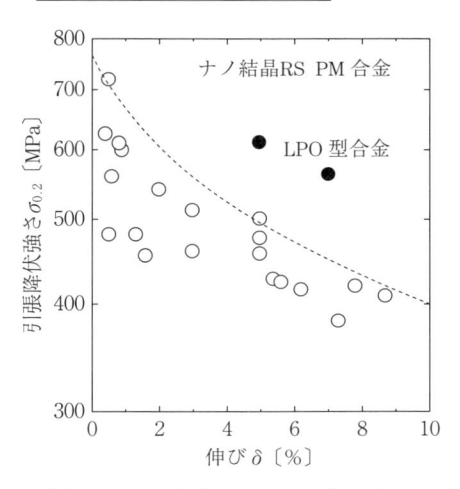

図 5.27 ナノ結晶 RS PM マグネシウム合金の引張降伏強さと伸びの関係 [16]

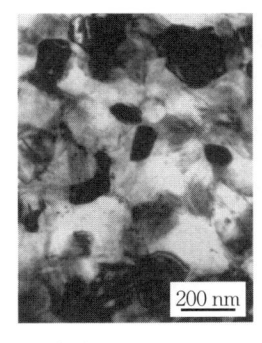

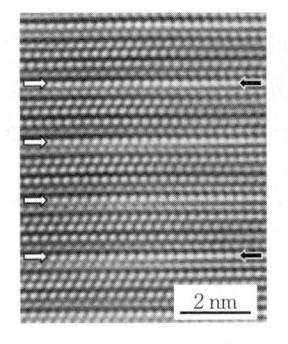

(a) 透過電顕像 (b) 高分解電顕像 (c) HAADF-STEM 像

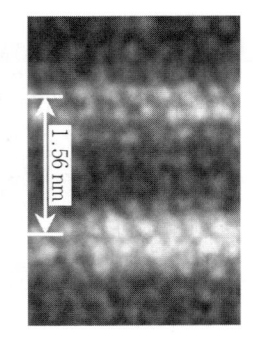

図 5.28 LPO（長周期積層構造）型 $Mg_{97}Zn_1Y_2$ RS PM 合金の透過電顕像，高分解能電顕像，および HAADF-STEM 像 [16]

5.5.3 ナノクラスタ制御アルミニウム合金

アルミニウム合金において，ナノクラスタの存在が析出組織制御に大きくかかわることが最近明らかにされている。Al-Cu 合金にマイクロアロイング元素（微量添加元素）を添加すると析出硬化が大きく増大する場合がある。図 5.29 に Al-Cu および Mg，Mg + Ag を添加したときの時効硬化曲線を示す。Mg や

192   5. 軽合金先進材料

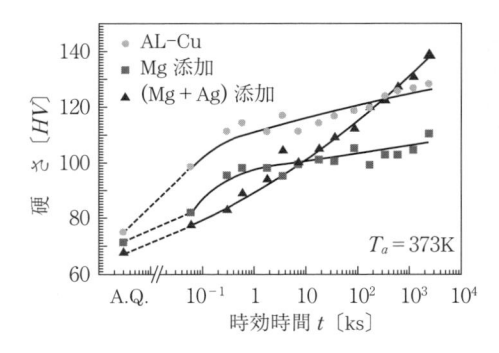

図5.29 Al-4mass%Cu, Mg 添加および (Mg + Ag) 添加合金の時効硬化曲線 (373 K 時効)

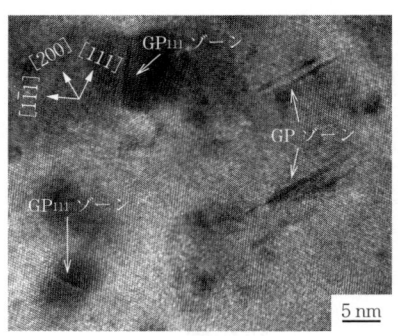

図5.30 Al-Cu-Mg-Ag 合金の時効材 (373 K, 1 210 ks) に観察される通常の GP ゾーンと特異な GP_{111} ゾーンの高分解能電顕写真

Mg + Ag の添加により,時効硬化を増大できることがわかる。特に,Mg + Ag 添加の場合には図5.30に示すように,通常の GP ゾーン(母相の {100} 面に析出)の他に母相の {111} 面上に析出する GP ゾーン(GP_{111} ゾーンと呼ぶ)が形成される。これは,図5.31の 3DAP(3 次元アトムプローブ装置)の原子マップに示すように小さなクラスタ(ナノクラスタ)の段階からアルミニウム母相の {111} 面に形成され,GP_{111} ゾーンとなることが明らかにされている。このような GP_{111} ゾーンは通常の {100} 面上の GP ゾーンに比べ,強化への寄与が大きい。

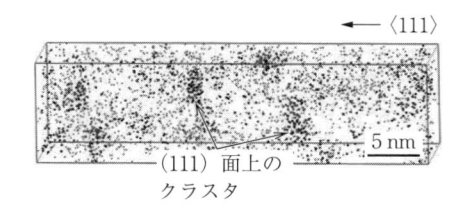

図5.31 Al-Cu-Mg-Ag 合金に観察される Al の (111) 面上に形成された微小なクラスタ(3DAP アトムマップ)

また,Al-Mg-Si 系合金でも 3DAP の原子マップにより 2 種類のナノクラスタが形成されることが示されている。図5.32に,Al-Mg-Si 合金を一段時効,二段時効および予備時効後に二段時効したときのナノクラスタと析出相(β'' 相)の 3 次元アトムプローブ像(3DAP 像)を示す。これらの解析から 2 種類

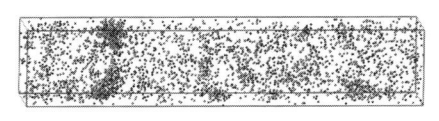

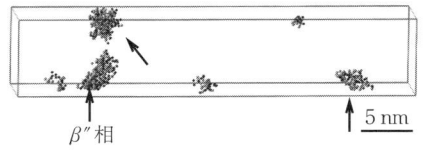

(a) 一段時効（443 K, 1.2 ks）:
β″相の析出

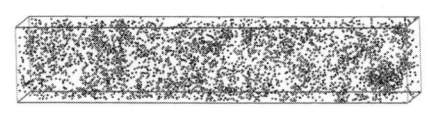

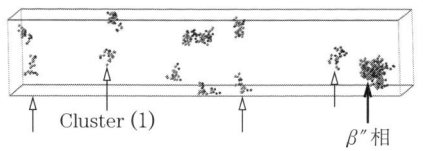

(b) 二段時効（RT, 604.8 ks → 443 K, 1.2 ks）: Cluster (1) とは別に β″相が析出

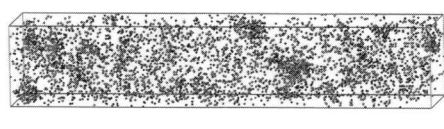

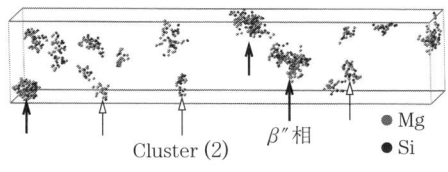

〔注〕 太い矢印は β″相を，細くて白い矢印は Cluster (1) ないしは Cluster (2) を示す

(c) 予備時効後に二段時効（373 K, 0.6 ks → RT, 604.8 ks → 443 K, 1.2 ks）: Cluster (2) から β″相が形成

図 5.32 Al-Mg-Si 合金を一段時効，二段時効および予備時効後に二段時効したときの析出相の 3 次元アトムプローブ像（3DAP 像）

のナノクラスタ（クラスタ(1), クラスタ(2)）が形成されることが明らかにされ，さらに，クラスタ(1)は析出硬化に対して負の効果をもたらし，一方，クラスタ(2)は正の効果をもたらすことも明らかにされている。時効硬化への影響を**図 5.33** に，また，二段時効の正と負の効果が起こる機構の説明を**図 5.34** に示す。この他に，無析出帯（PFZ）形成にもナノクラスタは関与することが明らかにされている。このようにナノクラスタを有効に制御し，活用することによりアルミニウム合金の高強度化が図られる。これらはナノアルミニウム合金といえる。

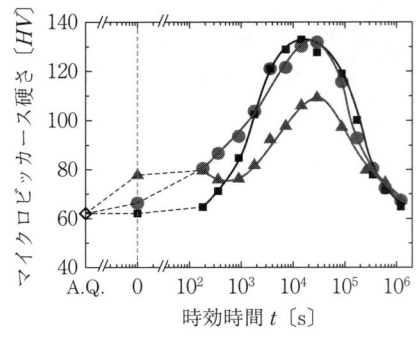

図5.33 Al-Mg-Si合金の453Kにおける時効硬化曲線

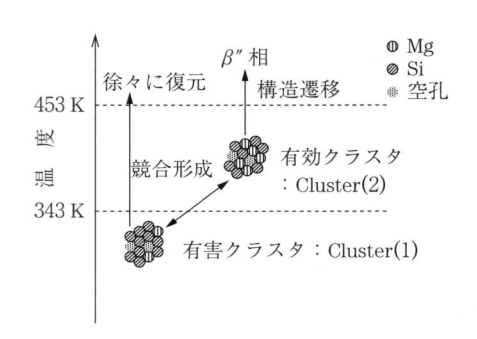

直接時効材に比べ，二段時効材（室温保持後に時効）はピーク硬さが低い（負の効果）のに対し，予備時効後の二段時効材（373K短時間保持後に二段時効）は同等またはそれ以上の硬さ（正の効果）を示す

● 予備時効後に二段時効　▲ 二段時効　■ 直接時効

図5.34 Al-Mg-Si合金に形成される2種類のナノクラスタ（Cluster(1), Cluster(2)）と析出強化相β''相への構造遷移の模式図

Cluster(1)はβ''相の形成を阻害し（有害クラスタ），Cluster(2)はβ''相の形成を促進する（有効クラスタ）

5.6　強ひずみ加工法

金属や合金に大きな塑性ひずみを与えると，超微細結晶粒組織やナノ結晶粒組織，あるいはアモルファス構造を得ることができる．メカニカルアロイング法（MA法）も強ひずみ加工の一例であり，ナノ結晶やアモルファス相を得ることが可能である．強ひずみ加工を考える場合，相当ひずみ ε_{eq} を基に考える．相当ひずみ ε_{eq} は

$$\varepsilon_{eq} = \left\{ \frac{2}{3} \left(\varepsilon_1^2 + \varepsilon_2^2 + \varepsilon_3^2 \right) \right\}^{1/2} \tag{5.8}$$

と表現される．ただし，$\varepsilon_i\ (i=1,2,3)$ は主ひずみを表す．

ε_{eq} が4程度以上は強ひずみ加工と考えられている．強ひずみ加工には種々の方法がある．例えば，**図5.35** に示すように，HPT（high pressure torsion）

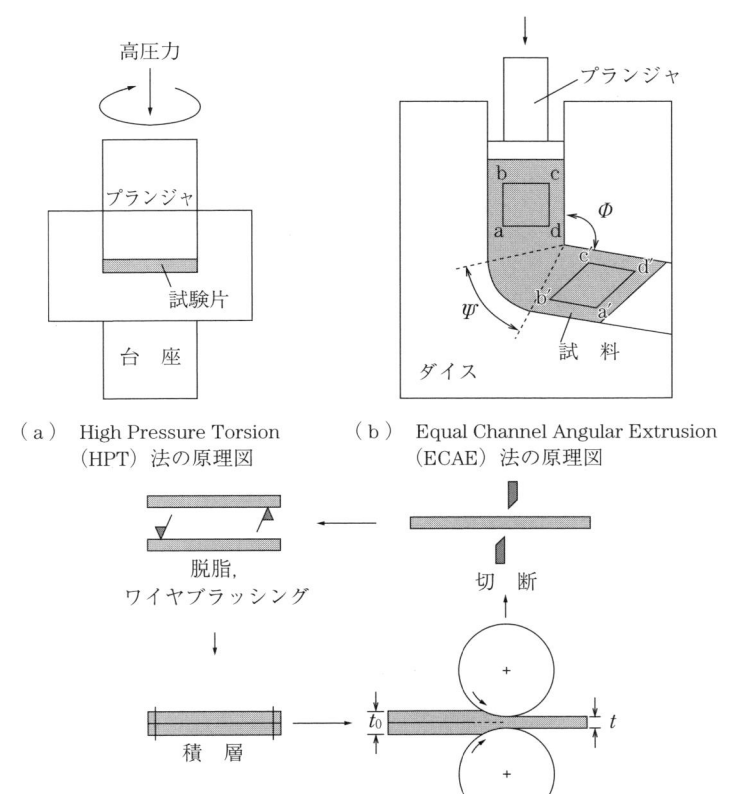

5.6 強ひずみ加工法

(a) High Pressure Torsion
 (HPT) 法の原理図

(b) Equal Channel Angular Extrusion
 (ECAE) 法の原理図

(c) 繰返し重ね接合圧延 (Accumulative Roll Bonding, ARB) 法の原理図

図 5.35 各種の強ひずみ加工法

表 5.8 各種の強ひずみ加工法および特徴

手　法	特　徴
HPT 法 (high pressure torsion 法)	厚さの薄い円板状の材料を数 GPa 程度の圧力下でねじり変形を加え，強ひずみを付与する方法。材料の円周方向に大きなせん断変形が加えられる。ひずみ量は半径方向の位置で異なる。
ECAP 法 (equal channel angular pressing 法)	屈曲したダイス中で材料を繰り返し押し出し，大きなせん断変形を加え，強ひずみを付与する方法。変形後も材料の断面積は一定である。
ARB 法 (accumulative roll bonding 法)	圧延した板材を長手方向に切断して重ね合わせ，再度，圧延を行い，さらに圧延材を切断して重ね合わせて圧延を繰り返し，強ひずみを付与する方法。圧延により接合も兼ねた接合圧延である。

法，ECAE（equal channel angular extrusion）法，または ECAP（equal channel angular pressing）法，ARB（accumulative roll bonding）法などがある。**表5.8**にこれらの特徴をまとめて示す。

5.7 ポーラス金属

近年，内部に多くの気孔を含むポーラス金属（多孔質金属）が注目されている。特に，アルミニウムやマグネシウムではより軽量化できることからさまざまな応用が考えられている。これらの特徴として，例えば，以下のことが挙げられる。

① きわめて軽量である。ポーラスアルミニウムでは相対密度は $1\,\mathrm{g/cm^3}$ で，水に浮く軽さである。
② 同一重量，同一素材の緻密材料と比較して，曲げ，ねじれ剛性が高い。
③ 衝撃エネルギー吸収特性に優れる。
④ 低熱伝導率である。
⑤ 振動吸収特性に優れる。

金属系ポーラス材料の中でもポーラスアルミニウム（発泡アルミニウム）は特に気孔率が高く，かつ密度が低いため，軽量高剛性で，かつ，衝撃エネルギー吸収能が高い。ポーラスアルミニウムの製造法には，鋳造法，粉末冶金法，化学蒸着法などがある。**図5.36**に工業的に行われているポーラスアルミニウムの製造工程を模式的に示す。まず，アルミニウム溶湯にカルシウムを添加し，撹拌することにより酸化物を生成させ，粘性を上げる。つぎに，増粘した溶湯を鋳型に注湯し，鋳型内において発泡剤を添加して撹拌して均一に分散させる。水素化チタン（TiH_2）から解離した水素ガスにより溶湯は発泡し，膨らむ。続いて強制空冷で凝固させるとポーラスアルミニウムができる。**図5.37**にポーラスアルミニウムの外観および製品の例を示す。また，粉末法では，アルミニウム粉末と発泡助剤の水素化チタン粉末を混合し，押出しや圧延加工により固化成形体（プリカーサ）をつくり，これをつぎに加熱する。加熱

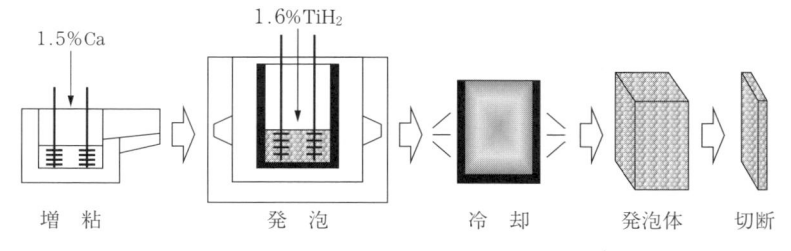

図 5.36　ポーラスアルミニウムの製造工程[17]

図 5.37　ポーラスアルミニウムの外観および製品例（神鋼鋼線工業株式会社 提供）

によりアルミニウムの融解と水素化チタンの分解反応が起こり，溶融アルミニウム中に水素ガスが発生し，これにより気孔が発生する。また，金属を溶融状態から一方向凝固させ，そのときに溶湯中から出てくる水素ガスを一方向にポアとして放出させ，ポーラス金属を作製する方法もある。この場合には，ポアが一方向に配列した構造ができる。

　ポーラスアルミニウムの静的圧縮試験では特有の応力-ひずみ曲線を示す。すなわち，圧縮変形に伴って，弾性変形領域，応力がほぼ一定のプラトー領域，空隙減少による緻密化領域が現れる。この特徴的な変形により，衝撃保護が期待できる。例えば，自動車の衝突時のエネルギー吸収（クラッシュボックスなど）に有効である。また，吸音性に優れ，吸音材としても利用されている。

5.8 ナノマルチ組織合金

これまで軽合金先進材料として,種々の特徴的組織をもつ合金材料について述べた。これらの合金に共通することは複数の相,化合物,強化材,ナノクラスタならびにポアなどの組合せで組織が構成されていることである。さらに,結晶粒界,結晶粒径,集合組織などの組織要素を組み合わせて各種特性を最適化する組織をつくり出すことが可能となる。これらは,図5.38に示すように考えることができ,いわば,微視的不均一構造をもつナノマルチ組織と呼ぶことができる。このようなナノマルチ組織は合金の要求特性に合わせて全体として特性を満たすように成分,加工プロセス,熱処理プロセスを設計することを目指すものであり,創製された合金はナノマルチ組織合金といえる。

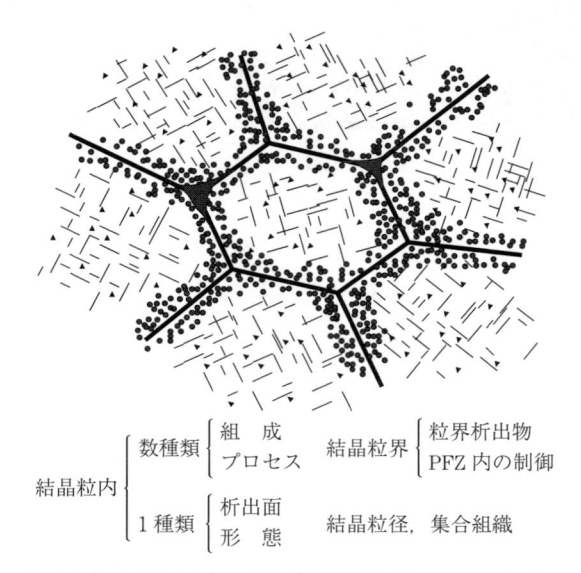

結晶粒内(析出など),結晶粒界(粒界析出,PFZなど),結晶粒径および集合組織などの組織構成要素を総合的に最適化した組織

図5.38 ナノマルチ組織の概念を示す模式図

付　　　　録

付表 1　展伸用アルミニウム合金の応力腐食割れ感受性[39]

	合　金　系	合　　　金	質　　別	応力腐食割れ速度
非熱処理型合金	純アルミニウム	1100, 1200	全　質　別	1
	Al-Mn	3003	〃	1
	Al-Mg	5005, 5050, 5154	〃	1
	Al-Mg	5056, 5356	加工硬化材	4
	Al-Mn-Mg	3004, 3005, 5454	全　質　別	1
	Al-Mg-Mn	5086	〃	2
	Al-Mg-Mn	5083, 5456	安定化処理材	2
	合　せ　板	3003, 3004	全　質　別	1
熱処理型合金	Al-Mg-Si	6063	全　質　別	1
	Al-Mg-Si-Cu	6061	T4	2
	Al-Mg-Si-Cu	〃	T6	1
	Al-Si-Mg	6151, 6351	T4	2
	Al-Si-Mg	〃　〃	T6	1
	Al-Si-Mg-Cu	6066, 6070	T6	2
	Al-Cu	2219, 2017	T3, T4	3
	Al-Cu	2219	T6, T8	2
	Al-Cu-Si-Mn	2014	T3, T6	3
	Al-Cu-Mg-Mn	2024	T3	3
	Al-Cu-Mg-Mn	〃	T8	2
	Al-Cu-Li-Cd	2020	T6	2
	Al-Cu-Fe-Ni	2618	T61	3
	Al-Cu-Pb-Bi	2011	T3	4
	Al-Cu-Pb-Bi	〃	T6, T8	2
	Al-Zn-Mg	7005	T53	3
	Al-Zn-Mg	7039	T6	3
	Al-Zn-Mg-Cu	7075, 7079	T6	3
	Al-Zn-Mg-Cu		T73	2
	合　せ　板		全　質　別	1

〔注〕　実用上および実験室的（3.5％食塩水中に溶液交互浸漬）に見て下記4段階に評価
1. 実用上および実験室的に見てなんら問題なし．
2. 実用上は問題ないが実験室の試験では板厚方向にいくらか問題あり．
3. 実用上板厚方向に引張応力が作用すると割れを生ずる恐れがあり，実験室的に幅方向に割れが起こる．
4. 実用上から見ても圧延方向，幅方向に割れが生じやすい．

付表 2 陸運車両用アルミニウム合金[40]†

使用箇所		合金	形態
鉄道車輌	台枠	5083, 7003	板, 形材, 管, 鍛造材
	側構造	5083, 6N01, 7N01, 7003	板, 形材, 鍛造材
	屋根構造	5005, 5052, 5083, 6N01, 6063, 7N01, 7003	板, 形材
	妻構造	5083, 6063, 7N01, 7003	板, 形材
	床構造	5005, 5052, 5083, 6063, 6061, 6N01, 7N01, 7003	板, 形材, 波形板, ハニカム
	窓枠・内装	3003, 5005, 5052, 6063	板, 形材
	タンク車・タンク体	1050, 5005, 5052, 5083	板, 形材, 管
		1070, 5052, 5083	板, クラッド板
	有蓋貨車側引戸	5052, 7N01	板, 形材
自動車(含二輪車)	ボディ・パネル	Al-Cu系, Al-Mg系, Al-Mg-Si系, 7003, Al-Zn-Mg系, Al-Zn-Mg-Cu系, Al-Mg-Zn系	板, 形材
	バンパー	5052, 6061, 7N01, 7003, 6061	板, 形材, 管, 鍛造材
	ホイール	5052, 5154, 5454, 6061	板, 形材
	ラジエータ、クーラ	1050, 1100, 3003, 5052, 6951, 7072, 7N01	板, 形材, 管, ブレージングシート
	燃料タンク	5052	板
	装飾部品	1050, 5N01, 6063	板, 形材
	ステップシート	1200, 5052	板
	タンク車・タンク体	5052, 5454, 5083	形材
	フレーム (二輪車)	6063, 7N01, 7003	板, 形材
	フレーム (〃)	5052, 5083, 7N01, 7003	板, 形材
	フレーム (商用車)	5052, 5083, 6061, 7N01, 7003	板, 形材

† この付録内の文献番号はすべて 2 章のもの。なお，各付表中の合金名は現在以下のように変更されている。5N01 → 5110A，6N01 → 6005C，7N01 → 7204。

付表3 建築用アルミニウム合金[40]

使用箇所	適用材料 合金	形態
屋根	1050, 1100, 3003, 3004, 3105, 5052	板
住宅、倉庫、工場、事務所、商店	1050, 1100, 3003, 5005, 5052, 6063	板、形材
天井、内壁、間仕切	1100, 5005, 6063	板、形材
換気孔、手すり、照明具	1080, 5052, 5N01, 6063	形材、板
ドア関係	1050, 1100, 5005, 5052, 6063	板、形材
ブラインド	5052	板
カーテンボックス、レール	5052, 6063	形材、板
面格子・門扉	5052, 6063	板、形材、管
雨戸	1100, 5052, 6063	形材、板
サッシ	6063	形材
フェンス	5052, 6061, 6N01, 6063, 5056	板、形材、線
ベランダ、バルコニー	5052, 6063, 6N01	形材

付表4 土木用アルミニウム合金[40]

使用箇所		適用材料 合金	形態
道路関係	道路標識	5052, 6061, 6063	板、形材
	ガードレール、高欄	6061, 6N01, 6063	形材、管、板
	照明柱	5083	管
	橋梁、歩道橋	5052, 5083, 6063	形材、板、管
	防音壁	5083, 6061, 6N01, 7003, 7N01	形材、板、管
一般大型構造物		1100, 5052, 6063	板、形材
鉄道施設	剛体トロリー	2014, 5052, 5083, 6061, 6N01, 6063, 7003, 7N01	形材、板
	線路上部構造関係	5083, 6101, 6063, 7003	形材
工事用マット		5052, 5083, 6061, 6N01, 7003, 7N01	形材、板、管
足場板（造船、建築用）		7N01, 7003	形材
水門		5052, 6N01, 6063	板、形材
覆蓋		5052, 5083	板
		6063	形材

付表5 航空機用アルミニウム合金[40]

使用箇所	適用材料 合金	形態
外板	Alclad 2024, Alclad 7075	板、板
骨格	2024, 2014, 7075	形材、鍛造材
油圧装置	6061, 7075, 7050, 5052, 7175	板、管、鍛造材
その他	2014, 7175, 2017, 7475, 2024, 7050, 7075	板、形材、管、棒、鍛造材

付表6 一般材料選定早見表 [40]

耐食性	引張強さ [N/mm²]	成形性 A	B	C	D	切削性 A	B	C	D	E	溶接性 A	B	C
A	100以下	1085-O→HX4 1080-O→HX4 1070-O→HX4 1050-O→HX2 1100-O 5N01-O								1085-O→HX2 1080-O→HX2 1070-O→HX2 1050-O→HX2 1100-O 5N01-O	1085-O→HX4 1080-O→HX4 1070-O→HX4 1050-O→HX2 1100-O 5N01-O		
	100～195	1050-HX4 1100-HX2～HX4 3003-O→HX2 5005-O→HX4 5N01-HX2～HX4 5052-O	1085-HX6 1080-HX6 1070-HX6 1100-HX6 3003-HX4 5N01-HX6	1085-HX8 1080-HX8 1070-HX8 1100-HX8 3003-HX6→HX8 5005-HX6→HX8 5N01-HX8						1100-HX2 3003-O→HX2 5005-O→HX2 5N01-HX2→HX4	1085-HX6→HX8 1080-HX6→HX8 1070-HX6→HX8 1050-HX4→HX8 3003-HX4→HX8 5005-HX4→HX8 5N01-HX2→HX4		
	195～295	5052-HX2→HX4 5154-HX2→HX4 5056-O	5083-O	5052-HX6→HX8			6063-T5		5052-HX2 5154-O→HX2 5056-O 5083-O	6063-T1	5052-HX2→HX8 5154-O→HX8 5056-O 5083-O 6N03-O	5052-T1, T5 6063-T1, T5	
耐食性	295以上		5056-HX32	5154-HX6→HX8 5083-H32			6N01-T5, T6 6063-T6				5154-HX6→HX8 5056-HX2 5083-HX2	6N01-T5, T6 6N03-T6		
B	195～295		6061-T4	6262-T6 7003-T5	6262-T9	6262-T6, T9	6061-T4				6061-T4 7003-T5	6262-T6, T9		
	295以上			6061-T6 7N01-T4, T5	7075-T6		6061-T6 7N01-T4	7N01-T5, T6			6061-T4 7N01-T4, T5, T6	7075-T6		
C	295以上			2011-T3 2014-T4	2011-T8 2014-T6	2011-T3, T8				2014-T3, T6			2014-T4, T6 2219-T3, T8	2011-T3, T8
D	295以上			2017-T3, T4 2024-T3, T4	2024-T6					2017-T3, T4 2024-T3, T4, T6				2017-T3, T4 2024-T3, T4, T6

[注] (1) 引張強さは規格値による。
(2) 特性評価

	A	B	C	D	E
耐食性	問題なし	屋外無処理使用可	屋外では防食処理必要	完全な防食処理必要	—
成形性	〃	若干の配慮必要	特別の配慮必要	実用的でない	—
切削性	快削性	問題なし	若干の配慮必要	特別の配慮必要	実用的でない
溶接性	問題なし	特別の配慮は要るが溶接可能	実用的でない	—	—

引用・参考文献

1章
1) 日本アルミニウム協会 編：アルミニウムハンドブック（第7版），p.34，日本アルミニウム協会（2007）
2) 日本マグネシウム協会 編：現場で生かす金属材料シリーズ　マグネシウム，p.85，工業調査会（2009）
3) I. Polmear：Light Alloys, p.7, Elsevier（2006）

2章
1) 髙橋恒夫，神尾彰彦：講座・現代の金属学，材料編5，非鉄材料，p.84，日本金属学会（1987）
2) 里　達雄 監修：材料技術基礎，pp.62〜70，実教出版
3) 渡辺　亨：軽金属，**39**，p.406（1989）†
4) 日本アルミニウム協会 編：アルミニウムハンドブック（第7版），日本アルミニウム協会，p.5（2007）
5) 軽金属協会 編：新版アルミニウム技術便覧，カロス出版，p.335（1996）
6) 神尾彰彦：アルミニウム新時代，工業調査会，p.133（1993）
7) 大根田昇：軽金属学会「軽金属の研究と技術の歩み―押出」（1991）
8) 藤倉潮三：軽金属，**40**，p.239（1990）
9) 日本アルミニウム協会 編：アルミニウムハンドブック（第7版），p.212，日本アルミニウム協会（2007）
10) 藤田雅人：軽金属，**39**，p.674（1989）
11) 日本マグネシウム協会 編：現場で生かす金属材料シリーズ　マグネシウム，p.147，工業調査会（2009）
12) 髙橋恒夫，神尾彰彦：講座・現代の金属学，材料編5，非鉄材料，p.88，日本金属学会（1987）
13) G. Sachs and K.R. Van Horn：Practical Metallurgy, Applied Metallurgy and the

---

† 論文誌については，巻番号を太字数字，号番号を細字数字で示す．

Industrial Processing of Ferrous and Nonferrous Metals and Alloys, ASM, p.139 (1940)
14) L.M. Clarebrough：Recovery and Recrystallization of Metals, p.63, Interscience Publ., New York (1962)
15) 土田　信，吉田英雄：アルミニウムの熱処理（軽金属基礎技術講座），p.99，軽金属学会 (1990)
16) F.J. Humphreys and M. Hatherly：Recrystallization and Related Annealing Phenomena, p.2, Elsevier (2004)
17) F.J. Humphreys and M. Hatherly：Recrystallization and Related Annealing Phenomena, p.170, Elsevier (2004)
18) H. Hu (G. Thomas and J. Washburn Eds.)：Electron Microscopy and Strength of Crystals, p.546, Interscience, New York (1963)
19) グエン・コン・ダン，村上　雄，髙橋恒夫：軽金属，**30**，p.324 (1980)
20) W.A. Anderson and R.F. Mehl：Trans. Met. Soc., AIME, **161**, p.140 (1945)
21) Vandermeer and Gordon：Trans. Met. Soc., AIME, **215**, p.577 (1959)
22) L.H. Van Vlack：Elements of Materials Science and Engineering 3rd ed., Addison-Wesley, Reading, Mass (1995)
23) J.W. Cahn：Acta Metall., **4**, p.449 (1956)
24) D.A. Porter and K.E. Easterling：Phase Transformations in Metals and Alloys 2nd ed., pp.310〜311, Chapman & Hall (1992)
25) D.A. Porter and K.E. Easterling：Phase Transformations in Metals and Alloys 2nd ed., p.296, Chapman & Hall (1992)
26) F.R.N. Nabarro：Proceedings of the Royal Society A, 175, p.519 (1940)
27) M.C. Flemings：Solidification Processing, Mc Graw-Hill, p.151 (1974)
28) M.C. Flemings：Solidification Processing, Mc Graw-Hill, p.150 (1974)
29) R.E. Spear and G.R. Gardener：Trans AFS, **71**, p.209 (1963)
30) 小菅張弓：軽金属学会第4回シンポジウム，p.14 (1974)
31) D.A. Porter and K.E. Easterling：Phase Transformations in Metals and Alloys 2nd ed., pp.209〜230, Chapman & Hall (1992)
32) 辛島誠一：金属・合金の強度，日本金属学会，p.76 (1972)
33) 髙橋恒夫，神尾彰彦：講座・現代の金属学，材料編5，非鉄材料，p.85，日本金属学会 (1987)
34) J. Hirsch：Proceedings of ICAA5, Part4, p.33 (1996)
35) I. Kovacs, J. Lendvai, T. Ungar, G. Groma and J. Lakner：Acta Metall., **28**, p.1621 (1980)

引用・参考文献　205

36) 辛島誠一：金属・合金の強度，p.104，日本金属学会（1972）
37) A. Kelly and R.B. Nichlson：Precipitation Hardening, Progress in Materials Science, **10**, p.313, Pergamon Press（1961）
38) 日本アルミニウム協会 編：アルミニウムハンドブック（第7版），p.3，日本アルミニウム協会（2007）
39) 髙橋恒夫 編集：新版 非鉄金属材料選択のポイント，p.47，日本規格協会（2002）
40) 日本アルミニウム協会 編：アルミニウムハンドブック（第7版），pp.28〜31，日本アルミニウム協会（2007）
41) 軽金属学会 編：アルミニウムの組織と性質，p.529（1991）
42) 髙橋恒夫 編集：新版 非鉄金属材料選択のポイント，pp.102〜114，日本規格協会（2002）

3章

1) 髙橋恒夫，神尾彰彦：講座・現代の金属学，材料編5，非鉄材料，p.108，日本金属学会（1987）
2) C.S. Roberts：Magnesium and Its Alloys, John Wiley & Sons（1960）
3) 日本マグネシウム協会 編：現場で生かす金属材料シリーズ　マグネシウム，p.21，工業調査会（2009）
4) 日本マグネシウム協会 編：現場で生かす金属材料シリーズ　マグネシウム，p.32，工業調査会（2009）
5) 日本マグネシウム協会 編：現場で生かす金属材料シリーズ　マグネシウム，p.18，工業調査会（2009）
6) 根本　茂：初歩から学ぶマグネシウム，p.37，工業調査会（2002）
7) 根本　茂：初歩から学ぶマグネシウム，pp.138〜139，工業調査会（2002）
8) 日本マグネシウム協会 編：現場で生かす金属材料シリーズ　マグネシウム，p.46，工業調査会（2009）
9) 日本マグネシウム協会 編：現場で生かす金属材料シリーズ　マグネシウム，p.58，工業調査会（2009）
10) 日本マグネシウム協会 編：現場で生かす金属材料シリーズ　マグネシウム，p.56，工業調査会（2009）
11) 日本規格協会 編：JISハンドブック③　非鉄，p.1181，日本規格協会（2010）
12) 日本マグネシウム協会 編：現場で生かす金属材料シリーズ　マグネシウム，p.164，工業調査会（2009）
13) 日本マグネシウム協会 編：現場で生かす金属材料シリーズ　マグネシウム，

14) 日本マグネシウム協会 編:マグネシウム技術便覧, pp.89〜90, カロス出版 (2000)
15) 日本マグネシウム協会 編:マグネシウム技術便覧, p.137, カロス出版 (2000)
16) 日本マグネシウム協会 編:マグネシウム技術便覧, p.113, カロス出版 (2000)
17) 堀　茂徳, 浜野　勇, 長畑一拓, 田村　健, 阿倍　睦, 田井英男:軽金属, **44**, pp.229〜233 (1994)
18) J.B. Clark:Acta Metall., **16**, p.141 (1968)
19) 渡辺久藤, 河野紀雄, 佐藤英一郎:千葉工業大学研究報告, 19, p.44 (1975)
20) M.M. Avedesian and H. Baker Eds.:Magnesium and Magnesium Alloys, ASM Specialty Handbook, pp.78〜84, ASM International Handbook Committee (1999)
21) 美馬源次郎, 田中靖三:日本金属学会誌, **33**, p.796 (1969)
22) 川野友梨子, 里　達雄:軽金属学会第117回秋期大会講演概要, pp.239〜240 (2009)
23) C.J. Bettles, M.A. Gibson and K. Venkatesan:Scripta Mater., **51**, pp.193〜197 (2004)
24) 里　達雄:まてりあ, **38**, pp.294〜297 (1999)
25) 大森悟郎, 松尾　茂, 麻田　宏:日本金属学会誌, **36**, p.1002 (1972)
26) 里　達雄:金属, アグネ技術センター, 6, pp.42〜50 (2001)
27) 日本マグネシウム協会 編:マグネシウム技術便覧, pp.90〜91, カロス出版 (2000)
28) 日本マグネシウム協会 編:マグネシウム技術便覧, p.235, カロス出版 (2000)
29) 日本マグネシウム協会 編:現場で生かす金属材料シリーズ　マグネシウム, p.173, 工業調査会 (2009)
30) M.M. Avedesian and H. Baker Eds:Magnesium and Magnesium Alloys, ASM Specialty Handbook, p.177, ASM International Committee (1999)
31) M.M. Avedesian and H. Baker Eds:Magnesium and Magnesium Alloys, ASM Specialty Handbook, p.19, ASM International Committee (1999)
32) B.L. Mordike and T. Ebect:Mater. Sci. and Eng., A302, p.37 (2001)
33) 日本マグネシウム協会 編:マグネシウム技術便覧, p.126, カロス出版 (2000)
34) 日本塑性加工学会 編:マグネシウム加工技術, p.28, コロナ社 (2004)
35) R.B. Heywood:Designing Against Fatigue of Metals, Reinhold (1962)
36) 日本マグネシウム協会 編:現場で生かす金属材料シリーズ　マグネシウム, p.168, 工業調査会 (2009)

37) 日本マグネシウム協会 編：現場で生かす金属材料シリーズ　マグネシウム，p.31，工業調査会（2009）
38) 日本マグネシウム協会 編：現場で生かす金属材料シリーズ　マグネシウム，p.234，工業調査会（2009）
39) 日本マグネシウム協会 編：現場で生かす金属材料シリーズ　マグネシウム，p.28，工業調査会（2009）
40) J.D. Hanawalt, C.E. Nelson and J.A. Peloubet：Corrosion Studies of Magnesium and Its Alloys, Trans. AIME, **147**, pp.273～299（1942）

4章

1) 日本塑性加工学会 編：チタンの基礎と加工，p.8，コロナ社（2008）
2) 和泉　修：講座・現代の金属学，材料編5，非鉄材料，p.119，日本金属学会（1987）
3) 草道英武，伊藤喜昌：機械の研究，**29**，p.83（1977）
4) 新家光雄：軽金属，**42**，p.605（1992）
5) 鈴木敏之，森口康夫：チタンのおはなし，日本規格協会，p.125（2004）
6) 日本チタン協会 編：現場で生かす金属材料シリーズ　チタン，pp.43, 107，工業調査会（2007）
7) 日本チタン協会 編：現場で生かす金属材料シリーズ　チタン，p.134，工業調査会（2007）
8) 日本チタン協会 編：現場で生かす金属材料シリーズ　チタン，p.20，工業調査会（2007）
9) 鈴木敏之，森口康夫：チタンのおはなし，pp.34～35，日本規格協会（2004）
10) 日本チタン協会 編：現場で生かす金属材料シリーズ　チタン，p.18，工業調査会（2007）
11) 日本チタン協会 編：現場で生かす金属材料シリーズ　チタン，p.164，工業調査会（2007）
12) 日本チタン協会 編：現場で生かす金属材料シリーズ　チタン，p.214，工業調査会（2007）
13) 日本チタン協会 編：現場で生かす金属材料シリーズ　チタン，p.169，工業調査会（2007）
14) 鈴木敏之，森口康夫：チタンのおはなし，p.53，日本規格協会（2004）
15) 日本塑性加工学会 編：チタンの基礎と加工，p.32，コロナ社（2008）
16) 日本チタン協会 編：現場で生かす金属材料シリーズ　チタン，p.216，工業調査会（2007）

17) 鈴木敏之, 森口康夫：チタンのおはなし, pp.58〜59, 日本規格協会 (2004)
18) 日本チタン協会 編：現場で生かす金属材料シリーズ チタン, p.184, 工業調査会 (2007)
19) 日本チタン協会 編：現場で生かす金属材料シリーズ チタン, p.197, 工業調査会 (2007)
20) 日本鋳物協会 編：改訂4版 鋳物便覧, p.1037, 丸善 (1986)
21) M. Nagai et al.：Titanium '80（木村啓造・和泉 修 編）, AIME, 2, p.1109 (1981)
22) K. Shimasaki et al.：Titanium '80（木村啓造・和泉 修 編）, AIME, 2, p.1132 (1981)
23) T.M. Mckinley：J. Electrochem. Soc., Oct., p.564 (1956)
24) Y. Murakami：Titanium '80（木村啓造・和泉 修 編）, AIME, 2, p.153 (1981)
25) 和泉 修：講座・現代の金属学, 材料編5, 非鉄材料, p.136, 日本金属学会 (1987)
26) 和泉 修：講座・現代の金属学, 材料編5, 非鉄材料, p.138, 日本金属学会 (1987)
27) 日本チタン協会 編：現場で生かす金属材料シリーズ チタン, p.41, 工業調査会 (2007)
28) 日本鉄鋼協会チタン材料研究会：チタン合金破壊靱性値データ集 (1990)
29) 鈴木敏之, 森口康夫：チタンのおはなし, p.121, 日本規格協会 (2004)
30) 日本塑性加工学会 編：チタンの基礎と加工, p.154, コロナ社 (2008)
31) 日本塑性加工学会 編：チタンの基礎と加工, p.18, コロナ社 (2008)
32) 草道英武, 松本年男：鉄と鋼, **69**, p.1215 (1983)
33) 新家光雄：チタンにおける低コスト化材料科学の可能性を探る, p.63, 日本鉄鋼協会 (1997)
34) M. Niinomi et al.：Proceedings SSAM-4, p.365 (1998)
35) 奥野 攻：生体材料, **14**, p.267 (1996)

5章

1) 日本複合材料学会 編：複合材料活用事典, 産業調査会, p.757 (2001)
2) 渡辺 治：講座・現代の金属学, 材料編5, 非鉄材料, p.196, 日本金属学会 (1987)
3) 渡辺 治：講座・現代の金属学, 材料編5, 非鉄材料, p.262, 日本金属学会 (1987)
4) 岡村弘之・井形直弘・堂山昌男 共訳：材料科学2, p.134 (1980)

5) 渡辺　治：講座・現代の金属学，材料編5，非鉄材料，p.201，日本金属学会（1987）
6) J.B. Benjamin：Scientific American，234，p.40（1976）
7) 渋江和久：軽金属，**39**，pp.850〜862（1989）
8) 宇野照生：金属材料活用事典，p.454，産業調査会（1999）
9) 神尾彰彦，手塚裕康，鈴木　聡，Than Trong Long，髙橋恒夫：軽金属，**37**，pp.109〜118（1987）
10) 桜井喜宣，福島康博，手塚裕康，村上　雄，神尾彰彦：軽金属，**41**，pp.847〜852（1991）
11) 金子純一：軽金属，**53**，pp.601〜614（2003）
12) 荒川　進，畑山東明，松木一弘，柳沢　平：軽金属，**49**，p.193（1999）
13) 神尾彰彦，手塚裕康，里　達雄，Than Trong Long，髙橋恒夫：軽金属，**35**，pp.275〜281（1985）
14) 井上明久，木村久道：軽金属，**49**，pp.214〜221（1999）
15) 井上明久　監修：ナノマテリアル工学大系第2巻　ナノ金属，p.38，フジ・テクノシステム（2006）
16) 井上明久　監修：ナノマテリアル工学大系第2巻　ナノ金属，pp.41〜42，フジ・テクノシステム（2006）
17) 西　誠治，槙井浩一，有賀康博，濱田　猛，内藤純也，三好鉄二：神戸製鋼技報，**54**，pp.89〜94（2004）

索　　　引

【あ行】

亜結晶粒	44
亜時効	84
アトマイズ法	186
アモルファス相	188
アルマイト	12
アルミナ	18
アルミニウム	12
安定相	60
異質核生成	67
一方向凝固	73
鋳物用・ダイカスト用合金	21
液体急冷法	185
応力腐食割れ	88
押出し	31
オロワン機構	86

【か】

回　復	41
回復・再結晶	159
改良処理	78
拡散層	75
拡散相変態	50
核生成	51
核生成速度	53
核生成頻度	53
加工硬化	24, 80
加工硬化指数	80
加工熱処理	160
過時効	84
ガスアトマイズ法	169, 178
型鍛造	31
活性化エネルギー	46
過飽和固溶体	50
過冷却	75
間接押出法	31

【き】

犠牲金属	145
機能性チタン合金	155
ギブズエネルギー	50
逆拡散	56
凝　固	65
凝固潜熱	66
強制固溶	186
強ひずみ加工	194
均一核生成	52
均質化処理	24, 46
金属粉末射出成形	169
金属粉末射出成形プロセス	169

【く】

クラーク数	3
クロール法	153

【け】

軽金属	1
軽合金	1
減衰能	143

【こ】

高真空ダイカスト法	38
構造材料	3
固化成形体	196
固溶強化	81
固溶硬化	81
コンフォーム押出法	31

【さ】

再結晶	24, 41, 118
再生地金	9, 27
最密六方晶	3
サブグレイン	44
3次元アトムプローブ像	192
三層式電解精製法	20

【し】

シェル型法	34
歯科用チタン合金	171
時効硬化	50, 83
時効析出	50
しごき加工	32
自然時効	121
重力鋳造法	35
ジュラルミン	12, 87
準安定相	59
純チタン	156
障壁エネルギー	52, 66
消耗電極式アーク溶解	154
ジョンソン・メール・アブラミの式	45, 58
シルミン	89
人工時効	121
新地金	27
侵入型固溶体	81

【す】

水素化脱水素法	169
スクイズダイカスト法	38
スピノーダル線	54
スピノーダル分解	54

索引

【す】

スプレーフォーミング法	186
スポンジチタン	152

【せ】

正拡散	56
静水圧押出法	31
生体適合性	7
生体用・医療用材料	149
生体用チタン合金	170
精密鋳造法	162
析出	50, 165
析出強化	50
析出硬化	83
セミソリッドダイカスト	39
セル状析出	57

【そ】

双ロール	186
組成的過冷却	75
その場製造法	176

【た】

ダイカスト	91
ダイカスト法	36
ダイカスト用合金	112
耐くぼみ性	7
大傾角粒界	44
体心立方晶	3
耐デント性	7
耐熱マグネシウム合金	138
多孔質金属	196
多重すべり	80
単一すべり	80
短繊維強化複合材料	172
単ロール	186
単ロール急冷凝固	179

【ち】

置換型固溶体	81
チクソキャスト法	39
チクソモールディング法	114
チタン	147
中間相	59
柱状晶	68, 69
鋳造用アルミニウム合金	33
鋳造用合金	111
調質	24
長周期積層	190
超ジュラルミン	87
超塑性	157, 165, 168
超々ジュラルミン	12, 88
直接押出法	31
直接連続鋳造法	27
チル晶	68

【て】

低圧鋳造法	35
ティグ溶接	144
低速充填ダイカスト法	38
底面すべり	102
電解製錬法	12
電解法	108
展伸用合金	21
展伸用マグネシウム合金	108
デンドライト	70, 76

【と】

等応力負荷	173
凍結過剰空孔	59
等軸晶	68, 69
同素変態	3, 147
等ひずみ負荷	176

【な】

ナノクラスタ	62, 191
ナノ結晶	188
ナノマルチ組織	198
生砂型法	34
難燃化	142

【に】

二次地金	9
二段時効	62, 192

【ね】

熱間圧延	28
熱間加工	24
熱還元法	106
熱処理	24, 112
熱処理型合金	21, 93

【の】

ノジュラー析出	57
ノーズ温度	53, 124

【は】

バイノーダル線	55
バイヤー法	18
破壊靭性	148
発泡アルミニウム	196
半凝固鋳造法	39
半溶融鋳造法	39
半連続鋳造法	27, 113

【ひ】

比強度	3
ピジョン法	107
非底面すべり	102
ヒドロナリウム	90
非熱処理型合金	21, 93
疲労強度	142

【ふ】

不均一核生成	52, 53
複合材料	172
プラズマ回転電極法	169
ブリカーサ	196
プレス成形	32
不連続析出	56, 123
粉末冶金	168

【へ】

平衡分配係数	72
ベガードの法則	81
変形機構領域図	140
偏析法	20

【ほ】

ボーキサイト	18, 27
ポーラスアルミニウム	196
ポーラス金属	196
ホール・エルー法	12, 19
ホール・ペッチの関係	82, 143

【ま行】

マグネシウム	100
ミグ溶接	144
ミクロ偏析	77
ミッシュメタル	138
無析出帯	47, 193
メカニカルアロイング法	184
面心立方晶	3
モル体積	52

【や行】

焼なまし	24
陽極酸化処理	12
陽極酸化法	169
溶質濃縮層	75
溶体化処理	24, 121

【ら行】

ラウタル	89
リサイクル	9
粒子分散強化複合材料	172
臨界サイズ	52, 66
冷間圧延	28
冷間加工	24
レオキャスト法	39
連続析出	123
連続繊維強化複合材料	172
ローエックス	91
ロストワックス法	162

【A～F】

ARB 法	196
BCC	3
CO_2 法	35
CP チタン	156
C 曲線	49
DO_{19} 型規則構造	130
DC 鋳造法	27
Dow 法	108
ECAE 法	196
ECAP 法	196
FCC	3

【G～M】

GPB ゾーン	60
GP ゾーン	59, 60, 133
Guinier-Preston Zone	60
HCP	3
HDH	169
HPT 法	194
IM 法	178
In-situ 製造法	176
LPO	190
MA 法	184
MIG	144
MIM	169
MIM プロセス	169

【P～Y】

PFZ	47, 193
Pidgeon 法	107
PM	168
PM 法	178
PREP	169
SAP	173
TIG	144
TTT 曲線	49, 53
Y 合金	90

【数字・ギリシャ文字】

3DAP 像	192
$\alpha + \beta$ 合金	156
α 合金	156
β 合金	156
β 変態点	165
ω 脆性	160

―― 著者略歴 ――

1974 年	東京工業大学工学部金属工学科卒業
1979 年	東京工業大学大学院博士課程修了（金属工学専攻）
	工学博士
1979 年	東京工業大学助手
1988 年	マンチェスター大学（英国）客員研究員
1991 年	東京工業大学助教授
1999 年	東京工業大学教授
2015 年	東京工業大学名誉教授

軽 合 金 材 料
Light Metals and Alloys　　　　　　　　　　　　　　　　　　　　© Tatsuo Sato 2011

2011 年 8 月 12 日　初版第 1 刷発行　　　　　　　　　　　★
2022 年 3 月 20 日　初版第 3 刷発行

　　　　　　　　　　著　者　　里　　　達　雄
　　検印省略　　　　発行者　　株式会社　コ ロ ナ 社
　　　　　　　　　　　　　　　代表者　牛来真也
　　　　　　　　　　印刷所　　新日本印刷株式会社
　　　　　　　　　　製本所　　有限会社　愛千製本所

112-0011　東京都文京区千石 4-46-10
発行所　株式会社　コ ロ ナ 社
CORONA PUBLISHING CO., LTD.
Tokyo Japan

振替 00140-8-14844・電話 (03) 3941-3131 (代)
ホームページ　https://www.coronasha.co.jp

ISBN 978-4-339-04614-4　　C3053　Printed in Japan　　　　　　（金）

JCOPY ＜出版者著作権管理機構 委託出版物＞

本書の無断複製は著作権法上での例外を除き禁じられています。複製される場合は、そのつど事前に、出版者著作権管理機構 (電話 03-5244-5088, FAX 03-5244-5089, e-mail: info@jcopy.or.jp) の許諾を得てください。

本書のコピー、スキャン、デジタル化等の無断複製・転載は著作権法上での例外を除き禁じられています。購入者以外の第三者による本書の電子データ化及び電子書籍化は、いかなる場合も認めていません。
落丁・乱丁はお取替えいたします。

新塑性加工技術シリーズ

(各巻A5判)

■日本塑性加工学会 編

	配本順		(執筆代表)	頁	本体
1.		塑性加工の計算力学 ―塑性力学の基礎からシミュレーションまで―	湯川 伸樹		
2.	(2回)	金属材料 ―加工技術者のための金属学の基礎と応用―	瀬沼 武秀	204	2800円
3.	(12回)	プロセス・トライボロジー ―塑性加工の摩擦・潤滑・摩耗のすべて―	中村 保	352	5500円
4.	(1回)	せん断加工 ―プレス切断加工の基礎と活用技術―	古閑 伸裕	266	3800円
5.	(3回)	プラスチックの加工技術 ―材料・機械系技術者の必携版―	松岡 信一	304	4200円
6.	(4回)	引抜き ―棒線から管までのすべて―	齋藤 賢一	358	5200円
7.	(5回)	衝撃塑性加工 ―衝撃エネルギーを利用した高度成形技術―	山下 実	254	3700円
8.	(6回)	接合・複合 ―ものづくりを革新する接合技術のすべて―	山崎 栄一	394	5800円
9.	(8回)	鍛造 ―目指すは高機能ネットシェイプ―	北村 憲彦	442	6500円
10.	(9回)	粉末成形 ―粉末加工による機能と形状のつくり込み―	磯西 和夫	280	4100円
11.	(7回)	矯正加工 ―板・棒・線・形・管材矯正の基礎と応用―	前田 恭志	256	4000円
12.	(10回)	回転成形 ―転造とスピニングの基礎と応用―	川井 謙一	274	4300円
13.	(11回)	チューブフォーミング ―軽量化と高機能化の管材二次加工―	栗山 幸久	336	5200円
14.	(13回)	板材のプレス成形 ―曲げ・絞りの基礎と応用―	桑原 利彦	434	6800円
		圧延 ―ロールによる板・棒線・管・形材の製造―	宇都宮 裕		
		押出し ―基礎から高機能付加成形まで―	星野 倫彦		

定価は本体価格+税です。
定価は変更されることがありますのでご了承下さい。

図書目録進呈◆